MATEMÁTICAS PARA MUGGLES

LUIS FERNANDO TEJADA YEPES

Este libro ha sido creado con un propósito claro y sencillo: hacer que las matemáticas sean accesibles para todos, sin importar su experiencia previa en el tema. Aquí, desmantelaremos la idea de que las matemáticas son un enigma impenetrable y demostraremos que son una herramienta poderosa y sorprendentemente amigable.

Las matemáticas son mucho más que números, ecuaciones y fórmulas complicadas. Son la lengua universal de la lógica, la resolución de problemas y la creatividad. A menudo, las personas se sienten intimidadas por las matemáticas debido a una experiencia previa negativa o simplemente porque nunca les explicaron de manera adecuada. Este libro busca cambiar eso.

A lo largo de estas páginas, exploraremos conceptos matemáticos de una manera clara y accesible. Desde los números enteros hasta la geometría, desde las fracciones hasta la probabilidad, hemos destilado estas ideas en su forma más simple. Nuestra misión es que todos puedan comprender y disfrutar de las matemáticas.

No se equivoquen, no estamos diciendo que las matemáticas sean fáciles, pero creemos firmemente que pueden ser entendidas por todos. A medida que avances en este viaje, descubrirás que las matemáticas son herramientas poderosas que te ayudarán a resolver problemas en la vida cotidiana, tomar decisiones informadas y apreciar la belleza de los patrones y las relaciones que nos rodean.

Este libro es para aquellos que alguna vez sintieron que las matemáticas estaban fuera de su alcance, para los que nunca se sintieron cómodos con los números y para los que quieren redescubrir el asombro que se encuentra en las maravillas matemática

Índice

1.Números enteros: Los números positivos y negativos que puedes contar en una línea, como -3, -2, -1, 0, 1, 2, 3, etc.

Números enteros: La línea de la vida matemática

Las matemáticas son un lenguaje universal que nos permite describir y comprender el mundo que nos rodea. En este fascinante viaje matemático, nos encontramos con una herramienta fundamental: los números enteros. Estos números, positivos y negativos, forman una especie de "línea de vida matemática", permitiéndonos representar una amplia gama de situaciones de la vida real.

Imagina esta línea de números enteros como un largo sendero que se extiende hacia el infinito en ambas direcciones. En este camino, encuentras números completos, números que no se dividen en partes más pequeñas, como los episodios de una serie que avanza y retrocede, tejiendo una narrativa matemática rica y variada.

En esta línea, puedes encontrar números como -3, -2, -1, 0, 1, 2, 3, y muchos más. El cero es el punto de referencia, el epicentro de esta línea, desde el cual puedes explorar tanto en la dirección positiva como en la negativa. Si te embarcas en un viaje hacia la derecha desde el 3, te encontrarás con el 2, luego el 1, hasta finalmente llegar al 0. Pero la línea no termina ahí; continúa extendiéndose con números negativos, como -1 y -2.

Si decides aventurarte hacia la izquierda desde el 3, descubrirás una serie de números negativos, como -2 y -1, antes de regresar al cero. Esta "línea de vida" de números enteros es como un río que fluye en ambas direcciones, permitiéndonos capturar la dualidad de la vida matemática.

Los números enteros son versátiles y esenciales. Los utilizamos para describir una variedad de situaciones en la vida cotidiana. Pueden representar ganancias y pérdidas, temperaturas frías y calurosas, posiciones hacia adelante y hacia atrás en una línea de tiempo, deudas y ahorros, entre muchas otras cosas. Además, son la base sobre la cual se construyen conceptos matemáticos más avanzados. Los números enteros son fundamentales y versátiles en matemáticas y en la vida cotidiana. Como mencionaste, se utilizan para describir una amplia variedad de situaciones, como ganancias y pérdidas en transacciones financieras, temperaturas por encima y por debajo de cero, posiciones en una línea de tiempo (anterior y posterior a un evento), deudas y ahorros, entre otras muchas aplicaciones.

Además, los números enteros son la base sobre la cual se construyen conceptos matemáticos más avanzados, como los números racionales, los números reales y conceptos de álgebra, aritmética y geometría. Son esenciales para comprender y realizar operaciones matemáticas más complejas, y se utilizan en una amplia gama de disciplinas, desde la física y la economía hasta la informática y la estadística.

Los números enteros desempeñan un papel fundamental en las matemáticas y son herramientas esenciales para la comprensión y resolución de problemas en la vida cotidiana y en campos académicos y científicos.

Así que, la próxima vez que te encuentres con números enteros en tus aventuras matemáticas, recuerda que son mucho más que simples símbolos en una página. Son la línea que conecta los momentos brillantes y oscuros de las matemáticas, y están aquí para guiarte y acompañarte en cada paso de tu viaje.

Los números enteros son un conjunto de números que incluyen tanto los números positivos como los números negativos, junto con el número cero. Los números enteros se pueden representar en una línea numérica en la que el cero se encuentra en el centro y los números positivos se extienden hacia la derecha, mientras que los números negativos se extienden hacia la izquierda. Esta línea numérica se utiliza para representar gráficamente los números enteros.

Números positivos: Son todos los números enteros mayores que cero. Estos números se encuentran a la derecha del cero en la línea numérica. Ejemplos de números positivos son 1, 2, 3, y así sucesivamente.

Los números positivos son, de hecho, todos los números enteros mayores que cero, pero no se extienden necesariamente hacia la derecha en una línea numérica. Esa descripción es válida para una línea numérica común, pero los números positivos en el conjunto de números enteros simplemente son aquellos números mayores que cero sin importar su posición en una línea numérica.

Por lo tanto, en una línea numérica común, los números positivos se encuentran a la derecha del cero, pero en términos matemáticos, los números positivos son cualquier número entero mayor que cero. Esto significa que los números positivos en el conjunto de números enteros incluyen no solo 1, 2, 3, etc., sino también todos los demás enteros mayores que cero, como 4, 5, 6, y así sucesivamente.

Número cero: No es ni positivo ni negativo, y es representado como 0.

La línea numérica que se usa comúnmente para representar números enteros simplemente muestra los números en orden creciente y decreciente a partir del cero, sin un punto central físico.

El cero es un número entero que es único en el sentido de que no es positivo ni negativo. Se representa como "0" y se encuentra justo en el punto de partida en la línea numérica de los enteros. A partir del cero, puedes contar hacia la derecha para llegar a los números positivos (1, 2, 3, ...) y hacia la izquierda para llegar a los números negativos (-1, -2, -3, ...).

En resumen, el cero es un número entero que no tiene signo positivo ni negativo y se coloca en el punto de partida en la línea numérica de los enteros.

Números negativos: Son todos los números enteros menores que cero. Estos números se encuentran a la izquierda del cero en la línea numérica. Ejemplos de números negativos son -1, -2, -3, y así sucesivamente.

Los números negativos son todos los números enteros que son menores que cero, y se encuentran a la izquierda del cero en una línea numérica de enteros. Ejemplos de números negativos son -1, -2, -3, y así sucesivamente. Estos números representan cantidades menores que cero y se utilizan en matemáticas y otras disciplinas para denotar deudas, temperaturas bajo cero y otras situaciones en las que la magnitud es menor que cero en términos absolutos.

Los números enteros comprenden todos los números positivos, los números negativos y el cero. Se utilizan en matemáticas y en muchas otras disciplinas para representar cantidades enteras, y se pueden operar mediante adición, sustracción, multiplicación y división, entre otras operaciones matemáticas.

2.Suma: La operación de combinar números para obtener un total.

La suma es una operación matemática fundamental que se utiliza para combinar números o cantidades con el fin de obtener un total o una cantidad acumulada. Cuando sumas dos o más números, los estás agregando juntos. Por ejemplo, si sumas los números 3 y 4, obtendrás un total de 7:

3 + 4 = 7

La suma es una de las cuatro operaciones aritméticas básicas, junto con la resta, la multiplicación y la división. Se utiliza en una amplia variedad de contextos, desde cálculos simples en la vida cotidiana hasta aplicaciones más complejas en campos como las ciencias, la ingeniería, la economía y la estadística.

La suma es una de las cuatro operaciones aritméticas básicas, y su importancia radica en su versatilidad y aplicabilidad en una amplia gama de contextos. Aquí te proporcionaré una ampliación de su relevancia:

Vida Cotidiana: La suma se utiliza en situaciones cotidianas para calcular precios, sumar las cantidades de artículos en una lista de compras, determinar el total de dinero gastado en una tienda, calcular la factura en un restaurante o sumar las horas trabajadas en un empleo. En resumen, es una habilidad esencial en la gestión financiera y las actividades diarias.

En la vida cotidiana, la suma es una habilidad esencial para la gestión financiera y para llevar a cabo numerosas actividades. Aquí tienes algunos ejemplos adicionales de cómo se aplica la suma en situaciones cotidianas:

Presupuesto Personal: La suma se utiliza para llevar un registro de los ingresos y gastos personales. Ayuda a las personas a calcular cuánto dinero tienen disponible después de pagar sus gastos mensuales.

Compras y Gastos: Al realizar compras, la suma se utiliza para calcular el costo total de los productos o servicios adquiridos, teniendo en cuenta impuestos y descuentos. También se emplea para determinar cuánto dinero se ha gastado en un mes.

División de Gastos: Cuando se comparte un gasto con amigos o compañeros de piso, la suma se usa para dividir la factura equitativamente entre todas las partes.

Control de Inventario: La suma se usa en negocios y hogares para llevar un control del inventario, calculando cuántos artículos hay disponibles y cuántos se han vendido o consumido.

Calcular Cambios: Cuando se paga en efectivo, se utiliza la suma para determinar el cambio que se debe recibir al realizar una compra.

Planificación de Eventos: Al organizar eventos, como fiestas o reuniones, la suma se emplea para calcular los costos totales, incluyendo alimentos, bebidas, decoraciones y otros gastos.

Control de Tiempo: En situaciones en las que se necesita llevar un registro del tiempo, como en la programación de tareas o en el control de horas de trabajo, la suma se utiliza para calcular el tiempo total dedicado a una actividad.

La suma es una habilidad esencial que se aplica en numerosas situaciones de la vida cotidiana, ya sea para llevar un control financiero, realizar compras, planificar eventos o gestionar el tiempo. Es una herramienta fundamental para tomar decisiones informadas y llevar a cabo tareas diarias de manera eficiente.

Matemáticas Escolares: La suma es una de las primeras operaciones matemáticas que los estudiantes aprenden y es fundamental en la aritmética elemental. Ayuda a los estudiantes a desarrollar habilidades numéricas, comprender la estructura de los números y aprender conceptos como la conmutatividad y la asociatividad.

La suma es una de las operaciones matemáticas más fundamentales y una de las primeras que los estudiantes aprenden en la escuela. Su importancia en las matemáticas escolares es significativa por varias razones:

Fundamento de Aritmética: La suma es una base esencial de la aritmética, la rama de las matemáticas que se enfoca en operaciones con números. Aprender a sumar correctamente es un paso crítico en el desarrollo de habilidades matemáticas más avanzadas.

Desarrollo de Habilidades Numéricas: La suma ayuda a los estudiantes a desarrollar habilidades numéricas fundamentales, como el reconocimiento de números y patrones numéricos. Los estudiantes aprenden a identificar números y comprender su significado.

Construcción de Números: Los estudiantes aprenden cómo se construyen los números a través de la suma. Por ejemplo, comprenden que el número 7 se puede obtener sumando 3 y 4 o 2 y 5. Esto es fundamental para la comprensión de la estructura de los números.

Propiedades Matemáticas: Al trabajar con sumas, los estudiantes también aprenden importantes propiedades matemáticas, como la conmutatividad (el orden de los números no afecta el resultado) y la asociatividad (la agrupación de los números no afecta el resultado). Estas propiedades son aplicables en operaciones matemáticas más avanzadas.

Preparación para Operaciones Posteriores: La suma sienta las bases para operaciones matemáticas más avanzadas, como la resta, la multiplicación y la división. Comprender la suma es esencial para dominar estas operaciones.

Resolución de Problemas: La suma se aplica en la resolución de problemas matemáticos y problemas de la vida cotidiana. Los estudiantes utilizan esta habilidad para abordar situaciones prácticas que involucran cantidades y totales.

En resumen, la suma es una operación fundamental en las matemáticas escolares que no solo permite a los estudiantes realizar cálculos, sino que también contribuye al desarrollo de habilidades matemáticas más amplias, como el pensamiento lógico y la comprensión de la estructura de los números. Esta base sólida es esencial para el éxito en matemáticas a medida que los estudiantes avanzan en su educación.

Ciencias: En disciplinas científicas como la física y la química, la suma se utiliza para calcular magnitudes, como velocidades, fuerzas, energía y más. Además, en la estadística, la suma es fundamental para calcular promedios, desviaciones estándar y otros estadísticos importantes.

la suma desempeña un papel crucial en diversas disciplinas científicas y en la estadística.

Física: En la física, la suma se utiliza para calcular y combinar magnitudes físicas. Por ejemplo, al calcular la velocidad de un objeto, se suman las distancias recorridas en intervalos de tiempo específicos. En el caso de la aceleración, se suman o se integran las fuerzas aplicadas. La suma también es fundamental en la mecánica, donde se utilizan ecuaciones de suma para describir el movimiento de objetos bajo la influencia de fuerzas.

Química: En la química, la suma se aplica en la estequiometría, que es la rama de la química que se ocupa de las relaciones cuantitativas entre los reactivos y productos en las reacciones químicas. Aquí, se suman los coeficientes estequiométricos de las sustancias químicas en una ecuación química para equilibrar la reacción. Esto garantiza que la ley de la conservación de la masa se cumpla en la reacción química.

Estadística: La suma es fundamental en estadística. Se utiliza para calcular estadísticas descriptivas como el promedio (media), que implica sumar todos los valores y dividir por el número de observaciones. La suma también se utiliza para calcular la suma de cuadrados, la suma de productos y otros valores que son esenciales para calcular estadísticas más avanzadas, como la desviación estándar y la regresión lineal.

Biología y Ciencias de la Salud: En la investigación biomédica, la suma se utiliza para combinar datos de múltiples experimentos o mediciones. Por ejemplo, al analizar datos de ensayos clínicos, se suman los resultados de los participantes para obtener estadísticas sobre la eficacia de un tratamiento.

Geología y Ciencias Ambientales: En estas disciplinas, la suma se emplea para calcular valores como la precipitación acumulada, la erosión del suelo o las temperaturas promedio a lo largo de un período de tiempo. Estos cálculos son fundamentales para el estudio y la gestión de los recursos naturales.

La suma es una herramienta matemática poderosa que se aplica en una amplia variedad de contextos científicos para realizar cálculos, analizar datos y entender las relaciones cuantitativas entre variables. Su uso en estas disciplinas demuestra su importancia como base matemática en la investigación científica y el avance del conocimiento en el mundo natural.

Ingeniería: En ingeniería, la suma se emplea en el diseño y análisis de estructuras, circuitos eléctricos, sistemas mecánicos, entre otros. También se utiliza en cálculos para evaluar el rendimiento de sistemas y procesos complejos.

en ingeniería, la suma es una herramienta esencial en diversas aplicaciones, ya que se utiliza en el diseño, análisis y evaluación de una amplia gama de sistemas y componentes.

Diseño Estructural: Los ingenieros utilizan la suma para calcular y sumar las fuerzas, tensiones y cargas en una estructura, como puentes, edificios, y otras construcciones. Esto es fundamental para garantizar que las estructuras sean seguras y capaces de soportar las cargas previstas.

Análisis de Circuitos Eléctricos: En ingeniería eléctrica, la suma se aplica para calcular corrientes y voltajes en circuitos eléctricos. Esto es esencial para diseñar sistemas eléctricos eficientes y seguros.

Mecánica y Diseño Mecánico: La suma se emplea en el análisis de sistemas mecánicos, como máquinas, motores y sistemas de transmisión.

Se utilizan ecuaciones de suma para calcular momentos, fuerzas y velocidades en componentes mecánicos.

Dinámica de Fluidos: En la ingeniería de fluidos, la suma se utiliza para evaluar presiones, flujos y velocidades en sistemas de tuberías, bombas y válvulas. También se aplica en el diseño de aerodinámica en la industria aeroespacial.

Control de Procesos y Automatización: En la ingeniería de control y automatización, la suma se emplea para analizar y diseñar sistemas de control que regulen variables como temperatura, presión y flujo en procesos industriales.

Evaluación de Rendimiento: Los ingenieros utilizan la suma en cálculos de rendimiento para evaluar la eficiencia y el comportamiento de sistemas complejos. Esto es esencial en la optimización de procesos y sistemas industriales.

Simulación y Modelado Numérico: La suma es una parte integral de los modelos numéricos y las simulaciones computacionales en ingeniería. Se utiliza para discretizar ecuaciones diferenciales en elementos finitos, análisis de elementos finitos y otros métodos de simulación.

En resumen, la suma desempeña un papel vital en la ingeniería, ya que es una herramienta esencial en el diseño, análisis y evaluación de sistemas y componentes en una amplia variedad de disciplinas de ingeniería. Su aplicación garantiza que los sistemas sean seguros, eficientes y cumplan con los requisitos de rendimiento previstos.

Economía y Finanzas: En economía y finanzas, la suma es esencial para calcular ganancias, pérdidas, tasas de interés, inversiones y presupuestos. Se utiliza para analizar datos económicos y financieros y tomar decisiones informadas.

En el ámbito de la economía y las finanzas, la suma desempeña un papel fundamental en una amplia variedad de aplicaciones. Aquí te proporciono más detalles sobre cómo se utiliza la suma en este contexto:

Cálculo de Ganancias y Pérdidas: Las empresas y los individuos utilizan la suma para calcular sus ganancias y pérdidas. Esto implica sumar los ingresos y restar los gastos y costos, lo que permite evaluar la rentabilidad de una empresa o una inversión.

Tasas de Interés y Financiamiento: La suma se aplica para calcular intereses, ya sea por inversiones o por préstamos. Al sumar los intereses ganados o pagados, las personas y las empresas pueden determinar cuánto están ganando o pagando por su financiamiento.

Inversiones y Rendimiento de Portafolio: Los inversores utilizan la suma para calcular el rendimiento de sus inversiones. Esto implica sumar los rendimientos de diversas inversiones para evaluar el rendimiento total de un portafolio de inversión.

Presupuesto Personal y Empresarial: La suma es esencial en la creación y gestión de presupuestos. Al sumar ingresos y gastos, las personas y las empresas pueden controlar sus finanzas y tomar decisiones informadas sobre el gasto y la inversión.

Análisis de Datos Financieros: La suma se utiliza en el análisis financiero para calcular índices y ratios financieros, como el índice de liquidez, el índice de endeudamiento y otros indicadores que ayudan a evaluar la salud financiera de una empresa.

Valor Presente y Futuro: En la valoración de activos financieros y proyectos de inversión, la suma se aplica para calcular el valor presente neto (VPN) y el valor futuro. Estos cálculos son fundamentales para tomar decisiones de inversión.

Contabilidad: La suma se utiliza en contabilidad para llevar un registro preciso de transacciones financieras, sumando ingresos, egresos y ajustes contables.

Economía Nacional: En economía, la suma se utiliza para calcular indicadores macroeconómicos, como el producto interno bruto (PIB), que es la suma de todas las transacciones económicas en un país durante un período específico.

En resumen, la suma es una herramienta esencial en economía y finanzas que permite a individuos, empresas y analistas financieros realizar cálculos, evaluar inversiones, gestionar presupuestos y tomar decisiones informadas sobre cuestiones económicas y financieras. Su aplicación es crucial para el éxito y la estabilidad en estos campos.

Estadística: La suma es la base de muchos cálculos estadísticos, como la suma de cuadrados, la suma de productos, la suma de errores, etc. Estos cálculos son esenciales para el análisis de datos y la toma de decisiones basadas en evidencia.

En estadística, la suma es una operación fundamental y la base de varios cálculos y estadísticas clave.

Promedio (Media): El cálculo de la media implica sumar todos los valores y dividir por el número de observaciones. La media es un indicador importante que proporciona una medida de tendencia central en un conjunto de datos.

Varianza y Desviación Estándar: Para calcular la varianza, primero se suman los cuadrados de las diferencias entre cada valor y la media. La desviación estándar se obtiene tomando la raíz cuadrada de la varianza. Estas estadísticas miden la dispersión en los datos.

Covarianza y Correlación: La covarianza y la correlación miden las relaciones entre dos conjuntos de datos. Para calcular la covarianza y la correlación, se utilizan sumas de productos cruzados de las diferencias entre los valores y sus respectivas medias.

Suma de Cuadrados Total (SST): En análisis de la varianza (ANOVA) y regresión, se utiliza la SST, que es la suma de los cuadrados de las diferencias entre cada valor y la media global de todos los datos. SST se divide en suma de cuadrados entre grupos (SSG) y suma de cuadrados dentro de grupos (SSE) en el contexto de ANOVA.

Residuos y Suma de Errores (SSE): En regresión, la suma de errores (SSE) se refiere a la suma de los cuadrados de los residuos (diferencias entre los valores observados y los valores predichos por el modelo de regresión).

Análisis de Tendencias Temporales: En series de tiempo, la suma de valores a lo largo de un período se utiliza para evaluar tendencias y patrones temporales, como el promedio móvil.

Estadísticas de Prueba: Muchas pruebas estadísticas, como la prueba t y la prueba F, se basan en sumas de cuadrados y productos de diferencias entre valores y medias.

Suma Acumulada: En estadísticas descriptivas, se utilizan sumas acumuladas para calcular estadísticas como percentiles y percentiles acumulativos.

La suma es fundamental para el análisis de datos y la toma de decisiones basadas en evidencia. Al calcular estas estadísticas, los estadísticos y analistas pueden obtener información crucial sobre la distribución de datos, las relaciones entre variables y la calidad de los modelos estadísticos utilizados. En última instancia, estos cálculos permiten tomar decisiones informadas en una amplia variedad de campos, desde la investigación científica hasta la toma de decisiones empresariales.

La suma es una operación fundamental en las matemáticas y se aplica en innumerables áreas de la vida, desde actividades cotidianas hasta disciplinas académicas y profesionales. Su comprensión y dominio son esenciales para desenvolverse eficazmente en una variedad de contextos y campos.

3.Resta: La operación de quitar un número de otro.

La resta es una operación matemática que se utiliza para encontrar la diferencia entre dos números. Se representa con el signo "-" y se realiza restando un número (llamado "sustraendo") de otro número más grande (llamado "minuendo") para obtener el resultado, que se llama "diferencia" o "residuo". Por ejemplo, si restamos 5 de 8, el cálculo se vería así:

8 - 5 = 3

En este caso, el 8 es el minuendo, el 5 es el sustraendo, y el resultado, 3, es la diferencia. La resta se utiliza comúnmente en una variedad de situaciones para calcular cambios, encontrar la cantidad que falta o para resolver problemas matemáticos y cotidianos.

La resta es una operación matemática ampliamente utilizada en una variedad de situaciones cotidianas y matemáticas.

Problemas Matemáticos: La resta es fundamental en la resolución de problemas matemáticos que involucran la comparación de cantidades. Por ejemplo, al resolver problemas de "resta" se pueden calcular diferencias de edades, distancias, o medidas de tiempo.

La resta es esencial en la resolución de problemas matemáticos que implican la comparación de cantidades o la determinación de diferencias. A menudo, en problemas matemáticos, la resta se utiliza para responder preguntas como "¿cuál es la diferencia entre...?" o "¿cuánto más/menos...?"

Problemas de Edades: En problemas que involucran edades, la resta se utiliza para calcular la diferencia de edad entre dos personas. Por ejemplo, "Si Juan tiene 35 años y María tiene 28, ¿cuál es la diferencia de edad entre ellos?"

Problemas de Distancia: Para resolver problemas relacionados con la distancia, la resta se emplea para calcular la longitud o distancia entre dos puntos en una línea recta o en una carretera. Por ejemplo, "Si una ciudad está a 120 kilómetros al norte de otra, ¿cuál es la distancia entre ellas?"

Problemas de Tiempo: La resta se utiliza en problemas de tiempo para calcular la duración de eventos o la diferencia de tiempo entre dos momentos. Por ejemplo, "Si un tren parte a las 9:15 a. m. y llega a su destino a las 2:45 p. m., ¿cuánto tiempo duró el viaje?"

Problemas de Dinero: En problemas relacionados con el dinero, la resta se aplica para calcular el cambio en una compra o para encontrar la diferencia entre los ingresos y los gastos. Por ejemplo, "Si compras un artículo por $25 y das $50, ¿cuánto cambio recibes?"

Problemas de Cantidad o Volumen: En problemas que implican cantidades o volúmenes, la resta se usa para calcular la diferencia entre las cantidades. Por ejemplo, "Si tienes 15 litros de agua en un recipiente y viertes 7 litros, ¿cuánta agua queda en el recipiente?"

Problemas de Temperatura: La resta se aplica en problemas relacionados con la temperatura para calcular diferencias de temperatura entre dos momentos o lugares. Por ejemplo, "Si la temperatura actual es de 28°C y la temperatura máxima del día fue de 35°C, ¿cuál es la diferencia de temperatura?"

Estos son solo algunos ejemplos de cómo se utiliza la resta en problemas matemáticos para comparar cantidades y calcular diferencias en una amplia variedad de situaciones. La resta es una herramienta esencial en la resolución de problemas y es aplicable en muchas áreas de las matemáticas y la vida cotidiana.

Contabilidad: En contabilidad, se utiliza la resta para calcular ganancias, pérdidas y saldos. Por ejemplo, al restar gastos de ingresos, se puede determinar la ganancia neta.

En contabilidad, la resta desempeña un papel fundamental en la determinación de ganancias, pérdidas y la evaluación de saldos financieros.

Cálculo de Ingresos y Gastos: La contabilidad involucra el registro de ingresos (como ventas y otros ingresos) y gastos (como costos operativos, impuestos y gastos financieros) de una entidad, ya sea una empresa o un individuo.

Determinación de la Ganancia Neta: Para calcular la ganancia neta o la utilidad, se resta el total de los gastos del total de los ingresos. Esto muestra cuánto ha ganado una entidad después de cubrir todos los gastos. La fórmula básica es:

Ganancia Neta = Ingresos Totales - Gastos Totales

Identificación de Pérdidas: Si los gastos superan los ingresos, se produce una pérdida. La pérdida se calcula restando los ingresos totales de los gastos totales, y el resultado es un número negativo.

Evaluación de Saldos: En contabilidad, se utilizan cuentas para hacer un seguimiento de las transacciones financieras. Las cuentas pueden tener saldos deudores (positivos) o saldos acreedores (negativos). La resta se utiliza para determinar el saldo de una cuenta.

Presupuestos y Planificación Financiera: La resta se aplica en la elaboración de presupuestos y en la planificación financiera. Al comparar los ingresos presupuestados con los gastos presupuestados, se puede determinar si un plan es rentable o si hay un déficit presupuestario.

Auditoría y Revisión de Cuentas: En auditoría financiera, los auditores revisan los libros contables de una entidad para garantizar que los ingresos y gastos estén correctamente registrados y se suman y restan de manera adecuada.

Elaboración de Estados Financieros: La contabilidad se utiliza para crear estados financieros, como el balance general, el estado de resultados y el estado de flujos de efectivo. Estos informes a menudo involucran cálculos de suma y resta para proporcionar una visión completa de la situación financiera de una entidad.

La contabilidad se basa en principios y técnicas contables que implican el uso de la resta para evaluar la rentabilidad, mantener registros precisos y garantizar la integridad de los informes financieros. La habilidad para realizar operaciones de resta es esencial para comprender y gestionar adecuadamente la situación financiera de una entidad, ya sea una empresa, una organización sin fines de lucro o un individuo.

Inventario: La resta se aplica para llevar un control del inventario. Al restar las cantidades vendidas de las cantidades iniciales, se puede determinar el stock disponible.

La resta desempeña un papel esencial en la gestión de inventario. Permite llevar un control preciso de las existencias y determinar la cantidad de productos o artículos que aún están disponibles para la venta.

Control de Existencias: Las empresas y minoristas utilizan la resta para mantener un seguimiento de la cantidad de productos o mercancías disponibles en su inventario en un momento dado.

Actualización de Inventario: Después de cada venta, se resta la cantidad de productos vendidos de la cantidad inicial o del saldo de inventario disponible. Esto se hace para mantener registros precisos de lo que queda en stock.

Reordenamiento de Inventario: La resta también se utiliza para determinar cuándo es necesario reabastecer el inventario. Cuando el saldo de inventario alcanza un nivel mínimo predefinido (punto de reposición), se realiza un pedido de reposición para garantizar que no falten productos en el futuro.

Cálculo de Pérdidas y Robos: La resta se emplea para calcular pérdidas o robos de inventario. Al comparar la cantidad inicial con la cantidad real en stock, se puede identificar cualquier discrepancia y tomar medidas para abordar pérdidas o robos.

Control de Productos Perecederos: En la gestión de productos perecederos, como alimentos frescos, la resta se utiliza para calcular la cantidad de productos que han vencido o se han deteriorado. Esto es esencial para evitar la venta de productos en mal estado.

Gestión de SKU (Unidades de Mantenimiento de Inventario): La resta se aplica en la gestión de SKU para asegurarse de que las unidades individuales de productos se mantengan en control. Al restar las unidades vendidas o movidas, se mantiene un registro preciso de la ubicación y disponibilidad de cada SKU.

Optimización de Inventario: La resta se utiliza para evaluar la rotación de inventario y para identificar productos que no se están vendiendo. Esto ayuda a optimizar el inventario y minimizar el costo de almacenamiento.

La gestión precisa del inventario es esencial para garantizar que las empresas puedan satisfacer la demanda de los clientes y evitar pérdidas financieras debido a productos obsoletos o falta de existencias. La resta desempeña un papel crítico en esta gestión, ya que permite a las empresas mantener un control constante de sus productos y tomar decisiones informadas sobre cuándo reabastecer y cómo gestionar sus existencias.

Cambios y Variaciones: La resta se utiliza para calcular cambios y variaciones en datos. Por ejemplo, se puede restar la temperatura actual de la temperatura anterior para calcular la variación de temperatura.

La resta es una herramienta útil para calcular cambios y variaciones en una amplia gama de datos. Al restar un valor anterior de un valor actual, se puede determinar cuánto ha cambiado una cantidad en un período de tiempo o entre dos puntos en el tiempo.

Climatología: En climatología, la resta se usa para calcular cambios en la temperatura, la precipitación u otras variables climáticas. Restar la temperatura actual de la temperatura anterior proporciona información sobre la variación de temperatura en un período determinado.

Variación de Precios: En economía y finanzas, la resta se aplica para calcular la variación de precios de bienes o activos financieros. Al restar el precio actual del precio anterior, se obtiene el cambio en el valor.

Variación de Valores: En análisis de datos, la resta se utiliza para calcular la variación de valores en una serie de datos. Por ejemplo, al restar el valor de un mes al valor del mes anterior, se obtiene la variación mensual.

Variación de Inventario: En la gestión de inventario, la resta se emplea para calcular la variación de existencias. Restar el saldo de inventario anterior del saldo actual proporciona información sobre cuántos productos se han vendido o agregado al inventario.

Cálculo de Diferencias: En diversas disciplinas, la resta se utiliza para calcular diferencias en mediciones, como la diferencia de altitudes en topografía o la diferencia en niveles de existencias en logística.

Variación de Datos Científicos: En la investigación científica, la resta se aplica para calcular cambios en datos experimentales, como la diferencia en la concentración de una sustancia química antes y después de un experimento.

Análisis de Tendencias: La resta se utiliza para evaluar las tendencias a lo largo del tiempo. Restar valores en diferentes momentos puede ayudar a identificar patrones y cambios en datos.

Diferencias de Coordenadas: En matemáticas y geometría, la resta se emplea para calcular las diferencias en coordenadas espaciales o geográficas, como la diferencia en latitud y longitud entre dos puntos en la Tierra.

La resta es una operación fundamental para calcular cambios y variaciones en datos, ya sea en el ámbito científico, económico, climático o en cualquier otro contexto donde se necesite medir y entender las diferencias entre valores en momentos diferentes o en ubicaciones distintas. Esta herramienta es esencial para el análisis de datos y la identificación de patrones y tendencias.

Presupuesto Personal y Empresarial: La resta es esencial en la creación y gestión de presupuestos. Al restar los gastos de los ingresos, se puede evaluar si el presupuesto está equilibrado o si hay un déficit.

La resta desempeña un papel crucial en la creación y gestión de presupuestos, tanto a nivel personal como empresarial. Permite evaluar la salud financiera y determinar si un presupuesto está equilibrado, generando un excedente o presentando un déficit.

Presupuesto Personal:

Registro de Ingresos y Gastos: En un presupuesto personal, la resta se utiliza para calcular la diferencia entre los ingresos (como salario, ingresos por inversiones) y los gastos (como vivienda, alimentos, transporte, entretenimiento). Restar los gastos de los ingresos determina si hay un excedente o un déficit presupuestario.

Equilibrio Presupuestario: Si los gastos son menores que los ingresos, el resultado es un excedente presupuestario, lo que indica que se está viviendo por debajo de los ingresos. Si los gastos superan los ingresos, se genera un déficit, lo que indica la necesidad de ajustar el presupuesto.

Planificación Financiera: La resta se utiliza para evaluar la viabilidad de metas financieras, como ahorrar para un fondo de emergencia, pagar deudas o invertir en el futuro. Al restar los gastos de los ingresos, se puede determinar cuánto queda disponible para alcanzar estas metas.

Presupuesto Empresarial:

Gestión de Ingresos y Gastos: Las empresas utilizan la resta para calcular la diferencia entre los ingresos y los gastos operativos. Esto proporciona información sobre la rentabilidad y la capacidad de la empresa para cubrir costos operativos.

Identificación de Margen de Ganancia: Al restar los costos de producción y otros gastos de las ventas totales, las empresas pueden determinar el margen de ganancia, que es la diferencia entre el precio de venta y los costos asociados.

Evaluación de Inversiones y Gastos de Capital: La resta se aplica para determinar si la inversión en proyectos o activos de capital es financieramente viable. Se comparan los flujos de efectivo esperados con los costos de inversión y operación.

Planificación Financiera a Corto y Largo Plazo: La resta se utiliza para evaluar la salud financiera de una empresa en el corto y largo plazo. Esto ayuda en la toma de decisiones estratégicas, como la expansión, la contratación de personal o la introducción de nuevos productos.

En ambos contextos, la resta es una herramienta esencial para la toma de decisiones financieras informadas. Permite a las personas y las empresas entender su situación financiera actual y futura, tomar medidas para evitar déficits presupuestarios y planificar el uso eficiente de los recursos financieros.

Geometría: En geometría, la resta se emplea para calcular longitudes, áreas y volúmenes. Por ejemplo, para encontrar el área de un rectángulo, se resta el área de un lado de otro.

En geometría, la resta se utiliza en una variedad de contextos para calcular longitudes, áreas y volúmenes. La resta de medidas geométricas permite determinar diferencias y evaluar dimensiones en diferentes situaciones.

Cálculo de Longitudes: La resta se usa para calcular diferencias en longitudes. Por ejemplo, al restar la longitud de un segmento de la longitud de otro, se obtiene la diferencia entre las dimensiones de dos objetos o segmentos.

Área de Figuras Planas: En el cálculo de áreas de figuras planas, como rectángulos, cuadrados y triángulos, la resta se aplica para encontrar la superficie de una figura restando el área de una parte de otra. Por ejemplo, para encontrar el área de un rectángulo, se resta el área de un lado de otro.

Volumen de Sólidos: En el cálculo de volúmenes de sólidos tridimensionales, como cubos, prismas y cilindros, la resta se utiliza para determinar el volumen de una sección restando el volumen de una parte de otra. Por ejemplo, para encontrar el volumen de un prisma, se resta el volumen de un prisma más pequeño que forma parte de él.

Geometría Tridimensional: En geometría tridimensional, la resta se aplica para calcular volúmenes de objetos sólidos, como cajas, cubos o cilindros. La diferencia en volúmenes representa la cantidad de espacio ocupado por el objeto.

Geometría Analítica: En geometría analítica, la resta se utiliza para calcular distancias y diferencias entre coordenadas en un sistema de coordenadas cartesiano. Esto es fundamental para resolver problemas relacionados con la posición y la distancia en el espacio.

Superficie de Áreas Combinadas: Cuando se trabaja con figuras geométricas compuestas, la resta puede ser útil para calcular el área total restando el área de una figura de otra. Esto se aplica, por ejemplo, al calcular el área de un triángulo en el interior de un rectángulo.

La resta en geometría es una operación que permite cuantificar diferencias en dimensiones, ya sea en figuras planas o sólidos tridimensionales. Esta aplicación es esencial para calcular áreas, volúmenes y distancias en contextos geométricos, lo que es fundamental en matemáticas y en aplicaciones prácticas en arquitectura, ingeniería y diseño.

Estadística: En estadística, la resta se usa para calcular diferencias entre valores, como en el cálculo de residuos en análisis de regresión.

En estadística, la resta se aplica de varias maneras, incluyendo el cálculo de diferencias entre valores, como en el análisis de residuos en modelos de regresión. Aquí tienes más detalles sobre cómo se utiliza la resta en estadística:

Análisis de Residuos: En el análisis de regresión, los residuos son las diferencias entre los valores observados y los valores predichos por un modelo de regresión. Estos residuos se calculan restando los valores observados de los valores predichos para cada observación. El análisis de residuos es fundamental para evaluar la bondad del ajuste del modelo y para identificar posibles patrones o problemas en los datos.

Diferencias en Datos de Series Temporales: En el análisis de series temporales, la resta se utiliza para calcular las diferencias entre observaciones en diferentes momentos en el tiempo. Esto puede ayudar a estabilizar la serie temporal y facilitar el análisis de patrones a lo largo del tiempo.

Comparación de Grupos o Muestras: La resta se emplea en la comparación de grupos o muestras en estadística. Por ejemplo, al restar las puntuaciones de un grupo experimental de las puntuaciones de un grupo de control, se puede evaluar el efecto de una intervención o tratamiento.

Diferencias de Puntuaciones: En el análisis de datos, especialmente en estadísticas inferenciales, la resta se usa para calcular las diferencias entre puntuaciones o medidas. Estas diferencias pueden ser fundamentales en pruebas de hipótesis y análisis de varianza.

Comparación de Medias: La resta se aplica en el cálculo de diferencias entre medias en pruebas estadísticas, como la prueba t de Student o ANOVA. Estas diferencias entre medias son fundamentales para determinar si hay diferencias significativas entre grupos.

Análisis de Tendencias y Variación: En el análisis estadístico de datos, la resta se utiliza para calcular tendencias y variación en datos. Al restar valores en diferentes momentos, se pueden identificar patrones y evaluar la estabilidad de los datos.

En general, la resta es una operación básica en estadística que se utiliza para calcular diferencias y evaluar la variación entre valores. Estos cálculos son fundamentales para el análisis de datos, la toma de decisiones basadas en evidencia y la inferencia estadística en una amplia variedad de campos, desde la investigación científica hasta la toma de decisiones empresariales.

Resolución de Problemas Cotidianos: En la vida diaria, la resta se aplica para resolver problemas prácticos, como calcular el cambio en una compra, la distancia que falta para llegar a un destino, o la diferencia entre dos horarios.

La resta es una operación matemática esencial en la resolución de problemas cotidianos. En la vida diaria, se utiliza en una variedad de situaciones prácticas para calcular diferencias y resolver problemas.

Cálculo de Cambio en Compras: Después de hacer una compra, la resta se emplea para determinar cuánto cambio se debe recibir al pagar con una cantidad mayor que el costo de los productos. Al restar el costo de los productos del dinero entregado, se obtiene el cambio.

Navegación y Distancia en Viajes: En la navegación y planificación de viajes, la resta se utiliza para calcular la distancia que falta para llegar a un destino. Si se conoce la distancia inicial y se resta la distancia recorrida, se puede determinar cuánto queda por recorrer.

Planificación de Tiempo: La resta se aplica en la planificación de horarios y para calcular la diferencia entre dos horarios. Esto es útil al programar citas, eventos o actividades para asegurarse de llegar a tiempo.

Calculadora de Horas Trabajadas: En el ámbito laboral, la resta se usa para calcular las horas trabajadas. Al restar la hora de inicio de la hora de finalización, se obtiene la duración de una jornada laboral.

Control de Tiempo en Cocina: En la cocina, la resta se aplica para calcular el tiempo restante de cocción. Por ejemplo, al restar el tiempo actual de cocción del tiempo total requerido, se sabe cuánto tiempo falta para que un platillo esté listo.

Control de Fechas y Plazos: En la gestión de plazos y eventos, la resta se utiliza para calcular la diferencia en días entre dos fechas. Esto es útil para cumplir con plazos, calcular edades o programar eventos importantes.

Gestión de Finanzas Personales: En la administración de finanzas personales, la resta se aplica para calcular el saldo de cuentas bancarias, evaluar gastos y determinar cuánto dinero se puede ahorrar.

Determinación de Disponibilidad de Productos: En compras en línea y gestión de inventario, la resta se utiliza para verificar la disponibilidad de productos. Al restar las unidades vendidas de las unidades iniciales, se puede determinar si un producto está en stock.

La resta es una habilidad matemática fundamental que se aplica en situaciones cotidianas para calcular diferencias, medir distancias, gestionar el tiempo y tomar decisiones informadas. Permite resolver problemas prácticos de manera eficiente y precisa, lo que es esencial en la vida diaria.

La resta es una operación matemática fundamental que se utiliza para comparar cantidades, calcular cambios, determinar diferencias y resolver problemas en diversos campos. Su aplicabilidad en la vida cotidiana y en contextos matemáticos la convierte en una habilidad esencial en nuestra interacción con el mundo que nos rodea.

4.Multiplicación: Repetir una suma varias veces, como 3 x 4 es igual a sumar 3 cuatro veces (3 + 3 + 3 + 3).

La multiplicación es una operación matemática fundamental que consiste en repetir una suma o adición varias veces. En otras palabras, es una forma abreviada de sumar un número una cierta cantidad de veces. El símbolo utilizado para representar la multiplicación es "x".

Por ejemplo, si tenemos la expresión 3 x 4, esto significa que estamos multiplicando 3 por 4. Para realizar esta multiplicación, sumamos 3 cuatro veces:

3 x 4 = 3 + 3 + 3 + 3 = 12

Entonces, 3 x 4 es igual a 12. La multiplicación es una operación aritmética esencial y se utiliza en una variedad de contextos para calcular cantidades, áreas, volúmenes y más. También se puede ver como una forma eficiente de contar elementos repetidos.

La multiplicación es una operación matemática esencial que tiene una amplia aplicabilidad en la vida cotidiana. Puede entenderse mejor al considerar ejemplos prácticos de cómo se usa en situaciones diarias:

Compras en el supermercado: Cuando compras comestibles, los productos suelen tener un precio por unidad (por ejemplo, el costo de una lata de refresco). Si deseas comprar múltiples latas, la multiplicación te permite calcular rápidamente el costo total. Si cada lata de refresco cuesta $1 y quieres comprar 6 latas, puedes multiplicar el precio unitario por la cantidad: 1 x 6 = $6.

Cálculo de tiempo y velocidad: Si viajas en automóvil y deseas saber cuánto tiempo te llevará llegar a tu destino a una cierta velocidad constante, puedes usar la multiplicación. Por ejemplo, si viajas a una velocidad de 60 kilómetros por hora y deseas saber cuánto tiempo tomará recorrer 120 kilómetros, puedes multiplicar la velocidad por el tiempo: 60 km/h x 2 h = 120 km.

Área de una habitación: Imagina que deseas comprar alfombras para una habitación rectangular. Para determinar cuántas yardas de alfombra necesitas, multiplicas la longitud por el ancho de la habitación. Si la habitación mide 10 pies de largo y 8 pies de ancho, el área es 10 pies x 8 pies = 80 pies cuadrados.

Cálculo de costos en eventos: Si estás organizando un evento y necesitas calcular el costo total de los boletos, puedes multiplicar el precio por unidad por la cantidad de boletos que planeas vender. Por ejemplo, si un boleto cuesta $20 y planeas vender 100 boletos, el costo total sería 20 x 100 = $2,000.

Cocina y recetas: Al cocinar, a menudo necesitas ajustar las cantidades de ingredientes en una receta. La multiplicación te permite escalar las cantidades de ingredientes según el número de porciones que deseas preparar. Si una receta requiere 2 tazas de harina y deseas hacer el doble de la receta, necesitarás 4 tazas de harina.

Salarios y pago por horas: En situaciones de trabajo, la multiplicación se utiliza para calcular el salario total. Por ejemplo, si ganas $15 por hora y trabajas 40 horas a la semana, tu salario semanal sería 15 x 40 = $600.

Horario y organización: Si debes planificar tu día y asignar tiempo a diferentes tareas, puedes usar la multiplicación para estimar cuánto tiempo necesitas para cada actividad. Por ejemplo, si planeas estudiar durante 2 horas y cada sesión de estudio es de 30 minutos, necesitarás estudiar 2 x 2 = 4 sesiones de 30 minutos.

Distribución de recursos: La multiplicación también se utiliza en la distribución de recursos en contextos como la agricultura o la construcción. Si un agricultor planta maíz en 5 hectáreas de tierra, debe calcular cuántas semillas de maíz se necesitan por hectárea y, por lo tanto, multiplicar la cantidad requerida por 5.

La multiplicación es una herramienta matemática esencial que simplifica cálculos en numerosos aspectos de la vida cotidiana, desde compras y planificación de tiempo hasta cálculos financieros y organización. Facilita la resolución de problemas y la toma de decisiones eficientes en una amplia variedad de situaciones.

La multiplicación es una de las operaciones matemáticas fundamentales que nos permite simplificar cálculos y realizar tareas cotidianas de manera más eficiente. Ya sea que estemos manejando nuestras finanzas, planeando actividades, cocinando, organizando eventos o resolviendo problemas, la multiplicación es una herramienta esencial que nos ayuda a ahorrar tiempo y esfuerzo.

Al comprender cómo aplicar la multiplicación en situaciones prácticas, podemos tomar decisiones más informadas y realizar cálculos de manera más precisa. Esta habilidad matemática no solo es útil en la vida diaria, sino que también es esencial en campos como la ciencia, la ingeniería, la economía y muchas otras disciplinas donde se requiere análisis cuantitativo.

La multiplicación es una herramienta que nos permite abordar una amplia variedad de tareas y problemas de manera más eficiente, lo que mejora nuestra capacidad para tomar decisiones y lograr nuestros objetivos en la vida cotidiana.

Ya sea que estemos resolviendo problemas matemáticos, planificando actividades, manejando nuestras finanzas o realizando tareas cotidianas, la multiplicación simplifica cálculos y nos permite tomar decisiones informadas. Su utilidad se extiende a diversos campos de la vida, lo que la convierte en una habilidad fundamental en la educación y en la resolución de problemas en el mundo real.

Educación: La multiplicación es una habilidad básica que se enseña en la escuela y sienta las bases para conceptos matemáticos más avanzados. Es una parte fundamental del currículo escolar y se utiliza para desarrollar habilidades matemáticas esenciales en estudiantes de todas las edades.

Desarrollo de Habilidades Matemáticas: La multiplicación es un punto de partida clave para el desarrollo de habilidades matemáticas más avanzadas. Los conceptos matemáticos, como la división, la geometría y la álgebra, a menudo se basan en un sólido entendimiento de la multiplicación.

Resolución de Problemas: La multiplicación se utiliza para resolver una amplia variedad de problemas matemáticos y del mundo real. Los estudiantes aprenden a aplicar conceptos de multiplicación para abordar situaciones prácticas y tomar decisiones informadas.

Aplicabilidad en Diversos Campos: Los conceptos de multiplicación se extienden a campos más allá de las matemáticas. Los estudiantes adquieren una habilidad que es relevante en ciencia, tecnología, ingeniería, economía y muchas otras disciplinas.

Mejora de la Lógica y la Organización: La multiplicación fomenta el pensamiento lógico y la organización. Los estudiantes deben seguir pasos y reglas específicas para realizar cálculos de multiplicación, lo que fortalece su capacidad de razonamiento.

Preparación para la Vida Cotidiana: Los conocimientos de multiplicación son prácticos en la vida cotidiana. Los estudiantes aprenden a manejar transacciones financieras, realizar compras, planificar tareas y gestionar recursos.

Facilitación de Conceptos Abstracciones: La multiplicación a menudo se enseña con representaciones concretas, como grupos de objetos o arreglos. Esto ayuda a los estudiantes a comprender conceptos abstractos y a visualizar operaciones matemáticas.

Estímulo de la Resolución de Problemas Lógicos: Los problemas de multiplicación desafían a los estudiantes a pensar de manera lógica y a buscar soluciones. Esto fomenta la resolución de problemas y el pensamiento crítico.

La multiplicación es un pilar fundamental en la educación matemática. Ayuda a los estudiantes a desarrollar habilidades matemáticas esenciales, a prepararse para desafíos matemáticos más avanzados y a adquirir una herramienta que es relevante en su vida cotidiana y en diversas disciplinas. La enseñanza de la multiplicación es crucial para el éxito académico y el desarrollo de habilidades de resolución de problemas.

Ciencia y Tecnología: En campos científicos como la física, la química y la biología, la multiplicación se aplica en cálculos científicos, como la determinación de concentraciones, el análisis de datos experimentales y la modelización de fenómenos naturales.

La multiplicación desempeña un papel fundamental en la ciencia y la tecnología. Aquí hay algunos ejemplos de cómo se aplica la multiplicación en estos campos:

Física: En la física, la multiplicación se utiliza en una variedad de cálculos. Por ejemplo, para calcular la velocidad, se multiplica la aceleración por el tiempo (v = at). También se utiliza en la ley de la fuerza de Hooke, que relaciona la fuerza aplicada a un resorte con la elongación del mismo. Además, en mecánica, se utiliza para calcular el trabajo realizado por una fuerza en un objeto en movimiento.

Química: La multiplicación es esencial en cálculos químicos, especialmente en la estequiometría. Se utiliza para equilibrar ecuaciones químicas, calcular la masa molar de compuestos, determinar la cantidad de reactivos necesarios y predecir la cantidad de productos que se formarán en una reacción química.

Biología: En biología, la multiplicación se aplica en diversas áreas. Por ejemplo, se usa para calcular la tasa de crecimiento de poblaciones, determinar la concentración de soluciones en laboratorios de biología molecular y cuantificar datos en estudios genéticos y epidemiológicos.

Datos Experimentales: En la recopilación y análisis de datos experimentales, la multiplicación se utiliza para calcular medidas estadísticas, como el promedio, la desviación estándar y la varianza. Estas medidas son fundamentales para resumir y analizar resultados experimentales.

Modelización y Simulaciones: La multiplicación se emplea en la modelización de fenómenos naturales y en simulaciones numéricas. Por ejemplo, en climatología, se utilizan ecuaciones que involucran multiplicaciones para predecir patrones climáticos y cambios a largo plazo.

En todos estos campos, la multiplicación es una herramienta esencial que permite a los científicos realizar cálculos precisos y cuantitativos, lo que es fundamental para la investigación, la resolución de problemas y la toma de decisiones en el ámbito científico y tecnológico. La matemática, incluida la multiplicación, es el lenguaje común que impulsa el progreso en estos campos.

Ingeniería: Los ingenieros utilizan la multiplicación para diseñar y analizar estructuras, sistemas y circuitos, calcular cargas y dimensiones, y modelar el comportamiento de sistemas complejos.

La multiplicación desempeña un papel crucial en el campo de la ingeniería y es una herramienta fundamental en diversas disciplinas de la ingeniería.

Diseño de Estructuras: Los ingenieros civiles y estructurales utilizan la multiplicación para calcular cargas y tensiones en estructuras, como puentes y edificios. También se aplica en el diseño de conexiones y materiales de construcción.

Ingeniería Mecánica: En ingeniería mecánica, la multiplicación se utiliza en el diseño de máquinas y sistemas mecánicos. Por ejemplo, se calculan las fuerzas y torques necesarios para que una máquina funcione correctamente.

Ingeniería Eléctrica: En ingeniería eléctrica, la multiplicación se aplica para calcular corrientes, tensiones y potencia en circuitos eléctricos. También se utiliza en el diseño de circuitos y sistemas de control.

Ingeniería Química: Los ingenieros químicos emplean la multiplicación en cálculos relacionados con procesos químicos, como la determinación de tasas de reacción, la cantidad de reactivos necesarios y la producción de productos químicos.

Ingeniería de Software: En la ingeniería de software, la multiplicación se usa en cálculos de rendimiento, como la estimación de tiempos de ejecución y la planificación de recursos para proyectos de desarrollo de software.

Ingeniería Aeroespacial: Los ingenieros aeroespaciales aplican la multiplicación en cálculos de diseño de aeronaves y cohetes, incluyendo la determinación de las fuerzas necesarias para el despegue y el vuelo.

Modelización y Simulación: La multiplicación se utiliza en simulaciones y modelos numéricos para predecir el comportamiento de sistemas complejos en ingeniería, como la dinámica de fluidos en la aerodinámica.

Ingeniería de Sistemas: La ingeniería de sistemas utiliza la multiplicación en el análisis y diseño de sistemas complejos, donde múltiples componentes interactúan entre sí.

La multiplicación es una herramienta esencial en la ingeniería y se aplica en una amplia variedad de disciplinas para realizar cálculos, diseñar sistemas y estructuras, modelar comportamientos y resolver problemas relacionados con la ingeniería. Es una habilidad matemática fundamental para los ingenieros en su trabajo diario.

Economía y Finanzas: La multiplicación es esencial en el cálculo de intereses, ganancias, pérdidas, tasas de cambio y otros aspectos financieros. Se utiliza en inversiones, presupuestos y análisis financiero.

Intereses: En el cálculo de intereses, la multiplicación se utiliza para determinar cuánto se ganará o pagará en concepto de intereses en préstamos, inversiones o cuentas de ahorro. La fórmula básica de interés simple implica multiplicar la tasa de interés por el capital y el tiempo en años.

Ganancias y Pérdidas: En el análisis financiero, la multiplicación se aplica para calcular ganancias o pérdidas en inversiones o en la compra y venta de activos. Se multiplica la diferencia entre el precio de venta y el precio de compra por la cantidad de activos.

Tasas de Cambio: En el comercio internacional y en los mercados de divisas, la multiplicación se utiliza para convertir una moneda en otra utilizando tasas de cambio. La cantidad de moneda extranjera se multiplica por la tasa de cambio para obtener el equivalente en moneda local.

Presupuestos: En la planificación financiera y la elaboración de presupuestos, la multiplicación se aplica para estimar gastos, ingresos y beneficios en función de diferentes variables, como el número de unidades vendidas y los precios unitarios.

Inversiones: Los inversores utilizan la multiplicación para calcular el rendimiento de sus inversiones. Esto implica multiplicar la cantidad invertida por la tasa de rendimiento esperada para determinar las ganancias potenciales.

Amortización de Préstamos: En el contexto de préstamos, la multiplicación se emplea para calcular los pagos de amortización periódicos. Esto implica multiplicar la cantidad del préstamo por la tasa de interés y un factor que tiene en cuenta el período de pago.

Análisis de Costos: Las empresas utilizan la multiplicación para analizar los costos de producción y determinar el costo total de fabricación de productos. Esto incluye el cálculo del costo de los materiales, la mano de obra y otros gastos.

Valor Presente y Futuro: La multiplicación es fundamental en el cálculo del valor presente y futuro de flujos de efectivo. Permite determinar el valor actual o futuro de sumas de dinero en función de tasas de interés y plazos.

La multiplicación desempeña un papel esencial en la economía y las finanzas al permitir realizar cálculos financieros, estimar ganancias y pérdidas, evaluar inversiones y llevar a cabo análisis financiero. Es una herramienta fundamental para individuos, empresas y analistas financieros que toman decisiones relacionadas con el dinero y las transacciones económicas.

Tiempos y Planificación: En la vida diaria, la multiplicación se aplica en la planificación de horarios y tareas. Ayuda a estimar tiempos y recursos necesarios para completar proyectos y actividades.

Horarios y Programación: La multiplicación se utiliza para programar actividades y eventos en un horario. Por ejemplo, al planificar una reunión de trabajo, puedes multiplicar la duración estimada por la cantidad de tiempo disponible para encontrar un horario adecuado.

Duración de Actividades: Al planificar proyectos o tareas, se emplea la multiplicación para estimar cuánto tiempo tomará completar cada actividad. Multiplicar la cantidad de unidades de tiempo (como horas o días) por la cantidad de actividades proporciona una estimación del tiempo total requerido.

Estimación de Recursos: En la planificación de proyectos, la multiplicación se utiliza para estimar la cantidad de recursos necesarios, como personas, materiales o equipos. Por ejemplo, si se necesita construir un cierto número de estructuras, puedes multiplicar el número por la cantidad de recursos necesarios para cada una.

Presupuesto de Tiempo: La multiplicación se aplica en la elaboración de presupuestos de tiempo. Esto implica calcular el tiempo total necesario para llevar a cabo un proyecto y garantizar que se ajuste a los plazos previstos.

Planificación de Viajes: Al planificar un viaje, se utiliza la multiplicación para estimar la duración de cada etapa del viaje, como el tiempo de vuelo o el tiempo de conducción. Esto es fundamental para programar actividades y reservar alojamiento.

Gestión del Tiempo Personal: En la vida cotidiana, la multiplicación ayuda a las personas a administrar su tiempo personal. Por ejemplo, al programar una rutina diaria, se multiplican las horas asignadas a cada actividad por el número de días en una semana.

Planificación de Eventos: La multiplicación se aplica en la organización de eventos, como bodas o fiestas. Ayuda a estimar la cantidad de comida, bebida o decoraciones necesarias en función del número de invitados.

Cálculo de Costos: En la planificación de proyectos o eventos, la multiplicación se utiliza para calcular los costos relacionados con el tiempo, como los salarios de los trabajadores o el alquiler de instalaciones.

La multiplicación es una herramienta esencial en la planificación y gestión del tiempo en la vida diaria. Permite a las personas estimar tiempos, recursos y costos de manera eficiente, lo que es fundamental para la organización de actividades, proyectos y eventos. La planificación precisa del tiempo es clave para lograr objetivos y maximizar la eficiencia en la vida cotidiana.

Estadísticas y Análisis de Datos: La multiplicación se utiliza en estadísticas para calcular productos cruzados y en el análisis de datos para realizar operaciones matriciales y modelar relaciones entre variables.

La multiplicación desempeña un papel fundamental en la estadística y el análisis de datos, ya que se utiliza en una variedad de cálculos y operaciones relacionados con el procesamiento y la interpretación de datos.

Productos Cruzados en Tablas de Contingencia: En estadísticas, se utilizan tablas de contingencia para mostrar la relación entre dos variables categóricas. La multiplicación se aplica para calcular los productos cruzados, que representan la frecuencia conjunta de dos categorías específicas en las variables.

Operaciones Matriciales: En análisis de datos más avanzado, se trabajan con matrices para representar y analizar conjuntos de datos multidimensionales. La multiplicación de matrices se emplea en operaciones matriciales, como la multiplicación de matrices de datos por matrices de coeficientes en análisis de regresión o en cálculos de componentes principales.

Modelado de Relaciones entre Variables: La multiplicación se utiliza en la construcción de modelos estadísticos y matemáticos para describir relaciones entre variables. Por ejemplo, en un modelo de regresión lineal, se multiplican los coeficientes por los valores de las variables predictoras para predecir una variable de resultado.

Cálculo de Estadísticas Descriptivas: En estadísticas descriptivas, como el cálculo de la media ponderada, se utiliza la multiplicación para asignar pesos a los valores y calcular medidas de tendencia central.

Cálculo de Medidas de Dispersión: La multiplicación se aplica para calcular medidas de dispersión, como la varianza y la desviación estándar. En estos cálculos, las diferencias entre los valores y la media se elevan al cuadrado y luego se suman.

Cálculo de Probabilidades Conjuntas: En estadística de probabilidad, se utilizan productos en cálculos de probabilidades conjuntas. La probabilidad conjunta de dos eventos se calcula multiplicando las probabilidades de cada evento individual.

Aplicaciones en Análisis Multivariado: En análisis multivariado, se realizan operaciones matriciales y cálculos que involucran la multiplicación de matrices para explorar relaciones entre múltiples variables.

Simulación y Modelado Estadístico: En la simulación estadística y el modelado de eventos, se utilizan técnicas de Monte Carlo que implican múltiples repeticiones de experimentos. La multiplicación se aplica en estos cálculos repetitivos.

La multiplicación desempeña un papel esencial en la estadística y el análisis de datos, ya que permite realizar cálculos, modelar relaciones y procesar información de manera eficiente. Es una herramienta poderosa en la toma de decisiones basada en datos y en la comprensión de patrones y relaciones en conjuntos de datos.

Salud y Medicina: En el campo de la medicina, la multiplicación se utiliza en dosis de medicamentos, cálculos de dosis en pacientes, análisis de resultados de pruebas y en investigación médica.

La multiplicación es una operación matemática que desempeña un papel crucial en el campo de la medicina y la salud. Se utiliza en una variedad de contextos para calcular dosis de medicamentos, realizar análisis de resultados de pruebas, investigaciones médicas y en la gestión de la atención médica.

Cálculo de Dosis de Medicamentos: En la administración de medicamentos, la multiplicación se utiliza para determinar la cantidad exacta de un medicamento que un paciente debe recibir en función de factores como el peso del paciente y la concentración del medicamento. Esto garantiza que se administre la dosis correcta y segura.

Dilución de Medicamentos: En algunos casos, se necesitan diluciones de medicamentos para ajustar la concentración. La multiplicación se utiliza para calcular la cantidad de solución diluyente requerida para lograr la concentración deseada.

Análisis de Resultados de Pruebas: En laboratorios clínicos, los resultados de pruebas se expresan en unidades de medida específicas. La multiplicación se aplica para convertir estos resultados en unidades comprensibles o para realizar cálculos relacionados con diagnósticos y tratamientos.

Cálculo de Índices y Proporciones: En la investigación médica y la epidemiología, la multiplicación se utiliza para calcular índices y proporciones que son fundamentales para evaluar la prevalencia de enfermedades y la eficacia de tratamientos.

Estimación de Tasas de Supervivencia: En estudios de supervivencia y pronóstico, se emplea la multiplicación para calcular tasas de supervivencia y probabilidades de eventos específicos en poblaciones de pacientes.

Estimación de Riesgos y Beneficios: En la toma de decisiones clínicas, la multiplicación se aplica para evaluar los riesgos y beneficios de diferentes opciones de tratamiento y procedimientos médicos.

Cálculos Farmacocinéticos: La multiplicación se utiliza en la farmacocinética para modelar la distribución y eliminación de medicamentos en el cuerpo y para calcular parámetros farmacocinéticos clave, como la vida media de un fármaco.

Modelado Matemático en Investigación: En investigaciones médicas y científicas, se emplean modelos matemáticos que incluyen ecuaciones con multiplicación para comprender y predecir fenómenos biológicos y médicos.

Gestión de la Atención Médica: En la gestión de la atención médica y la planificación de recursos, se utilizan cálculos de multiplicación para estimar la demanda de servicios de salud y asignar recursos de manera eficiente.

La multiplicación es una herramienta esencial en la medicina y la salud, ya que garantiza la precisión en la administración de medicamentos, la interpretación de resultados de pruebas y la toma de decisiones clínicas. También es una parte integral de la investigación médica y científica, contribuyendo al avance de la comprensión y el tratamiento de enfermedades y trastornos.

Negocios y Comercio: Las empresas utilizan la multiplicación para calcular ganancias, costos, márgenes de beneficio y estimaciones de ventas. También se aplica en el análisis financiero y la toma de decisiones comerciales.

La multiplicación desempeña un papel fundamental en el mundo de los negocios y el comercio, ya que se utiliza en una amplia variedad de aplicaciones para realizar cálculos financieros, estimar ganancias, costos y tomar decisiones comerciales informadas. Aquí tienes algunos ejemplos de cómo se aplica la multiplicación en este ámbito:

Cálculo de Ganancias y Pérdidas: En las operaciones comerciales, la multiplicación se utiliza para calcular las ganancias o pérdidas al restar el costo de los bienes o servicios vendidos (COGS) del precio de venta. Esta operación es esencial para evaluar la rentabilidad de un negocio.

Estimación de Ventas e Ingresos: La multiplicación se aplica para estimar las ventas y los ingresos futuros en función de la cantidad de productos o servicios vendidos y su precio de venta.

Cálculo de Impuestos y Tasas: En contabilidad y finanzas, se utiliza la multiplicación para calcular impuestos sobre las ventas, tasas de interés y otros cargos financieros.

Presupuestos y Proyecciones Financieras: Las empresas crean presupuestos y proyecciones financieras que implican cálculos de multiplicación. Esto incluye la estimación de gastos, ingresos, márgenes de beneficio y flujos de efectivo futuros.

Análisis de Margen de Beneficio: La multiplicación se emplea para calcular el margen de beneficio, que es la diferencia entre el precio de venta y los costos asociados con la producción o adquisición de bienes y servicios.

Costos de Producción y Fabricación: En la fabricación y la producción, se utilizan cálculos de multiplicación para determinar los costos de producción, incluyendo mano de obra, materiales y otros recursos.

Cálculos de Intereses y Financiamiento: La multiplicación se aplica en el cálculo de intereses sobre préstamos, financiamiento de inversiones y en el análisis de opciones de financiamiento.

Cálculo de Utilidades por Acción: En el análisis financiero, se utiliza la multiplicación para calcular las utilidades por acción (EPS), un indicador importante para los inversores en acciones.

Evaluación de Riesgos y Retornos: La multiplicación se emplea en el análisis financiero para estimar los rendimientos potenciales y los riesgos asociados con diferentes inversiones y proyectos.

Análisis de Costo-Beneficio: En la toma de decisiones comerciales, la multiplicación se aplica en el análisis de costo-beneficio para evaluar si los beneficios esperados de una inversión superan los costos asociados.

Gestión de Inventarios: La multiplicación se utiliza en la gestión de inventarios para calcular la cantidad de existencias necesaria y para estimar el valor del inventario en un momento dado.

La multiplicación es una herramienta esencial en el mundo de los negocios y el comercio, ya que permite a las empresas realizar cálculos financieros precisos, evaluar la rentabilidad y tomar decisiones basadas en datos. Facilita la planificación financiera, la gestión de recursos y la evaluación de proyectos comerciales, contribuyendo al éxito y crecimiento de las organizaciones.

Planificación de Eventos: Al organizar eventos, la multiplicación se emplea en el cálculo de presupuestos, estimaciones de asistentes y la gestión de recursos necesarios.

Presupuesto del Evento: La multiplicación se utiliza para calcular los costos estimados de un evento. Esto incluye la estimación de gastos en elementos como alquiler de lugar, catering, decoraciones, entretenimiento, seguridad y otros servicios. Al multiplicar el costo unitario por la cantidad necesaria de cada elemento, se obtiene el costo total del evento.

Estimación de Asistentes: La multiplicación se emplea para estimar el número de asistentes que se espera en un evento. Esto es esencial para la planificación de la logística, como la cantidad de sillas, comida y bebida necesaria, y la disposición del lugar.

Cálculo de Tiempo y Recursos: Al planificar un evento, es importante determinar cuánto tiempo y recursos se necesitarán para llevar a cabo las diferentes actividades. La multiplicación se utiliza para estimar el tiempo que llevará realizar tareas específicas y para asignar recursos, como personal y equipos.

Programación de Horarios: La multiplicación se aplica en la programación de horarios para asegurarse de que las actividades del evento se ejecuten en el momento adecuado. Por ejemplo, al determinar cuánto tiempo se necesita para cada presentación o actividad y luego programarlas en secuencia.

Cálculo de Espacio y Capacidad: Si el evento se llevará a cabo en un lugar con una capacidad limitada, la multiplicación se utiliza para determinar cuántas personas se pueden acomodar de manera segura. Esto es esencial para garantizar la seguridad y comodidad de los asistentes.

Distribución de Materiales: En eventos que involucran la distribución de materiales promocionales, como folletos o muestras, la multiplicación se aplica para calcular la cantidad de materiales necesarios y para asegurarse de que haya suficientes para todos los asistentes.

Planificación de Alimentos y Bebidas: Si el evento incluye alimentos y bebidas, la multiplicación se utiliza para calcular la cantidad de comida y bebida necesaria, así como para planificar la cantidad de mesas y sillas requeridas.

Evaluación de Costos por Asistente: La multiplicación se aplica para calcular el costo por asistente, lo que es útil para determinar el precio de entrada o para evaluar la rentabilidad del evento.

Gestión de Ingresos y Gastos: En la gestión financiera del evento, la multiplicación se utiliza para calcular los ingresos esperados basados en la venta de entradas, patrocinios y otros factores, así como para estimar los gastos totales.

La multiplicación es una herramienta fundamental en la planificación de eventos, ya que permite a los organizadores realizar cálculos precisos para garantizar que el evento se lleve a cabo de manera eficiente y exitosa. Facilita la estimación de costos, la gestión de recursos y la toma de decisiones informadas durante todas las etapas de planificación y ejecución de un evento.

La multiplicación es una herramienta matemática esencial que no solo es parte integral de la educación, sino que también es una habilidad fundamental en prácticamente todos los aspectos de la vida y en numerosos campos profesionales. Facilita cálculos, análisis y toma de decisiones, lo que la convierte en un componente crucial en la resolución de problemas en el mundo real.

5.División: Compartir un número en partes iguales, como repartir 12 en 4 grupos iguales da como resultado 3 en cada grupo ($12 \div 4 = 3$).

La división es una operación matemática que se utiliza para repartir o compartir un número en partes iguales. En otras palabras, la división se realiza para determinar cuántas veces un número (el dividendo) cabe en otro número más grande (el divisor) de manera equitativa. El resultado de una división se llama cociente.

El ejemplo que mencionaste, "12 ÷ 4 = 3", ilustra cómo funciona la división. Aquí hay una explicación ampliada:

Dividendo: El número que se va a dividir es llamado dividendo. En este caso, el dividendo es 12.

Divisor: El número por el cual se va a dividir el dividendo se llama divisor. En este caso, el divisor es 4.

Cociente: El resultado de la división es el cociente. En el ejemplo, el cociente es 3.

Entonces, cuando divides 12 por 4, estás repartiendo 12 en 4 grupos iguales. Esto significa que cada grupo recibirá 3 como parte de la distribución. Es importante recordar que la división busca asegurar que la cantidad se divida de manera uniforme entre los grupos o partes.

La división se utiliza en una variedad de situaciones en la vida cotidiana y en matemáticas. Por ejemplo, se usa para calcular el número de personas en cada fila de asientos en un autobús, dividir una pizza en porciones iguales, distribuir un presupuesto en varios gastos, calcular tasas y proporcionar soluciones a problemas matemáticos y prácticos que requieren la distribución equitativa de recursos o cantidades.

la división es una operación matemática esencial que se aplica en diversas situaciones tanto en la vida cotidiana como en matemáticas y otras disciplinas. Aquí tienes ejemplos adicionales de cómo se utiliza la división en diferentes contextos:

Reparto de Recursos en Negocios: En el ámbito empresarial, la división se utiliza para distribuir recursos, como el presupuesto de marketing, entre diferentes áreas o proyectos de manera equitativa.

El reparto de recursos en el ámbito empresarial es una práctica común para garantizar una distribución eficiente y equitativa de los recursos disponibles, como el presupuesto de marketing. La división desempeña un papel esencial en este proceso al permitir que las empresas asignen recursos de manera justa entre diferentes áreas, proyectos o iniciativas.

Asignación de Presupuesto: El presupuesto es un recurso crítico para cualquier empresa. La división se utiliza para dividir el presupuesto de marketing en partes iguales o en proporciones específicas para diferentes áreas o proyectos. Esto garantiza que cada área o proyecto reciba una parte justa del presupuesto disponible.

Optimización de Recursos: La división no se limita a una distribución igualitaria; también se puede utilizar para asignar recursos de manera que se maximice el rendimiento o el retorno de la inversión. Esto implica asignar más recursos a las áreas o proyectos que tienen un mayor potencial de crecimiento o rentabilidad.

Planificación Estratégica: La división de recursos en el proceso de planificación estratégica es esencial para asegurar que las metas y objetivos de la empresa se cumplan de manera efectiva. Cada proyecto o área recibe la cantidad de recursos necesaria para alcanzar sus objetivos específicos.

Evaluación de Rendimiento: La división permite a las empresas comparar el rendimiento de diferentes áreas o proyectos. Al asignar recursos de manera equitativa o basada en méritos, se pueden evaluar los resultados y tomar decisiones informadas sobre la redistribución de recursos en el futuro.

Distribución de Personal: Además del presupuesto, la división se aplica a la distribución de personal. Los equipos y empleados se asignan a proyectos o áreas específicas de acuerdo con sus habilidades y recursos humanos disponibles.

Evaluación de Costos y Beneficios: La división de recursos también se utiliza en la evaluación de costos y beneficios. Permite determinar cuánto se está invirtiendo en un proyecto o área en relación con los resultados obtenidos.

Toma de Decisiones Basada en Datos: La división basada en datos y análisis ayuda a las empresas a tomar decisiones informadas sobre la asignación de recursos. Esto garantiza que los recursos se utilicen de manera eficiente y que se obtenga el máximo valor.

La división en la distribución de recursos en negocios es una herramienta clave para administrar de manera efectiva los activos disponibles, ya sea financiero, humano o de otro tipo. Facilita la toma de decisiones estratégicas, el control de costos y la optimización de resultados, lo que es esencial para el éxito y la sostenibilidad de las empresas.

División de Tiempo: En la gestión del tiempo, la división se aplica para programar tareas o actividades a lo largo del día. Por ejemplo, si tienes 8 horas de trabajo y deseas dividirlas en partes iguales entre dos proyectos, trabajas 4 horas en cada uno.

La división de tiempo es una práctica común en la gestión del tiempo y la planificación de actividades. Se utiliza para programar tareas y actividades a lo largo del día de manera equitativa, especialmente cuando se tienen múltiples proyectos o responsabilidades para atender. El objetivo de la división de tiempo es garantizar que cada tarea reciba la atención necesaria y que el tiempo se utilice de manera eficiente.

Planificación de Tareas Diarias: En la gestión del tiempo, la división se utiliza para planificar cómo se distribuirán las horas de trabajo en un día. Esto implica asignar tiempo a tareas específicas, proyectos o actividades.

Equilibrio entre Proyectos: Cuando tienes varios proyectos o responsabilidades, la división se aplica para asegurarte de que todos reciban atención. Por ejemplo, si tienes 8 horas de trabajo y deseas dividirlas entre dos proyectos, trabajas 4 horas en cada uno. Esto ayuda a mantener un equilibrio entre las diferentes tareas.

Intervalos de Trabajo y Descanso: La división de tiempo también se aplica para programar intervalos de trabajo y descanso. Establecer tiempos de descanso programados puede mejorar la productividad y reducir la fatiga.

Priorización de Tareas: Al dividir el tiempo, es importante priorizar tareas y actividades. Algunas tareas pueden requerir más tiempo que otras, por lo que es esencial asignar tiempo en función de la importancia y urgencia de cada tarea.

Gestión de Reuniones y Compromisos: La división de tiempo se utiliza para programar reuniones, citas y otros compromisos. Esto ayuda a asegurarse de que el tiempo esté disponible y se utilice de manera eficiente para cumplir con estos compromisos.

Evaluación de Progreso: La división de tiempo permite hacer un seguimiento del progreso en tareas y proyectos. Al comparar el tiempo dedicado con los resultados obtenidos, se pueden identificar áreas de mejora o ajustes en la planificación.

Flexibilidad: Aunque la división es una herramienta útil, también es importante ser flexible y adaptarse a las circunstancias cambiantes. A veces, es necesario ajustar la división de tiempo en función de las necesidades emergentes.

La división de tiempo es una estrategia efectiva para administrar tareas y proyectos de manera organizada. Ayuda a mantener un equilibrio en la gestión del tiempo, lo que es esencial para la productividad y la eficiencia en el trabajo. Además, permite a las personas cumplir con múltiples responsabilidades y compromisos de manera efectiva, asegurando que el tiempo se utilice de manera óptima.

Distribución de Alimentos: La división se emplea en la industria alimentaria para determinar las porciones de alimentos en envases o platos. Por ejemplo, dividir una lata de sopa en 4 tazones iguales.

La división se aplica de manera fundamental en la industria alimentaria para determinar las porciones de alimentos en envases o platos. Esta práctica es esencial para garantizar que los alimentos se distribuyan de manera equitativa y que las porciones cumplan con los estándares de calidad y cantidad requeridos.

Envases de Alimentos: En la producción y envasado de alimentos, la división se utiliza para determinar la cantidad de alimento que se coloca en cada envase. Por ejemplo, dividir una lata de sopa en una cantidad específica de envases individuales o en porciones más pequeñas que sean apropiadas para el consumo.

Restaurantes y Catering: Los restaurantes y servicios de catering utilizan la división para garantizar que los platos se sirvan con porciones uniformes. Esto es esencial para proporcionar una experiencia de comida consistente a los clientes y para controlar costos.

Control de Calorías y Nutrientes: La división se aplica en el etiquetado nutricional de alimentos procesados. Se divide el alimento en porciones y se calculan las calorías y nutrientes por porción, lo que permite a los consumidores conocer el contenido nutricional de los productos.

Escuelas y Comedores: En comedores escolares y en la industria de la restauración colectiva, la división se utiliza para servir comidas equitativas a un gran número de personas. Se divide la cantidad total de comida en porciones individuales para satisfacer las necesidades de los comensales.

Preparación de Platos: En la cocina, la división se aplica para preparar platos individuales con porciones específicas de cada componente. Esto es importante para garantizar que los ingredientes se distribuyan de manera equitativa en el plato.

Empaquetado de Alimentos Congelados: En la industria de alimentos congelados, se divide el alimento en porciones individuales que se empaquetan y se venden como comidas congeladas listas para calentar y servir.

Porciones en Menús: Los menús de restaurantes a menudo indican porciones de alimentos para ayudar a los clientes a tomar decisiones informadas sobre qué ordenar. La división se aplica para determinar las cantidades adecuadas de cada plato.

Control de Calidad: La división también es una herramienta esencial para el control de calidad en la industria alimentaria. Permite asegurarse de que los productos cumplan con los estándares de calidad y cantidad especificados.

La división en la distribución de alimentos garantiza que los productos alimentarios se presenten y sirvan de manera uniforme y consistente. Esto es importante tanto para satisfacer las expectativas de los consumidores como para mantener la calidad y la seguridad alimentaria en la producción y el servicio de alimentos.

Proporciones en Cocina y Repostería: En recetas de cocina y repostería, la división se usa para ajustar las cantidades de ingredientes y calcular las proporciones adecuadas.

La aplicación de la división en la cocina y repostería es fundamental para garantizar que las recetas sean precisas y que los ingredientes se utilicen en las proporciones adecuadas. La precisión en la división de ingredientes es esencial para el éxito de una receta, ya que afecta el sabor, la textura y el resultado final de los platos y postres.

Ajuste de Tamaño de Recetas: La división se aplica para ajustar el tamaño de las recetas. Por ejemplo, si una receta original está diseñada para servir a 4 personas, pero deseas prepararla para 8 personas, debes dividir las cantidades de los ingredientes por la mitad para duplicar la receta.

Cálculo de Porciones: La división se utiliza para calcular el número de porciones que se pueden obtener de una receta. Al dividir la cantidad total de comida entre el tamaño de una porción, se obtiene el número de porciones que la receta generará.

Proporciones de Ingredientes: En cada receta, los ingredientes se deben dividir en proporciones específicas. Por ejemplo, en la repostería, es crucial dividir la cantidad de harina, azúcar, mantequilla y otros ingredientes para asegurar que la masa o la mezcla sean equilibradas y produzcan un producto final de calidad.

Conversiones de Medidas: La división se aplica en la conversión de medidas de ingredientes. Por ejemplo, si una receta requiere 1 taza de harina y deseas saber cuántos gramos son, debes dividir la cantidad de tazas por la equivalencia en gramos.

Duplicación o Reducción de Recetas: Cuando deseas duplicar o reducir una receta, la división se utiliza para ajustar las cantidades de ingredientes de manera proporcional.

Calculo de Recetas de Ingredientes Parciales: En muchas recetas, se utiliza una parte de un ingrediente que se vende en un paquete más grande (como una lata de tomates o un cartón de leche). La división se aplica para calcular la cantidad necesaria a partir del paquete más grande.

Reparto de Masa en Porciones: En la preparación de masas, como la masa para galletas o pan, la división se utiliza para dividir la masa en porciones iguales antes de hornear.

Corrección de Errores en la Medición: Si se comete un error en la medición de un ingrediente, la división se puede aplicar para corregir la cantidad añadiendo o restando ingredientes según sea necesario.

La división en la cocina y repostería es una habilidad esencial para los chefs y panaderos, ya que garantiza que las recetas sean precisas y que los alimentos se preparen de manera consistente. Esto es especialmente importante en la repostería, donde las proporciones de ingredientes tienen un impacto crítico en la calidad y el sabor de los productos horneados.

Conversión de Unidades: La división se aplica en la conversión de unidades de medida, como convertir millas a kilómetros, libras a kilogramos o grados Celsius a Fahrenheit.

La conversión de unidades es una aplicación común de la división y es esencial en situaciones donde es necesario cambiar de una unidad de medida a otra. La división se utiliza para establecer una relación o factor de conversión entre las dos unidades y luego aplicarla para realizar la conversión.

Millas a Kilómetros: Para convertir millas a kilómetros, se utiliza un factor de conversión que es aproximadamente 1.60934 (o 1 milla ≈ 1.60934 kilómetros). Para hacer la conversión, divides la cantidad de millas entre este factor de conversión.

Ejemplo: Para convertir 10 millas a kilómetros, haces la división: 10 millas ÷ 1.60934 ≈ 6.214 kilómetros.

Libras a Kilogramos: Para convertir libras a kilogramos, se utiliza un factor de conversión que es de aproximadamente 0.453592 (o 1 libra ≈ 0.453592 kilogramos). Para hacer la conversión, divides la cantidad de libras entre este factor de conversión.

Ejemplo: Para convertir 20 libras a kilogramos, haces la división: 20 libras ÷ 0.453592 ≈ 44.092 kilogramos.

Grados Celsius a Fahrenheit: La conversión entre grados Celsius (°C) y grados Fahrenheit (°F) implica una fórmula que incluye la división. La fórmula para convertir de °C a °F es: °F = (°C × 9/5) + 32. En esta fórmula, multiplicas la temperatura en grados Celsius por 9/5 y luego le sumas 32.

Ejemplo: Para convertir 25°C a °F, haces la división: (25°C × 9/5) + 32 ≈ 77°F.

Metros a Pies: Para convertir metros a pies, se utiliza un factor de conversión que es de aproximadamente 3.28084 (o 1 metro ≈ 3.28084 pies). Para hacer la conversión, divides la cantidad de metros entre este factor de conversión.

Ejemplo: Para convertir 5 metros a pies, haces la división: 5 metros ÷ 3.28084 ≈ 16.404 pies.

Galones a Litros: Para convertir galones a litros, se utiliza un factor de conversión que es de aproximadamente 3.78541 (o 1 galón ≈ 3.78541 litros). Para hacer la conversión, divides la cantidad de galones entre este factor de conversión.

Ejemplo: Para convertir 10 galones a litros, haces la división: 10 galones ÷ 3.78541 ≈ 37.854 litros.

La división es una operación clave en la conversión de unidades de medida, ya que permite establecer relaciones proporcionales entre diferentes sistemas de unidades. Esto es útil en una amplia variedad de contextos, desde la ciencia y la ingeniería hasta la cocina y los viajes, donde es necesario convertir medidas para entender y utilizar diferentes sistemas de unidades de manera efectiva.

Estadísticas y Proporciones: En estadísticas, la división se utiliza para calcular proporciones, porcentajes y tasas. Por ejemplo, para determinar la tasa de desempleo, divides el número de personas desempleadas por la población total en edad de trabajar.

La división desempeña un papel fundamental en la estadística al calcular proporciones, porcentajes, tasas y otros indicadores importantes que permiten analizar datos y tomar decisiones basadas en evidencia. Estos cálculos proporcionan información valiosa sobre tendencias, relaciones y comparaciones entre diferentes conjuntos de datos.

Tasa de Desempleo: La tasa de desempleo es un indicador económico clave que mide el porcentaje de personas desempleadas en relación con la población activa, es decir, aquellas personas que están en edad de trabajar y están buscando empleo. Para calcular la tasa de desempleo, se utiliza la división de la siguiente manera:

Se divide el número de personas desempleadas por el número total de personas en la población activa.

El resultado se multiplica por 100 para expresar la tasa como un porcentaje.

Fórmula: Tasa de Desempleo = (Personas Desempleadas / Población Activa) x 100

Por ejemplo, si en una ciudad hay 5,000 personas desempleadas y la población activa en esa ciudad es de 50,000 personas en edad de trabajar, la tasa de desempleo se calcula de la siguiente manera:

Tasa de Desempleo = (5,000 / 50,000) x 100 = 10%

Esta tasa del 10% indica que el 10% de la población activa de la ciudad está desempleada.

La división se aplica de manera similar en otras áreas de la estadística, como el cálculo de proporciones de género, tasas de crecimiento, porcentajes de éxito en experimentos, tasas de mortalidad, tasas de interés, y más. Estos cálculos permiten a los analistas y estadísticos interpretar datos de manera significativa y comunicar resultados de una manera que sea fácil de entender y comparar. La división es una herramienta esencial para el análisis estadístico y la toma de decisiones informadas en diversos campos, desde la economía hasta la salud pública.

División de Recursos en Hogares: En el ámbito doméstico, la división se aplica para dividir responsabilidades y tareas entre miembros de la familia o para distribuir el tiempo y los recursos disponibles de manera equitativa.

La división de recursos y responsabilidades en los hogares es una práctica común que se utiliza para garantizar una distribución justa de las responsabilidades del hogar, el tiempo y los recursos disponibles entre los miembros de la familia. Esto es esencial para mantener el equilibrio en la vida familiar, garantizar que las tareas se completen de manera eficiente y promover la cooperación entre los miembros de la familia.

Tareas Domésticas: En el hogar, la división se utiliza para asignar las tareas domésticas, como la limpieza, la cocina, el lavado de ropa y la jardinería, entre los miembros de la familia. Esto asegura que las responsabilidades del hogar se compartan de manera equitativa y que todos contribuyan al funcionamiento del hogar.

Cuidado de Niños: En familias con hijos, la división se aplica al cuidado de los niños. Los padres pueden dividir el tiempo y las responsabilidades de cuidado, como la preparación de comidas, la ayuda con la tarea y el transporte a actividades extracurriculares, de manera que ambos padres participen de manera equitativa.

Horarios y Actividades: La división se utiliza para planificar horarios familiares y actividades. Esto puede incluir la programación de actividades extracurriculares de los niños, el tiempo de calidad en familia y la coordinación de horarios para asegurarse de que todos puedan participar en las actividades deseadas.

Uso de Recursos Domésticos: La división de recursos en el hogar puede aplicarse al uso de electrodomésticos, utensilios de cocina, espacio de almacenamiento y otros recursos compartidos. Esto evita conflictos y asegura que los recursos se utilicen de manera equitativa.

Finanzas y Presupuesto Familiar: La división se aplica en la gestión financiera del hogar, donde se determina cómo se gastará el dinero familiar, se asignan responsabilidades financieras y se establecen presupuestos para gastos diversos.

Tiempos de Descanso y Recreación: La división del tiempo de descanso y recreación es importante para asegurarse de que todos los miembros de la familia tengan la oportunidad de relajarse y disfrutar de su tiempo libre. Esto puede incluir turnos para ver programas de televisión, tiempo de juego en familia y actividades recreativas.

La división en el ámbito doméstico no solo facilita la distribución equitativa de las responsabilidades, sino que también promueve la colaboración, la comunicación y el apoyo mutuo entre los miembros de la familia. Esto es esencial para mantener un ambiente armonioso y eficiente en el hogar. Además, la división en el hogar puede adaptarse a las necesidades y preferencias de cada familia y puede evolucionar con el tiempo a medida que las circunstancias cambian.

La división es una habilidad matemática fundamental que nos permite dividir cantidades y recursos de manera justa y eficiente. Ya sea para resolver problemas cotidianos o para realizar cálculos más complejos en matemáticas y otras disciplinas, la división desempeña un papel esencial en la gestión y distribución de recursos en nuestra vida diaria.

6.Fracciones: Números como $1/2$ o $3/4$ que representan partes de un todo.

Las fracciones son una forma de representar números que describen partes de un todo. Se componen de dos partes: el numerador y el denominador. El numerador representa el número de partes que se toman, y el denominador indica en cuántas partes se divide el todo. Para comprender mejor las fracciones, aquí hay una explicación más detallada junto con ejemplos:

Numerador y Denominador: En una fracción, el numerador está en la parte superior y el denominador en la parte inferior. Por ejemplo, en la fracción 3/4, "3" es el numerador y "4" es el denominador.

el numerador y el denominador son dos componentes clave de una fracción que determinan su valor y significado.

Numerador: El numerador es el número que se encuentra en la parte superior de una fracción. Representa el número de partes que estamos considerando o tomando del todo. En la fracción 3/4, el numerador es "3", lo que significa que estamos considerando tres partes del todo.

Denominador: El denominador es el número que se encuentra en la parte inferior de una fracción. Indica en cuántas partes iguales se divide el todo. En la fracción 3/4, el denominador es "4", lo que significa que el todo se ha dividido en cuatro partes iguales.

Entonces, en el ejemplo de la fracción 3/4:

El numerador (3) representa que estamos considerando tres partes de algo.

El denominador (4) indica que el todo se ha dividido en cuatro partes iguales.

En conjunto, la fracción 3/4 nos dice que estamos tomando tres de las cuatro partes iguales en las que se ha dividido el todo. Las fracciones son una forma poderosa de expresar partes de un conjunto, y el numerador y el denominador son fundamentales para comprender su significado y valor.

Partes de un Todo: Las fracciones se utilizan para representar partes de un objeto, cantidad o conjunto. Por ejemplo, si tenemos una pizza entera y la dividimos en 4 partes iguales, cada una de esas partes se puede representar con la fracción 1/4.

Imaginen que tienes una pizza entera y la divides en 4 partes iguales, como si estuvieras cortando la pizza en 4 trozos idénticos. Cada uno de esos trozos se considera una parte igual del todo, y puedes representar cada uno de ellos con la fracción 1/4.

El numerador, que es "1", representa cuántas de esas partes iguales estás considerando. En este caso, estás considerando una de las cuatro partes.

El denominador, que es "4", indica en cuántas partes iguales se divide el todo, que es la pizza completa.

Así que, en términos simples, 1/4 de la pizza significa que tienes una de las cuatro partes en las que se dividió la pizza completa. Esto es una representación clara de cómo las fracciones se utilizan para expresar partes de un objeto, cantidad o conjunto, y cómo el numerador y el denominador trabajan juntos para describir esta relación. Las fracciones son una herramienta fundamental en matemáticas y en la vida cotidiana para expresar proporciones y divisiones de un todo en partes más pequeñas.

Fracciones Propias e Impropias: Las fracciones propias son aquellas en las que el numerador es menor que el denominador. Por ejemplo, 2/5 es una fracción propia porque representa menos de la mitad del todo. Las fracciones impropias tienen el numerador mayor que el denominador, como 7/4, que representa más de una unidad.

Fracciones Propias: Las fracciones propias son aquellas en las que el numerador es menor que el denominador. Esto significa que representan una cantidad que es menor que una unidad completa o el todo al que se refieren. En otras palabras, en una fracción propia, estás tomando una parte de un todo, pero esa parte es menor que el todo.

Ejemplo: La fracción 2/5 es propia porque el numerador (2) es menor que el denominador (5). Representa dos partes de un conjunto dividido en cinco partes iguales, lo que es menos de la mitad del todo.

Fracciones Impropias: Las fracciones impropias son aquellas en las que el numerador es igual o mayor que el denominador. Esto significa que representan una cantidad que es igual o mayor que una unidad completa o el todo al que se refieren. En una fracción impropia, estás tomando una cantidad que supera el todo.

Ejemplo: La fracción 7/4 es impropia porque el numerador (7) es mayor que el denominador (4). Representa siete partes de un conjunto dividido en cuatro partes iguales, lo que es más de una unidad completa.

Las fracciones propias indican que estás tomando una parte menor que el todo, mientras que las fracciones impropias indican que estás tomando una cantidad igual o mayor que el todo. Ambos tipos de fracciones se utilizan en diversas situaciones, y es importante comprender su significado y cómo se relacionan con el todo al que hacen referencia.

Fracciones Mixtas: Las fracciones mixtas combinan una fracción impropia con un número entero. Por ejemplo, 1 1/2 se lee como "uno y medio" y representa 1 entero más 1/2.

Las fracciones mixtas son una forma de expresar cantidades que combinan un número entero y una fracción impropia. Esta notación se utiliza para representar números de manera más precisa y comprensible en situaciones donde se necesitan valores que no son enteros pero que tampoco son puramente fraccionarios.

Fracción Mixta: Una fracción mixta consta de dos partes: un número entero y una fracción impropia. Se utiliza un espacio o una línea diagonal para separar el número entero de la fracción impropia. Por ejemplo, 1 1/2 se lee como "uno y medio."

El número entero (en este caso, "1") representa una cantidad entera o unidades completas.

La fracción impropia (en este caso, "1/2") representa una cantidad fraccionaria o una parte del todo.

Ejemplo: Si tienes 1 1/2 manzanas, esto significa que tienes una manzana entera (1) y media manzana más (1/2). En total, tienes 1.5 manzanas.

Las fracciones mixtas son útiles en situaciones donde se necesita expresar cantidades que no son números enteros completos, pero que tampoco se ajustan bien a una representación puramente fraccional. Esta notación facilita la comprensión de cantidades parciales en contextos cotidianos y matemáticos.

Ejemplos de fracciones en contextos cotidianos:

Recetas de Cocina: Las recetas de cocina a menudo utilizan fracciones para indicar la cantidad de ingredientes. Por ejemplo, 1/2 taza de azúcar significa que debes usar la mitad de una taza.

Las fracciones son muy comunes en las recetas de cocina y son una herramienta esencial para indicar con precisión la cantidad de ingredientes que se deben utilizar al preparar una receta. Esto es especialmente importante en la cocina, donde las proporciones adecuadas son cruciales para lograr el sabor y la textura deseados en los platillos.

Medición de Ingredientes Secos: Las fracciones se utilizan para medir ingredientes secos como harina, azúcar, sal o especias. Por ejemplo, "1/2 taza de harina" significa que debes medir la mitad de una taza de harina.

Líquidos: También se utilizan fracciones para medir líquidos como leche, aceite, agua, jugo, etc. Por ejemplo, "1/4 de taza de aceite" significa que debes medir un cuarto de taza de aceite.

Huevos: A menudo, las recetas indican fracciones para la cantidad de huevos a usar. Por ejemplo, "2/3 de taza de huevo batido" significa que debes batir huevos hasta que llenen dos tercios de una taza.

Frutas y Verduras: Las fracciones también se utilizan para medir frutas y verduras, especialmente cuando se cortan en pedazos. Por ejemplo, "1/4 de taza de tomates picados" significa que debes picar suficientes tomates para llenar un cuarto de taza.

Tiempo de Cocción: Aunque no son fracciones en sí, los tiempos de cocción también son una forma de representar partes de un todo en las recetas. Por ejemplo, "hornear a 350 grados Fahrenheit durante 30 minutos" indica que debes hornear durante una trigésima parte de una hora.

El uso de fracciones en recetas es fundamental para que los cocineros sigan las instrucciones con precisión y logren los resultados deseados en la cocina. La capacidad de medir y utilizar fracciones de manera efectiva es una habilidad importante para cualquier persona que disfrute de la cocina o quiera seguir recetas con éxito.

Mediciones de Longitud: En una cinta métrica, las marcas representan fracciones. Si te encuentras a 2 1/2 pulgadas desde el extremo de la cinta, eso significa que estás a dos pulgadas y media del comienzo.

en las mediciones de longitud, las fracciones se utilizan comúnmente en instrumentos de medición, como cintas métricas, reglas y escalas, para indicar distancias con precisión. Esto facilita la medición de longitudes que no son números enteros completos.

En una cinta métrica, las marcas están espaciadas en unidades de medida, como pulgadas o centímetros. Cada una de esas unidades se puede subdividir en fracciones, lo que permite medir distancias con mayor precisión. Por ejemplo, en una cinta métrica en pulgadas, las marcas suelen incluir fracciones como 1/4, 1/2 y 3/4 de pulgada.

Supongamos que deseas medir la longitud de un objeto y observas que la marca correspondiente se encuentra entre 2 y 3 pulgadas en la cinta métrica. Si la marca se encuentra exactamente a la mitad entre 2 y 3 pulgadas, eso significa que estás a 2 1/2 pulgadas desde el extremo de la cinta. En otras palabras, has medido una distancia de dos pulgadas y media desde el comienzo de la cinta métrica.

Las fracciones en las mediciones de longitud son esenciales para obtener mediciones precisas, especialmente cuando necesitas expresar distancias que no son múltiplos exactos de la unidad de medida. Esta notación permite a las personas realizar mediciones detalladas en situaciones cotidianas y profesionales, desde la construcción y la carpintería hasta la costura y la artesanía.

Horas en un Día: El día se divide en 24 horas. Cada hora representa 1/24 del día. Si son las 3:30 p. m., eso significa que han pasado 3 horas y media del día, o 3 1/2 horas.

el día se divide en 24 horas, lo que significa que cada hora representa una veinticuatroava parte (1/24) del día completo. Esta división en horas es estándar en la mayoría de las partes del mundo y se utiliza ampliamente en la medición del tiempo. Aquí tienes un ejemplo para ilustrar cómo se utilizan las fracciones de horas en el reloj:

Si el reloj marca las 3:30 p. m., significa que han pasado 3 horas completas y también una fracción de una hora. Para expresar esta fracción de una hora en términos de fracciones, se puede decir que son 3 horas y 1/2 hora, o 3 horas y 30 minutos. También puedes expresar esto en términos de fracciones de una hora en lugar de minutos:

3 horas y 30 minutos se pueden expresar como 3 1/2 horas, lo que significa que han pasado tres horas y media del día.

Esta notación de fracciones es útil para representar tiempos exactos y entender cuántas horas han transcurrido desde un punto de referencia, como la medianoche. Las fracciones de hora se utilizan comúnmente en situaciones cotidianas, como programar reuniones, calcular el tiempo de viaje o llevar un registro del tiempo que toma completar una tarea.

División de Una Pizza: Si divides una pizza en 8 trozos y tomas 3 de ellos, puedes representar esto como 3/8 de la pizza que te has comido.

al dividir una pizza en 8 trozos y tomar 3 de esos trozos, puedes representar la cantidad que has consumido como 3/8 de la pizza. Esta notación de fracción es una forma efectiva de expresar la proporción de la pizza que has comido en relación con el todo. Aquí hay una explicación más detallada:

Pizza Dividida en 8 Trozos: Cuando la pizza se divide en 8 trozos iguales, cada uno de esos trozos representa una octava parte de la pizza completa. Cada octava parte es equivalente a 1/8 de la pizza.

Tomar 3 Trozos: Si tomas 3 de esos 8 trozos, estás tomando tres octavas partes de la pizza. En términos matemáticos, esto se representa como 3/8.

Entonces, cuando dices que has tomado 3/8 de la pizza, significa que has consumido tres de las ocho partes en las que se dividió la pizza. Esta notación de fracción te permite expresar con precisión la cantidad que has comido en relación con el todo. Las fracciones son útiles en situaciones como esta, donde se desea expresar la parte de un conjunto o un todo de manera clara y concisa.

Compras: Si tienes $20 y gastas $4, has gastado 4/20 de tu dinero, que se puede simplificar a 1/5, lo que significa que has gastado una quinta parte de tu dinero.

al hacer compras y gastar una cantidad de dinero, puedes expresar la fracción del dinero gastado en relación con el total disponible. En tu ejemplo, si tienes $20 y gastas $4, puedes calcular la fracción del dinero gastado en relación con el total disponible de la siguiente manera:

Dinero Gastado: Gastaste $4.

Total Disponible: Tenías inicialmente $20.

Para calcular la fracción de dinero gastado en relación con el total disponible, puedes expresarlo como una fracción:

Dinero Gastado / Total Disponible = $4 / $20

Para simplificar esta fracción y expresarla de manera más concisa, puedes dividir tanto el numerador como el denominador por el máximo común divisor, que en este caso es 4:

($4 ÷ 4) / ($20 ÷ 4) = $1 / $5

Esto se reduce a la fracción 1/5. Significa que has gastado una quinta parte de tu dinero disponible. Las fracciones son útiles para expresar proporciones y relaciones entre cantidades, lo que es especialmente útil en situaciones financieras y de gastos cotidianos.

Las fracciones son una herramienta matemática versátil que se utiliza en una variedad de situaciones para describir partes de un conjunto o una cantidad. Son fundamentales en la vida cotidiana y en campos como la matemática, la cocina, la construcción, las finanzas y más, donde se necesita representar y trabajar con partes de un todo.

7.Decimales: Números como 0.5 o 2.75 que representan una parte de un todo con base 10.

Los decimales son una forma de representar números que incluyen fracciones de una unidad completa y se basan en el sistema numérico decimal, que está relacionado con la base 10. Aquí tienes una explicación más detallada de los decimales junto con ejemplos explicativos:

Sistema Decimal y Base 10: El sistema decimal es el sistema numérico más utilizado en todo el mundo, y se basa en la idea de que cada posición en un número representa una potencia de 10. Por ejemplo, en el número 123, el "1" representa cien (10^2), el "2" representa diez (10^1), y el "3" representa uno (10^0).

El sistema decimal, también conocido como sistema de base 10, es el sistema numérico más comúnmente utilizado en todo el mundo. Se basa en la idea de que cada posición en un número representa una potencia de 10.

Base 10: El término "base 10" significa que el sistema se basa en el número 10. Esto significa que hay 10 dígitos diferentes que se utilizan para representar todos los números en este sistema: 0, 1, 2, 3, 4, 5, 6, 7, 8 y 9.

Posiciones Decimales: En el sistema decimal, cada dígito en un número tiene una posición específica que representa una potencia de 10. Comenzando desde la derecha, la primera posición después de la coma decimal (o punto decimal) es 10^0, la siguiente posición es 10^1, la siguiente es 10^2, y así sucesivamente. Esto se debe a que cada posición se multiplica por 10 en relación con la posición anterior.

Ejemplo (123): Para ilustrar, el número 123 se descompone de la siguiente manera:

El dígito "3" está en la posición 10^0, lo que significa que representa "tres unidades".

El dígito "2" está en la posición 10^1, lo que significa que representa "dos decenas" (20).

El dígito "1" está en la posición 10^2, lo que significa que representa "una centena" (100).

Entonces, al sumar estas partes, obtienes 100 (centenas) + 20 (decenas) + 3 (unidades), lo que da como resultado 123 en el sistema decimal.

El sistema decimal es fundamental en matemáticas y en la vida cotidiana, ya que se utiliza para contar, medir, realizar operaciones aritméticas y expresar cantidades en la mayoría de las situaciones. La comprensión de la base 10 es esencial para el desarrollo de habilidades matemáticas básicas y para trabajar con números en general.

Decimales como Fracciones: Los decimales se utilizan para representar fracciones de una unidad completa. La coma decimal (o punto) se utiliza para separar la parte entera del número de la parte fraccional. Por ejemplo, en el número 2.75, el "2" es la parte entera, y el "0.75" es la parte fraccional que representa 75 centésimas de una unidad.

Los decimales se utilizan para representar fracciones de una unidad completa en el sistema decimal. La coma decimal o el punto se utilizan para separar la parte entera del número de la parte fraccional. Esto permite expresar cantidades con precisión, incluso cuando no son números enteros completos.

Parte Entera: La parte entera de un número decimal es la parte a la izquierda de la coma decimal (o el punto). Representa el número de unidades completas que están presentes en el número.

Parte Fraccional: La parte fraccional de un número decimal es la parte a la derecha de la coma decimal (o el punto). Esta parte representa una fracción de una unidad completa. Los dígitos en la parte fraccional se relacionan con potencias negativas de 10.

Por ejemplo, en el número 2.75:

El "2" es la parte entera, lo que significa que tienes dos unidades completas.

El "0.75" en la parte fraccional representa 75 centésimas (o 75/100) de una unidad completa. Puedes pensar en esto como 3/4 de una unidad.

Así que, en este caso, 2.75 representa 2 unidades enteras más 75 centésimas de una unidad.

Los decimales son una forma muy útil de expresar cantidades fraccionarias en una variedad de contextos, como el dinero (centavos), las mediciones (por ejemplo, 2.5 metros) o las proporciones (como 0.75, que es igual a 3/4). Permiten una representación precisa de valores que no son números enteros completos y son ampliamente utilizados en matemáticas y en la vida cotidiana.

Lectura de Decimales: Al leer decimales, se pronuncian las cifras después de la coma como si fueran números enteros. Por ejemplo, 2.75 se lee como "dos coma setenta y cinco."

Al leer decimales, se pronuncian las cifras después de la coma (o el punto) como si fueran números enteros. Esto facilita la comprensión y la comunicación de las cantidades representadas por los decimales. Siguiendo tu ejemplo, el número 2.75 se leería como "dos coma setenta y cinco." Aquí hay algunos ejemplos adicionales de cómo se leen los decimales:

0.5: Se lee como "cero coma cinco," que es equivalente a "cinco décimas" o "medio."

1.25: Se lee como "uno coma veinticinco," que es equivalente a "una unidad y veinticinco centésimas."

3.14159: Se lee como "tres coma catorce mil ciento cincuenta y nueve," que es una aproximación del número π (pi) y se pronuncian las cifras después de la coma de manera individual.

0.75: Se lee como "cero coma setenta y cinco," que es equivalente a "setenta y cinco centésimas" o "tres cuartos."

La lectura de decimales de esta manera es una práctica común y ayuda a expresar con claridad y precisión las cantidades fraccionarias en el sistema decimal. Facilita la comunicación en situaciones cotidianas y en matemáticas, especialmente cuando se tratan de cantidades que no son números enteros completos.

Ejemplos explicativos:

0.5: En este caso, 0.5 representa la mitad de una unidad. Si estás hablando de dinero, esto podría ser 50 centavos.

2.75: Este número representa dos unidades enteras más 75 centésimas de una unidad. Puedes pensar en esto como 2 dólares y 75 centavos.

3.14159: Este número es una aproximación de π (pi), una constante matemática importante. En este caso, 3 es la parte entera, y las cifras decimales representan las fracciones de π.

0.25: Este decimal representa un cuarto de una unidad o 25 centésimas. Si estás midiendo el tiempo, esto podría ser equivalente a un cuarto de una hora, es decir, 15 minutos.

Los decimales son una herramienta poderosa para representar cantidades que no son números enteros completos y se utilizan ampliamente en matemáticas, ciencia, finanzas y muchas otras áreas. Son especialmente útiles para expresar cantidades precisas y fraccionarias de una unidad o conjunto.

Los decimales son una herramienta fundamental en numerosos campos debido a su capacidad para representar cantidades precisas y fraccionarias. Aquí se detallan algunas de las áreas en las que los decimales desempeñan un papel importante:

Matemáticas: Los decimales son fundamentales en aritmética y álgebra, ya que permiten expresar fracciones y números racionales de manera exacta. También son esenciales en cálculos de precisión, como raíces cuadradas, logaritmos y ecuaciones trigonométricas.

los decimales desempeñan un papel fundamental en las matemáticas, específicamente en áreas como la aritmética y el álgebra.

Expresión de Fracciones y Racionales: Los decimales son una forma eficaz de expresar fracciones y números racionales en forma decimal. Esto facilita los cálculos y las comparaciones. Por ejemplo, 1/2 se expresa como 0.5 en notación decimal, lo que permite sumar, restar, multiplicar o dividir fracciones de manera más sencilla.

Cálculos de Precisión: Los decimales permiten realizar cálculos de precisión, lo que es esencial en matemáticas y ciencias. En situaciones donde las fracciones pueden ser difíciles de manipular, los decimales simplifican los cálculos. Por ejemplo, al calcular la raíz cuadrada de un número no entero, los decimales se utilizan para expresar la respuesta con precisión.

Logaritmos y Funciones Exponenciales: En el álgebra y la trigonometría, los decimales son cruciales en cálculos relacionados con funciones logarítmicas y exponenciales. Los logaritmos y funciones exponenciales se expresan en términos de números decimales para resolver problemas y modelar fenómenos naturales.

Redondeo y Aproximación: En matemáticas, a menudo se trabaja con números decimales para redondear o aproximar resultados. Esto es útil para simplificar respuestas y hacer que los cálculos sean más manejables. Por ejemplo, puedes redondear 3.14159 a 3.14 para simplificar los cálculos.

Notación Científica: Los decimales se utilizan en la notación científica para representar números muy grandes o muy pequeños de manera concisa. Esto es común en matemáticas y ciencias, donde se manejan valores extremadamente grandes (como la distancia entre galaxias) o extremadamente pequeños (como el tamaño de partículas subatómicas).

En resumen, los decimales son una herramienta esencial en las matemáticas y son fundamentales para realizar una amplia gama de cálculos y resolver problemas en álgebra, cálculo, trigonometría y otras áreas matemáticas. Su versatilidad y capacidad para expresar fracciones y números racionales de manera exacta los convierten en una parte integral del trabajo matemático.

Ciencia: En la ciencia, los decimales se utilizan para medir y expresar con precisión cantidades como distancias, tiempos, temperaturas, concentraciones, velocidades y otros valores fraccionarios. Además, son fundamentales en la notación científica para representar números muy grandes o muy pequeños.

Los decimales desempeñan un papel crucial en la ciencia en diversas aplicaciones debido a su capacidad para expresar con precisión cantidades, ya sean medidas o valores fraccionarios.

Mediciones Precisas: En todas las disciplinas científicas, se realizan mediciones precisas. Los decimales permiten expresar medidas con un alto grado de precisión. Por ejemplo, la longitud de una muestra en química, la temperatura en física o la concentración de una sustancia en biología pueden expresarse en forma decimal para reflejar mediciones exactas.

Unidades de Medida: Las unidades de medida en la ciencia a menudo se expresan en notación decimal. Por ejemplo, la velocidad de la luz en el vacío se expresa como aproximadamente 299,792,458 metros por segundo. Esto implica una gran precisión, y la notación decimal facilita la representación de estas cantidades.

Notación Científica: En la notación científica, los decimales se utilizan para representar números muy grandes o muy pequeños de manera más compacta. Esto es esencial en disciplinas como la astronomía (donde se manejan distancias astronómicas) y la física de partículas (donde se trabajan con tamaños subatómicos).

Cálculos de Precisión: En cálculos científicos, especialmente en química, física y estadísticas, los decimales permiten realizar cálculos de precisión y proporcionar resultados confiables. Esto es importante para garantizar que las conclusiones científicas sean sólidas.

Tiempo y Duraciones: Los decimales se utilizan para expresar el tiempo y las duraciones en segundos, minutos, horas o incluso años con precisión.

Por ejemplo, se puede expresar el tiempo de vida medio de una partícula subatómica en forma de decimal para realizar cálculos precisos.

Distribución de Datos: En la ciencia, los decimales se utilizan para representar la distribución de datos experimentales. Las medidas precisas se expresan en decimales para comparar y analizar los resultados de experimentos.

Variaciones de Temperatura: La temperatura es una cantidad importante en ciencia, y los decimales se utilizan para expresar las variaciones de temperatura con precisión, especialmente en campos como la climatología y la termodinámica.

Los decimales desempeñan un papel fundamental en la ciencia al permitir la expresión precisa de medidas, datos y resultados experimentales. Esto es esencial para el avance de la ciencia y para garantizar que las conclusiones científicas estén respaldadas por datos confiables y cálculos precisos.

Finanzas: En el mundo financiero, los decimales son cruciales para expresar montos de dinero con exactitud. Se utilizan en cálculos de interés, tasas, inversiones, deudas, presupuestos y otras aplicaciones financieras.

Los decimales son de vital importancia en el ámbito financiero, donde la precisión en los cálculos y la representación de cantidades monetarias son esenciales.

Expresión de Montos Monetarios: En finanzas, los montos de dinero se expresan en forma decimal para reflejar la precisión en las transacciones y los cálculos financieros. Por ejemplo, al expresar $1,500.75, se representa la cantidad exacta de dinero.

Cálculos de Interés: Los decimales son fundamentales en el cálculo de intereses, ya sea en cuentas de ahorro, préstamos o inversiones. Las tasas de interés se expresan en forma decimal (por ejemplo, 5% se expresa como 0.05) para realizar cálculos precisos.

Tasas de Rendimiento: En inversiones, se utilizan decimales para expresar las tasas de rendimiento. Esto permite a los inversionistas calcular el rendimiento de sus inversiones con precisión y tomar decisiones informadas.

Presupuestos y Contabilidad: En la elaboración de presupuestos personales o empresariales, los decimales se utilizan para expresar gastos e ingresos de manera precisa. Esto es fundamental para determinar el estado financiero y la viabilidad de un presupuesto.

División de Gastos y Ganancias: Los decimales se utilizan para distribuir gastos y ganancias entre diferentes partidas en una empresa. Esto ayuda en la gestión financiera y en el análisis de costos.

Cálculos de Amortización: En préstamos hipotecarios y otros préstamos a largo plazo, se emplean decimales para calcular los pagos de amortización. Esto permite a los prestatarios entender cuánto están pagando y cuánto se está aplicando al capital.

Análisis de Inversiones: En finanzas corporativas, se utilizan decimales para evaluar la rentabilidad de proyectos de inversión. Los flujos de efectivo futuros se descuentan a tasas de interés precisas para determinar el valor presente neto (VPN) de una inversión.

Dividendos y Ganancias por Acción: En el análisis de acciones y empresas, se utilizan decimales para expresar las ganancias por acción (EPS) y los dividendos por acción. Esto es fundamental en la evaluación de inversiones en el mercado de valores.

Mercados de Divisas: En el mercado de divisas, los tipos de cambio se expresan en forma decimal para reflejar las tasas precisas a las que se pueden intercambiar monedas.

La precisión en la representación de montos monetarios y en los cálculos financieros es esencial para tomar decisiones informadas en el mundo de las finanzas. Los decimales son la base de esta precisión y son una parte integral de las operaciones financieras cotidianas.

Medidas y Conversión de Unidades: Los decimales se utilizan para expresar medidas de longitud, peso, volumen y otras unidades. Además, son esenciales en la conversión de unidades, como convertir millas a kilómetros o libras a kilogramos.

Los decimales desempeñan un papel fundamental en la medición y la conversión de unidades en diversas disciplinas, ya que permiten expresar con precisión cantidades en diferentes sistemas de unidades. A continuación, se detallan algunas de las formas en que los decimales se utilizan en medidas y conversiones de unidades:

Mediciones de Longitud: En medidas de longitud, como la distancia recorrida en un viaje o las dimensiones de un objeto, los decimales se utilizan para expresar fracciones de la unidad de longitud (por ejemplo, metros o pies). Por ejemplo, 2.5 metros representa dos metros y medio.

Mediciones de Peso: En medidas de peso, los decimales permiten expresar fracciones de la unidad de peso (como gramos o libras). Por ejemplo, 1.25 libras representan una libra y un cuarto.

Mediciones de Volumen: En medidas de volumen, los decimales se utilizan para expresar fracciones de la unidad de volumen (como litros o galones). Por ejemplo, 0.75 litros representan tres cuartos de litro.

Conversiones de Unidades: Los decimales son fundamentales en la conversión de unidades. Por ejemplo, para convertir 1 milla a kilómetros, se utiliza el factor de conversión 1 milla = 1.60934 kilómetros. Esto implica el uso de decimales para lograr una conversión precisa.

Temperatura: En medidas de temperatura, como grados Celsius o Fahrenheit, los decimales se utilizan para expresar variaciones de temperatura con precisión. Por ejemplo, una variación de 0.5 grados Celsius representa medio grado.

Densidad: En química y física, la densidad se expresa en unidades de masa por unidad de volumen. Los decimales son esenciales para expresar la densidad con precisión.

Conversión de Monedas: En el ámbito financiero y comercial internacional, se utilizan decimales para expresar tasas de cambio y realizar conversiones de monedas. Esto es fundamental en el comercio internacional y las transacciones financieras.

Notación Científica: En algunas disciplinas científicas, como la física y la astronomía, los decimales se utilizan en notación científica para representar valores extremadamente grandes o pequeños en una forma más compacta y manejable.

La capacidad de usar decimales para expresar medidas y realizar conversiones de unidades con precisión es esencial en una variedad de campos, desde la ciencia y la ingeniería hasta la economía y la vida cotidiana. Facilita la comunicación y el trabajo con cantidades que no son números enteros completos, lo que es común en muchas aplicaciones.

Estadísticas: En estadísticas, los decimales son fundamentales para calcular promedios, desviaciones estándar, porcentajes y otros valores de interés. También se utilizan en la representación de datos numéricos en gráficos y tablas.

Los decimales desempeñan un papel esencial en el campo de la estadística, donde se utilizan para realizar cálculos precisos y representar datos numéricos de manera exacta. Aquí se explican algunas de las formas en que los decimales se emplean en estadísticas:

Cálculo de Promedios: Los decimales son fundamentales en el cálculo de promedios, como el promedio aritmético (media). Los valores decimales permiten expresar promedios precisos, lo que es esencial para resumir datos de manera significativa.

Desviaciones Estándar: La desviación estándar es una medida de dispersión que indica cuán dispersos están los datos alrededor del promedio. Los decimales se utilizan para expresar la desviación estándar con precisión.

Porcentajes y Proporciones: Los decimales se utilizan para expresar porcentajes y proporciones. Por ejemplo, si el 20% de una población está en un grupo particular, esto se expresa como 0.20 en notación decimal.

Representación de Datos en Gráficos: En gráficos estadísticos, como histogramas y gráficos de barras, los valores decimales se utilizan para representar datos numéricos de manera precisa en el eje vertical. Esto permite una visualización precisa de la distribución de los datos.

Análisis de Regresión: Los valores decimales son fundamentales en el análisis de regresión, donde se ajustan modelos matemáticos a datos observados. Esto implica trabajar con valores precisos para encontrar relaciones entre variables.

Probabilidad y Estadísticas Inferenciales: En cálculos de probabilidad y estadísticas inferenciales, los decimales se utilizan para calcular probabilidades, intervalos de confianza y puntuaciones z, entre otros valores. La precisión es esencial en estos cálculos.

Estadísticas de Muestreo: En estudios de muestreo, se utilizan decimales para expresar estimaciones de parámetros poblacionales basadas en muestras. Esto es esencial para proporcionar estimaciones precisas.

Notación Científica: En estadísticas, especialmente cuando se trabajan con números grandes o pequeños, los decimales se expresan en notación científica para facilitar el manejo de datos de alta precisión.

La precisión en estadísticas es fundamental para la toma de decisiones informadas y el análisis de datos. Los decimales permiten realizar cálculos precisos y representar datos numéricos de manera significativa, lo que es esencial en investigaciones científicas, estudios de mercado, análisis económicos y muchas otras aplicaciones estadísticas.

Tecnología y Programación: Los decimales se emplean en programación para realizar cálculos numéricos de alta precisión en aplicaciones científicas, financieras y de ingeniería. Además, son importantes en el almacenamiento de datos de punto flotante.

Los decimales son esenciales en el ámbito de la tecnología y la programación, ya que permiten realizar cálculos de alta precisión en una amplia gama de aplicaciones, desde la ciencia y la ingeniería hasta las finanzas y la informática. Aquí se explican algunas de las formas en que los decimales se utilizan en tecnología y programación:

Cálculos Científicos: En aplicaciones científicas, los cálculos precisos son fundamentales. Los decimales se utilizan para representar mediciones y resultados experimentales con la máxima precisión.

Simulaciones y Modelos: En programación, se utilizan decimales en simulaciones y modelos matemáticos para representar variables continuas con alta precisión. Esto es importante en campos como la física y la biología computacional.

Finanzas y Software de Contabilidad: En software financiero y de contabilidad, los decimales son cruciales para realizar cálculos financieros precisos, incluyendo tasas de interés, inversiones y contabilidad detallada.

Ingeniería y Software CAD: En ingeniería, los decimales se utilizan en software de diseño asistido por computadora (CAD) para modelar objetos tridimensionales y realizar cálculos estructurales y de ingeniería.

Almacenamiento de Datos de Punto Flotante: En programación, los números decimales se almacenan en formatos de punto flotante para permitir cálculos precisos en sistemas informáticos. Estos formatos son esenciales en campos como la informática gráfica, la inteligencia artificial y la simulación.

Cálculos de Precisión en Matemáticas Computacionales: En matemáticas computacionales, los decimales se utilizan para realizar cálculos numéricos de alta precisión, como el cálculo de raíces cuadradas o logaritmos de números no enteros.

Procesamiento de Señales: En aplicaciones de procesamiento de señales, como la música y la imagen digital, los decimales son importantes para realizar operaciones matemáticas y transformaciones con alta precisión.

Interacción Humano-Computadora: En aplicaciones de interfaz de usuario, como aplicaciones móviles y sitios web, los decimales se utilizan para representar valores precisos, como coordenadas geográficas o medidas de tiempo.

Programación Financiera: En la programación financiera, los decimales son esenciales para el cálculo de tasas de interés, amortizaciones de préstamos y proyecciones financieras.

En resumen, los decimales son una parte integral de la programación y la tecnología, y permiten realizar cálculos precisos y representar datos con alta precisión en una amplia variedad de aplicaciones. La precisión es esencial en estos campos para garantizar que los resultados sean confiables y útiles.

Ingeniería: En ingeniería, los decimales se utilizan para medir y diseñar componentes con precisión. También son cruciales en cálculos de rendimiento, análisis de estructuras y sistemas eléctricos, y otras aplicaciones técnicas.

Los decimales desempeñan un papel crítico en la ingeniería, ya que permiten realizar mediciones precisas, diseñar componentes con exactitud y realizar cálculos técnicos para el desarrollo de proyectos. Aquí se describen algunas de las formas en que los decimales se utilizan en la ingeniería:

Mediciones de Precisión: En ingeniería, es esencial realizar mediciones precisas de longitudes, dimensiones y tolerancias. Los decimales permiten representar mediciones con alta exactitud, lo que es fundamental en la fabricación y diseño de componentes.

Diseño y CAD: En el diseño asistido por computadora (CAD), los decimales se utilizan para modelar y representar componentes y sistemas con alta precisión. Esto es esencial en la industria de la ingeniería mecánica y civil.

Análisis Estructural: En ingeniería estructural, se utilizan decimales para calcular tensiones, deformaciones y cargas en estructuras como puentes y edificios. La precisión en estos cálculos es esencial para garantizar la seguridad y el rendimiento.

Sistemas Eléctricos y Electrónicos: En ingeniería eléctrica y electrónica, los decimales son fundamentales en el diseño y análisis de circuitos, sistemas de control y componentes eléctricos. Se utilizan para representar resistencias, corrientes y tensiones con alta precisión.

Mecánica de Fluidos: En aplicaciones de mecánica de fluidos, como la aerodinámica y la hidráulica, los decimales se utilizan para calcular flujos, presiones y velocidades con precisión.

Eficiencia Energética: En proyectos de eficiencia energética, los decimales se utilizan para realizar cálculos de rendimiento de sistemas de calefacción, refrigeración y energía renovable. Esto es fundamental en la ingeniería de energía y medio ambiente.

Optimización de Procesos: En ingeniería de procesos y manufactura, los decimales se utilizan en cálculos de rendimiento, calidad y costos. Esto es fundamental para optimizar la producción y reducir desperdicios.

Geotécnica y Topografía: En aplicaciones de geotécnica y topografía, los decimales se utilizan para representar elevaciones, coordenadas y mediciones de terreno con alta precisión. Esto es esencial en la ingeniería civil y de construcción.

Análisis de Datos Técnicos: En ingeniería, se utilizan decimales para analizar datos técnicos, como resultados de pruebas de laboratorio, mediciones de rendimiento y datos de calidad. La precisión es fundamental en la toma de decisiones técnicas.

Control de Calidad y Normativas: Los decimales son importantes en la evaluación del cumplimiento de normativas y estándares técnicos en ingeniería. Esto garantiza que los productos y sistemas cumplan con los requisitos de seguridad y calidad.

En resumen, los decimales son una parte esencial de la ingeniería y permiten llevar a cabo mediciones precisas, cálculos técnicos y diseños exactos en una amplia variedad de aplicaciones técnicas. La precisión es crítica para garantizar el rendimiento y la seguridad de los proyectos de ingeniería.

Medicina: En medicina, los decimales se emplean para expresar con precisión mediciones como la dosis de medicamentos, los resultados de pruebas de laboratorio y las dimensiones de tejidos y órganos.

Los decimales son una herramienta versátil y poderosa para representar fracciones y cantidades precisas en una amplia variedad de campos. Facilitan el trabajo con valores fraccionarios y permiten realizar cálculos y mediciones precisas, lo que es esencial en muchas disciplinas y aplicaciones prácticas.

8.Porcentaje: Una forma de expresar una fracción

Un porcentaje es una forma de expresar una fracción en términos de cien partes iguales. Se utiliza para representar la relación proporcional entre una parte y el todo. La palabra "porcentaje" proviene del latín "per centum," que significa "por cien."

El símbolo del porcentaje (%) se utiliza para indicar que una cantidad se expresa en relación con el cien por ciento (100%). En otras palabras, cuando expresamos algo en términos de porcentaje, estamos dividiendo esa cantidad en cien partes iguales y representando cuántas partes de cien representamos.

Por ejemplo, si decimos que algo es "20 por ciento," estamos diciendo que es igual a 20 partes de cada cien partes posibles. Esto es equivalente a la fracción 20/100, que puede simplificarse a 1/5. Entonces, en términos de porcentaje, 20 por ciento es igual a 1/5.

Los porcentajes son una forma común de comunicar relaciones proporcionales en una amplia variedad de contextos. Se utilizan en situaciones que van desde calcular descuentos y tasas de interés hasta informar sobre el crecimiento de poblaciones, tasas de aprobación, tasas de impuestos y muchos otros datos cuantitativos. Los porcentajes son una herramienta esencial para la representación y comprensión de datos en la matemática, la economía, la estadística y otras disciplinas.

Los porcentajes son una herramienta fundamental en matemáticas y en la vida cotidiana. La expresión de fracciones en términos de cien partes iguales mediante porcentajes simplifica la comprensión y comparación de relaciones proporcionales en diversas situaciones.

Simplificación de Relaciones Proporcionales: Al expresar fracciones en términos de porcentajes, estamos convirtiendo las relaciones proporcionales en una forma más intuitiva. En lugar de lidiar con fracciones más complicadas, como 5/7 o 3/8, que pueden no ser tan visuales, los porcentajes representan estas relaciones en una escala de 0 a 100. Esto hace que sea más fácil para las personas comprender la magnitud de la relación. Por ejemplo, saber que algo es el 70 por ciento es más intuitivo que decir que es 7/10.

La simplificación de relaciones proporcionales mediante porcentajes es un enfoque muy práctico y comprensible. Aquí hay más detalle sobre por qué este enfoque es beneficioso:

Intuitividad: Los porcentajes son más intuitivos para la mayoría de las personas que las fracciones. La razón es que expresan una relación directa entre una cantidad y el todo, en términos de partes por cada cien. Esto significa que un número en porcentaje se interpreta como una cantidad en relación con un total. Por ejemplo, el 70 por ciento se entiende fácilmente como "70 de cada 100," lo que es más natural de visualizar y comprender que 7/10.

Comparación Directa: Los porcentajes permiten una comparación directa y sencilla de magnitudes en relación con el todo. Al mirar dos números en porcentaje, es evidente cuál es mayor o menor en términos de la parte que representan en cien. Esto es especialmente útil en situaciones donde se deben tomar decisiones basadas en comparaciones numéricas, como elegir entre dos opciones de inversión con diferentes tasas de rendimiento.

Aplicaciones Prácticas: Los porcentajes se utilizan en la vida cotidiana para describir descuentos, tasas de impuestos, tasas de interés, crecimiento de población y muchas otras relaciones proporcionales. La mayoría de las personas están familiarizadas con el concepto de porcentaje y lo utilizan de manera rutinaria en situaciones financieras y comerciales.

Facilita la Comunicación: En la presentación de datos a audiencias diversas, los porcentajes son más efectivos para transmitir información de manera clara y concisa. Los gráficos y tablas que utilizan porcentajes facilitan la comunicación de datos complejos a un público no especializado.

Los porcentajes son una forma de representar relaciones proporcionales de manera intuitiva y accesible para la mayoría de las personas. Facilitan la comprensión y comparación de datos en una variedad de contextos, desde la economía y las finanzas hasta la estadística y la toma de decisiones personales. La simplicidad y la facilidad de interpretación hacen que los porcentajes sean una herramienta valiosa en la comunicación y el análisis de datos.

Comparación de Datos: Los porcentajes permiten una fácil comparación entre diferentes conjuntos de datos. Cuando se presentan datos en términos de porcentajes, es más sencillo comparar y evaluar cuál de los datos es más grande o más pequeño en relación con el total. Esto es valioso en situaciones de toma de decisiones, como comparar tasas de interés para elegir una inversión financiera.

La capacidad de comparar datos de manera eficiente y efectiva es una de las ventajas clave de expresar información en términos de porcentajes.

Estandarización: Los porcentajes representan todas las relaciones proporcionales en una escala estándar de 0 a 100. Esto significa que, independientemente de las unidades o magnitudes específicas involucradas, los porcentajes permiten que los datos se coloquen en la misma escala, lo que simplifica la comparación.

Comparación Visual: Los números en porcentaje son fácilmente comparables visualmente. Cuando se miran dos valores en porcentaje, es sencillo determinar cuál de los dos es mayor o menor en relación con el total. Esto es especialmente útil cuando se necesita tomar decisiones basadas en comparaciones numéricas, como al evaluar tasas de interés en diferentes opciones de inversión.

Facilita la Toma de Decisiones: En situaciones de toma de decisiones, como inversiones financieras o elección de productos, la capacidad de comparar rápidamente tasas de rendimiento, descuentos o tasas de interés en términos de porcentajes ayuda a los individuos y las empresas a tomar decisiones más informadas y eficientes.

Claridad en los Informes: Al presentar datos en informes, gráficos o tablas utilizando porcentajes, se mejora la claridad de la información. Esto facilita la comunicación de resultados y tendencias a audiencias diversas, incluso a personas que no tienen un conocimiento profundo de las unidades o magnitudes involucradas.

Análisis Comparativo: Los porcentajes son esenciales en el análisis comparativo de datos en campos como la economía y las ciencias sociales. Permiten evaluar y comunicar cambios en poblaciones, tasas de crecimiento, tasas de inflación, tasas de desempleo y otros indicadores económicos y sociales de manera efectiva.

Evaluación de Riesgo y Rendimiento: En el ámbito financiero, los porcentajes son cruciales para evaluar el riesgo y el rendimiento de inversiones. Los inversores pueden comparar fácilmente tasas de retorno, rendimiento de activos y tasas de interés en diferentes instrumentos financieros.

Los porcentajes proporcionan un marco de referencia uniforme y comprensible que facilita la comparación de datos en una amplia variedad de contextos. Esto no solo mejora la toma de decisiones informadas, sino que también contribuye a la comunicación eficiente de información en informes, gráficos y presentaciones. La capacidad de comparar datos en términos de porcentajes es una habilidad valiosa en el mundo de los negocios, la economía, la estadística y muchas otras disciplinas.

Aplicaciones en Finanzas: Los porcentajes son esenciales en finanzas y economía. Se utilizan para calcular impuestos, tasas de interés, descuentos y utilidades. Además, ayudan a las personas a evaluar inversiones, préstamos y otras decisiones financieras.

Los porcentajes son una herramienta fundamental en el ámbito de las finanzas y la economía, y se aplican en una variedad de contextos para tomar decisiones informadas y realizar cálculos precisos.

Cálculo de Impuestos: Los porcentajes se utilizan para calcular los impuestos sobre ingresos, ventas, propiedades y otros tipos de impuestos. Por ejemplo, el gobierno puede establecer una tasa impositiva del 20 por ciento sobre los ingresos, lo que significa que el 20 por ciento de los ingresos totales se debe pagar como impuestos.

Tasas de Interés: Los porcentajes son esenciales en la evaluación de préstamos y tasas de interés. Cuando se solicita un préstamo, la tasa de interés se expresa en términos de porcentaje anual (por ejemplo, una tasa del 5 por ciento al año). Esto ayuda a los prestatarios a comprender cuánto pagarán en intereses.

Descuentos y Ofertas: En el comercio minorista, los porcentajes se utilizan para calcular descuentos y ofertas. Por ejemplo, un minorista puede ofrecer un descuento del 10 por ciento en un producto. Los consumidores pueden evaluar fácilmente cuánto ahorran.

Evaluación de Inversiones: Los inversores utilizan porcentajes para evaluar el rendimiento de sus inversiones. Pueden calcular la tasa de rendimiento porcentual (TIR) para comprender cuánto han ganado o perdido en sus inversiones.

Utilidad y Margen de Beneficio: Las empresas utilizan porcentajes para evaluar su rentabilidad. El margen de beneficio se calcula como un porcentaje de las ventas totales y muestra cuánto queda como ganancia después de cubrir los costos.

Análisis de Riesgo: Los porcentajes también son valiosos en el análisis de riesgo financiero. Las tasas de incumplimiento y las tasas de interés se expresan en términos de porcentaje, lo que ayuda a las instituciones financieras a evaluar y gestionar el riesgo crediticio.

Comparación de Inversiones: Los inversores pueden comparar diferentes oportunidades de inversión utilizando tasas de rendimiento porcentuales. Esto les ayuda a determinar cuál es la opción más rentable.

Presupuesto y Gastos Personales: Las personas utilizan porcentajes para administrar sus finanzas personales. Pueden calcular cuánto gastan en diferentes categorías en relación con sus ingresos totales.

Evaluación de Préstamos: Al solicitar un préstamo hipotecario, por ejemplo, los prestatarios evalúan la tasa de interés expresada en porcentaje para comprender el costo total del préstamo a lo largo del tiempo.

Estimación de Inflación: Los economistas y analistas financieros utilizan tasas de inflación expresadas en porcentaje para estimar cómo aumentan los precios de los bienes y servicios.

Los porcentajes son una herramienta esencial en las finanzas y la economía. Facilitan el cálculo, la comparación y la toma de decisiones financieras informadas, tanto para individuos como para empresas. Comprender cómo se aplican los porcentajes en estos contextos es fundamental para tomar decisiones financieras prudentes y gestionar eficazmente los recursos económicos.

Medición del Crecimiento y Cambio: Los porcentajes se emplean para medir el crecimiento y el cambio en diversas áreas, desde la población de una ciudad hasta el aumento de precios de un producto. Esto proporciona una comprensión clara de la magnitud de los cambios a lo largo del tiempo.

La medición del crecimiento y el cambio es un aspecto fundamental en una amplia variedad de campos, y los porcentajes son una herramienta esencial para cuantificar y comprender estos cambios de manera efectiva.

Población: En demografía, los porcentajes se utilizan para medir el crecimiento de la población. Por ejemplo, un aumento del 2 por ciento en la población de una ciudad indica que la población ha crecido en un 2 por ciento en relación con el total anterior.

Crecimiento Económico: Los porcentajes son cruciales en la medición del crecimiento económico. El Producto Interno Bruto (PIB) de un país puede expresarse en términos de porcentaje de crecimiento, lo que muestra cómo la economía ha aumentado o disminuido en un período dado.

Inflación: La tasa de inflación se expresa en porcentaje y se utiliza para medir el aumento promedio de los precios de bienes y servicios. Los porcentajes ayudan a las personas y las empresas a comprender el impacto de la inflación en su poder adquisitivo.

Tasas de Interés: Los cambios en las tasas de interés se expresan en términos de porcentaje y tienen un gran impacto en la economía. Las tasas de interés más altas o más bajas afectan el costo de los préstamos y las inversiones.

Crecimiento de Ingresos: Los porcentajes se utilizan para medir el crecimiento de los ingresos personales o empresariales a lo largo del tiempo. Un aumento del 5 por ciento en los ingresos significa que los ingresos han crecido en un 5 por ciento en relación con el período anterior.

Crecimiento de Precios: En la economía, los porcentajes se aplican para medir el aumento de precios de bienes y servicios, lo que es fundamental para evaluar el impacto económico en los consumidores y las empresas.

Crecimiento de Mercado: Las empresas utilizan porcentajes para medir el crecimiento del mercado. Por ejemplo, si un mercado ha crecido en un 10 por ciento, esto indica una mayor demanda de productos o servicios en ese sector.

Crecimiento de Inversiones: Los inversores utilizan porcentajes para evaluar el crecimiento de sus inversiones. Un rendimiento del 8 por ciento en una cartera de inversiones indica cuánto ha aumentado el valor de la cartera.

Crecimiento de Ventas: En ventas y marketing, los porcentajes se utilizan para evaluar el crecimiento de las ventas de productos o servicios. Un aumento del 15 por ciento en las ventas indica un crecimiento significativo en las ventas totales.

Crecimiento de Empleo: Los porcentajes se aplican para medir el crecimiento del empleo en una región o industria. Un aumento del 3 por ciento en el empleo indica un crecimiento en la fuerza laboral.

Los porcentajes son esenciales para medir el crecimiento y el cambio en una amplia gama de campos, desde la demografía y la economía hasta las finanzas y el marketing. Proporcionan una forma estandarizada y comprensible de cuantificar y comunicar la magnitud de los cambios a lo largo del tiempo, lo que es fundamental para la toma de decisiones y la evaluación de tendencias.

Presentación de Datos: Los porcentajes son una forma efectiva de presentar datos en informes, gráficos y presentaciones. Los gráficos de barras o círculos con porcentajes facilitan la comunicación de información compleja de manera clara y visual.

La presentación de datos es un aspecto crucial en la comunicación de información y hallazgos en una amplia variedad de contextos, desde informes de investigación hasta presentaciones empresariales y educación. Los porcentajes son una herramienta poderosa para representar datos de manera efectiva y comprensible.

Gráficos de Barras: Los gráficos de barras son una forma común de presentar datos en porcentaje. Por ejemplo, un gráfico de barras puede mostrar la distribución porcentual de los gastos en un presupuesto familiar, lo que facilita la visualización de cómo se asignan los recursos financieros.

Gráficos Circulares: Los gráficos circulares, también conocidos como gráficos de pastel, dividen un círculo en sectores que representan porcentajes. Estos gráficos son efectivos para mostrar cómo una cantidad total se divide en varias partes. Por ejemplo, un gráfico circular puede representar la distribución de ventas por categoría de productos.

Gráficos de Línea: Los gráficos de línea se utilizan para mostrar tendencias a lo largo del tiempo. Los porcentajes pueden ser una forma útil de representar cambios en el tiempo, como el crecimiento del PIB, las tasas de inflación o las tendencias de mercado.

Tablas y Cuadros: En informes y presentaciones, las tablas y cuadros suelen incluir porcentajes para resumir datos y mostrar comparaciones. Por ejemplo, una tabla puede mostrar la tasa de aprobación de diferentes productos en función de las encuestas de consumidores.

Infografías: Las infografías utilizan porcentajes de manera efectiva para comunicar información compleja de manera visual y atractiva. Por ejemplo, una infografía puede mostrar la distribución porcentual de enfermedades en una población.

Comparaciones y Análisis: Al utilizar porcentajes en la presentación de datos, es más fácil comparar y analizar información. Los lectores o audiencia pueden identificar de manera rápida y clara cuál de las categorías o elementos es el mayor o el más pequeño en relación con el total.

Informes de Investigación: En campos como la ciencia, la salud y la economía, los porcentajes son comunes en los informes de investigación. Se utilizan para comunicar hallazgos, resultados de encuestas y análisis de datos de manera que sea fácil de entender.

Presentaciones de Negocios: En el entorno empresarial, los porcentajes se utilizan en presentaciones para destacar métricas clave, logros financieros y resultados de ventas. Esto ayuda a los equipos y los inversionistas a comprender el rendimiento de la empresa.

Educación: Los porcentajes se enseñan en matemáticas y se utilizan en la educación para evaluar el progreso de los estudiantes. También se aplican en la presentación de datos en lecciones y material didáctico.

Los porcentajes son una herramienta efectiva para presentar datos de manera clara y visual. Facilitan la comunicación de información compleja y ayudan a los receptores a comprender y analizar los datos de manera más eficiente. Los gráficos y tablas que utilizan porcentajes son comunes en una amplia variedad de contextos, desde la toma de decisiones empresariales hasta la presentación de resultados de investigaciones académicas.

Herramienta de Cálculo Preciso: La fórmula de porcentaje, que relaciona la parte con el todo en términos de cien partes, es una herramienta matemática útil para calcular con precisión. Es especialmente útil para calcular descuentos, impuestos, tasas de crecimiento y otras relaciones proporcionales en una amplia variedad de contextos.

La fórmula de porcentaje es, en efecto, una herramienta matemática poderosa y versátil que permite calcular con precisión la relación entre una parte y el todo en términos de cien partes. Esta fórmula es fundamental en una variedad de contextos y aplicaciones.

Fórmula de Porcentaje:

El porcentaje se calcula utilizando la siguiente fórmula:

$$Porcentaje = \frac{Parte}{Total} \times 100 \quad Porcentaje = \frac{Total}{Parte} \times 100$$

La "Parte" representa la cantidad que se está considerando en relación con el todo o el total.

El "Total" es la cantidad completa o el conjunto al que pertenece la parte.

Multiplicar por 100 convierte la fracción en un porcentaje.

Utilidad de la Fórmula de Porcentaje:

Descuentos y Aumentos de Precios: La fórmula de porcentaje se utiliza comúnmente en ventas y comercio para calcular descuentos (por ejemplo, un 20% de descuento en un artículo) o aumentos de precios (por ejemplo, un aumento del 10% en el costo de un producto).

Impuestos y Tasas: En el ámbito fiscal y financiero, se utiliza para calcular impuestos (porcentaje de ingresos) y tasas (porcentaje de interés en préstamos o inversiones).

Crecimiento y Disminución: Los porcentajes se utilizan para calcular el crecimiento o la disminución de valores en campos como la economía (crecimiento del PIB), las finanzas (rendimiento de inversiones) y la demografía (crecimiento de población).

Probabilidades y Estadísticas: En estadísticas, se utilizan porcentajes para expresar probabilidades y frecuencias de eventos, lo que es fundamental en análisis de datos y estudios de probabilidad.

Comparaciones y Evaluaciones: Los porcentajes facilitan la comparación y la evaluación de relaciones proporcionales. Por ejemplo, comparar las tasas de aprobación de dos candidatos políticos.

Presentación de Datos: Como se mencionó anteriormente, los porcentajes son una forma efectiva de presentar datos en informes, gráficos y presentaciones, lo que hace que la información sea más accesible y comprensible.

Toma de Decisiones: Los porcentajes ayudan a las personas y las organizaciones a tomar decisiones informadas. Por ejemplo, calcular el porcentaje de crecimiento de ventas puede influir en decisiones estratégicas de marketing.

Gestión de Recursos: En la administración y la planificación, los porcentajes son esenciales para gestionar recursos, como presupuestos y fuerza laboral.

Análisis de Datos Empresariales: En el mundo empresarial, los porcentajes son utilizados para evaluar métricas clave, como márgenes de beneficio, tasas de conversión y tasas de rotación de inventario.

En resumen, la fórmula de porcentaje es una herramienta matemática poderosa que se aplica en una amplia variedad de situaciones en la vida cotidiana, los negocios, las finanzas, la estadística y otros campos. Permite realizar cálculos precisos y expresar relaciones proporcionales de manera efectiva, lo que es fundamental para la toma de decisiones informadas y el análisis de datos.

9.Geometría: El estudio de las formas, tamaños y propiedades de objetos y figuras

La geometría es una rama de las matemáticas que se enfoca en el estudio de las formas, tamaños y propiedades de objetos y figuras en el espacio. Los matemáticos y los geométricos analizan cómo las figuras se relacionan entre sí, cómo se pueden transformar y cómo se pueden medir. La geometría se divide en diversas ramas, que incluyen:

Geometría Euclidiana: Es la geometría clásica desarrollada por el antiguo matemático griego Euclides. Se basa en los axiomas de Euclides y se enfoca en las propiedades de puntos, líneas, planos y figuras tridimensionales en el espacio.

La Geometría Euclidiana, también conocida como geometría clásica, es un sistema geométrico desarrollado por el antiguo matemático griego Euclides, quien vivió alrededor del 300 a.C. Euclides escribió un influyente tratado llamado "Los Elementos" que estableció los fundamentos de la geometría euclidiana. Esta forma de geometría se basa en una serie de axiomas o postulados, que son declaraciones básicas consideradas verdaderas sin necesidad de demostración. Algunos de los postulados más conocidos son:

El postulado de la recta: Por dos puntos distintos pasa una única recta.

El postulado del segmento: Un segmento de línea recta se puede extender indefinidamente.

El postulado de los ángulos: Dados dos ángulos y un punto, se puede trazar un tercer ángulo que sea igual a uno de los dos ángulos dados y adyacente al otro.

El postulado de las paralelas: A través de un punto exterior a una recta, solo se puede trazar una línea paralela a esa recta.

La geometría euclidiana se concentra en el estudio de las propiedades de puntos, líneas, planos y figuras tridimensionales en el espacio, utilizando estos axiomas como base. Además, se desarrolla utilizando una serie de definiciones y teoremas que se derivan de estos axiomas. Es un sistema geométrico fundamental en matemáticas y ha sido ampliamente utilizado en la enseñanza de la geometría debido a su claridad y simplicidad.

Sin embargo, en el transcurso de la historia de las matemáticas, se descubrió que los postulados euclidianos no eran los únicos posibles, y se desarrollaron otras geometrías, como la geometría hiperbólica y la geometría elíptica, que presentan postulados alternativos y han ampliado nuestra comprensión de las estructuras geométricas. Estas nuevas geometrías se conocen como geometrías no euclidianas y son fundamentales en la física moderna, especialmente en la teoría de la relatividad de Einstein.

Geometría Analítica: Combina la geometría con la álgebra, permitiendo describir figuras geométricas mediante ecuaciones matemáticas. Esto facilita el estudio de la geometría en un sistema de coordenadas.

La Geometría Analítica es una rama de las matemáticas que combina conceptos geométricos con técnicas algebraicas. Esta disciplina permite describir figuras geométricas utilizando ecuaciones matemáticas y facilita el estudio de la geometría en un sistema de coordenadas. Algunos de los aspectos más importantes de la geometría analítica incluyen:

Sistema de Coordenadas: En la geometría analítica, se utiliza un sistema de coordenadas para representar puntos, líneas y figuras en el plano o en el espacio. Los sistemas de coordenadas más comunes son el sistema de coordenadas cartesianas en dos dimensiones (plano) y el sistema de coordenadas tridimensionales en tres dimensiones (espacio).

Puntos y Vectores: Los puntos en el espacio se representan como tuplas de números (coordenadas) que indican su posición en el sistema de coordenadas. Los vectores se utilizan para representar desplazamientos entre puntos y se expresan mediante magnitudes y direcciones.

Ecuaciones de Líneas y Curvas: Las líneas y las curvas se representan mediante ecuaciones algebraicas. Por ejemplo, la ecuación de una línea en un sistema de coordenadas cartesianas 2D es de la forma $y = mx + b$, donde m es la pendiente y b es la ordenada al origen. Esto permite describir líneas rectas en términos algebraicos.

Distancias y Ángulos: La geometría analítica facilita el cálculo de distancias entre puntos y ángulos entre líneas o vectores utilizando técnicas algebraicas y fórmulas matemáticas.

Transformaciones Geométricas: La geometría analítica también se utiliza para estudiar transformaciones geométricas, como traslaciones, rotaciones y escalas, en términos algebraicos. Estas transformaciones se expresan mediante matrices y operaciones algebraicas.

La geometría analítica es una herramienta poderosa que ha encontrado aplicaciones en diversas áreas, incluyendo la física, la ingeniería, la informática gráfica, la geometría computacional y otras disciplinas. Permite resolver problemas geométricos de manera más eficiente y precisa al traducirlos en términos matemáticos, lo que facilita el análisis y la resolución de problemas en geometría.

Geometría Diferencial: Se concentra en el estudio de curvas y superficies, y se relaciona con conceptos como tangentes, curvatura y otras propiedades diferenciales de figuras geométricas.

la Geometría Diferencial es una rama de las matemáticas que se enfoca en el estudio de curvas y superficies en el espacio, y se relaciona estrechamente con conceptos diferenciales para analizar propiedades geométricas. Algunos de los conceptos clave en la Geometría Diferencial incluyen:

Curvas y Superficies: La Geometría Diferencial se centra en el estudio de curvas en el plano y superficies en el espacio tridimensional. Estas pueden ser curvas simples, como líneas rectas o círculos, o curvas más complejas, como trayectorias de partículas o límites de superficies.

Vectores Tangentes: En Geometría Diferencial, se utilizan vectores tangentes para describir la dirección y la velocidad de cambio en un punto de una curva o una superficie. Estos vectores tangentes son fundamentales para comprender la geometría de la curva o superficie en ese punto.

Curvatura: La curvatura es un concepto central en Geometría Diferencial. Indica cuán "curvada" o "torcida" es una curva o superficie en un punto dado. La curvatura se relaciona con la tasa de cambio del vector tangente y se utiliza para medir la "inclinación" de la curva en ese punto.

Geometría Riemanniana: Esta es una extensión de la Geometría Diferencial que se centra en la geometría de superficies curvas y espacios métricos. Se utiliza para estudiar la geometría en espacios donde las propiedades geométricas pueden variar de un punto a otro.

Teorema Fundamental de la Geometría Diferencial: Este teorema establece una relación importante entre la curvatura de una curva cerrada y el número de veces que la curva rodea un punto en el espacio.

La Geometría Diferencial es fundamental en la física, especialmente en la teoría de la relatividad de Albert Einstein, donde se utiliza para describir la curvatura del espacio-tiempo. También se aplica en la cartografía, la robótica, la modelización de superficies en gráficos por computadora y en muchas otras áreas donde es importante comprender y analizar propiedades geométricas de curvas y superficies.

Geometría Proyectiva: Trata de propiedades de las figuras que no cambian bajo transformaciones proyectivas, lo que significa que se centra en propiedades que son independientes de la perspectiva.

la Geometría Proyectiva es una rama de la geometría que se enfoca en las propiedades de las figuras geométricas que no cambian bajo transformaciones proyectivas. En otras palabras, se centra en propiedades que son independientes de la perspectiva o de la manera en que se realiza una proyección. Algunos de los conceptos fundamentales de la Geometría Proyectiva incluyen:

Transformaciones Proyectivas: Las transformaciones proyectivas son aquellas que preservan las propiedades proyectivas de las figuras geométricas. Estas transformaciones incluyen proyecciones desde un punto o una proyección en perspectiva, así como transformaciones afines, como traslaciones, rotaciones y escalas.

Puntos, Líneas e Incidencia: En la Geometría Proyectiva, no se considera que haya una distancia absoluta entre puntos o una noción de paralelismo absoluto. En cambio, se trabaja con la noción de incidencia, que se refiere a la relación entre puntos y líneas. La intersección de una línea con un punto se llama incidencia.

Teorema de Desargues: Este teorema es uno de los resultados fundamentales en Geometría Proyectiva y se relaciona con la propiedad de la homología. Establece que si dos triángulos están en perspectiva desde un punto, entonces los vértices de los triángulos están en una línea.

Proyectividad de Perspectiva: La proyectividad de perspectiva es un concepto clave en Geometría Proyectiva. Indica que dos figuras proyectivas pueden ser consideradas como equivalentes si existe una transformación proyectiva que las relaciona.

Aplicaciones en Arte y Gráficos por Computadora: La Geometría Proyectiva se utiliza en aplicaciones artísticas, como la pintura y la fotografía, para representar objetos tridimensionales en una superficie bidimensional. Además, en gráficos por computadora, se aplica para crear ilusiones de perspectiva y para simular la forma en que los objetos se ven desde diferentes puntos de vista.

La Geometría Proyectiva es una rama de las matemáticas con aplicaciones en arquitectura, arte, diseño, y campos técnicos como la cartografía, la visión por computadora y la geometría algebraica. Su enfoque en propiedades que son invariantes bajo transformaciones proyectivas la hace especialmente útil para el estudio de las perspectivas y la representación de objetos en diferentes ámbitos.

Geometría No Euclidiana: Estudia geometrías en las que los postulados de Euclides no son válidos, como la geometría hiperbólica y la geometría elíptica, que tienen aplicaciones en la teoría de la relatividad y la topología, respectivamente.

la Geometría No Euclidiana se refiere al estudio de geometrías en las que los postulados de Euclides no se cumplen. A diferencia de la Geometría Euclidiana, que se basa en los postulados de Euclides y se desarrolla en un espacio plano o tridimensional con propiedades bien definidas, la Geometría No Euclidiana considera otras posibilidades. Las dos formas más conocidas de Geometría No Euclidiana son la Geometría Hiperbólica y la Geometría Elíptica:

Geometría Hiperbólica: En la Geometría Hiperbólica, se rechaza el quinto postulado de Euclides, el postulado de las paralelas. Esto da lugar a un espacio en el que, dadas una línea y un punto fuera de ella, existen múltiples líneas paralelas que pasan por el punto y no se intersectan con la línea original. Esto conduce a propiedades geométricas muy diferentes de las de la Geometría Euclidiana. La Geometría Hiperbólica tiene aplicaciones en la teoría de la relatividad, en particular, en la descripción de la geometría del espacio-tiempo en presencia de campos gravitatorios fuertes.

Geometría Elíptica: En la Geometría Elíptica, se rechazan varios postulados de Euclides, incluido el quinto postulado de las paralelas. En este tipo de geometría, no existen líneas paralelas en absoluto. Todas las líneas se intersecan en algún punto. La Geometría Elíptica tiene propiedades bastante diferentes de la Geometría Euclidiana y la Hiperbólica. Se utiliza en topología, teoría de números y en la representación de la superficie de una esfera.

Ambas Geometrías No Euclidianas tienen aplicaciones importantes en matemáticas y física. La Geometría Hiperbólica es fundamental para la teoría de la relatividad general de Einstein, que describe la gravedad en términos de la curvatura del espacio-tiempo. La Geometría Elíptica es importante en áreas de la matemática como la teoría de números y la topología, y también se utiliza en cartografía para representar la superficie de la Tierra de manera precisa. Estas geometrías no euclidianas han ampliado nuestra comprensión de las estructuras geométricas y han llevado a avances significativos en la teoría matemática y la física moderna.

Geometría Fractal: Trata con figuras altamente irregulares y autosemejantes que se repiten a diferentes escalas. Los fractales son utilizados en una variedad de campos, como la teoría del caos y la representación de estructuras naturales.

la Geometría Fractal es una rama de la geometría que se centra en el estudio y la descripción de figuras altamente irregulares y autosemejantes que se repiten a diferentes escalas. Los objetos fractales exhiben patrones y estructuras complejas que a menudo se asemejan a sí mismos cuando se observan a diferentes niveles de aumento o reducción. Algunos conceptos clave de la Geometría Fractal incluyen:

Autosemejanza: La autosemejanza es una característica fundamental de los fractales. Significa que una porción del fractal se parece a una versión en miniatura o a escala del fractal completo. Esta propiedad se repite a diferentes niveles de magnificación.

Dimensión Fractal: A diferencia de los objetos geométricos tradicionales, como líneas rectas (dimensión 1) o superficies planas (dimensión 2), los fractales tienen dimensiones fractales no enteras o fraccionarias. Esto refleja su complejidad y la forma en que llenan el espacio de manera no convencional.

Iteración: Los fractales se generan a menudo mediante procesos iterativos. Un conjunto de reglas simples se aplica repetidamente para construir el fractal completo, lo que resulta en la formación de patrones cada vez más detallados.

Teoría del Caos: La Geometría Fractal tiene conexiones con la teoría del caos. Algunos sistemas dinámicos caóticos pueden describirse utilizando fractales, y los fractales pueden utilizarse para representar sistemas complejos y turbulentos.

Aplicaciones: Los fractales se utilizan en una variedad de campos, incluyendo la modelización de la naturaleza y fenómenos naturales como las costas irregulares, las estructuras de árboles, los sistemas climáticos y las estructuras celulares. También se aplican en la compresión de imágenes, la generación de paisajes en gráficos por computadora y en la teoría de la información.

Uno de los fractales más conocidos es el Conjunto de Mandelbrot, que es una figura altamente compleja y autosemejante que se genera mediante iteraciones matemáticas simples. La Geometría Fractal ha tenido un impacto significativo en la comprensión de la complejidad en la naturaleza y en la representación de estructuras y fenómenos que no se ajustan a los modelos geométricos tradicionales.

La geometría tiene aplicaciones en muchas áreas de la ciencia y la tecnología, incluyendo la física, la arquitectura, la ingeniería, la cartografía, la informática gráfica y la geometría computacional. También es fundamental en la resolución de problemas matemáticos y en la comprensión de conceptos abstractos en matemáticas.

la geometría desempeña un papel fundamental en muchas áreas de la ciencia, la tecnología y las matemáticas.

Física: La geometría es fundamental en la física, especialmente en la mecánica, la óptica y la teoría de la relatividad. Se utiliza para describir y analizar la posición, el movimiento y las propiedades de objetos y partículas en el espacio y el tiempo.

Arquitectura e Ingeniería: En la arquitectura y la ingeniería civil, la geometría es esencial para diseñar y construir estructuras, edificios y puentes. Los principios geométricos son utilizados para garantizar la estabilidad y la seguridad de las construcciones.

Cartografía: La cartografía se basa en la geometría para representar la Tierra en mapas. Se utilizan proyecciones cartográficas y técnicas geométricas para mapear de manera precisa áreas geográficas en superficies planas.

Informática Gráfica: En la industria de la informática gráfica, la geometría es esencial para crear y renderizar imágenes en 2D y 3D. Se utilizan conceptos geométricos para modelar objetos tridimensionales y simular efectos visuales realistas.

Geometría Computacional: Esta rama de la informática se centra en desarrollar algoritmos y técnicas para resolver problemas geométricos, como la intersección de líneas, el cálculo de áreas y volúmenes, y la representación de objetos en espacios tridimensionales.

Topología: La topología es una rama de las matemáticas que se basa en la geometría para estudiar propiedades espaciales y las relaciones entre formas, pero sin preocuparse por las distancias y las medidas precisas. Tiene aplicaciones en la teoría de nudos, la teoría de grafos y la geometría algebraica.

Resolución de Problemas Matemáticos: La geometría es una herramienta valiosa para la resolución de problemas matemáticos y la demostración de teoremas en diversas áreas de las matemáticas. Ayuda a visualizar y entender conceptos abstractos.

Biología y Ciencias Naturales: La geometría se utiliza para modelar y analizar estructuras biológicas y procesos naturales. Por ejemplo, en la biología molecular, se utilizan conceptos geométricos para estudiar la estructura de las moléculas.

Robótica: En robótica, la geometría se aplica para controlar y planificar el movimiento de robots y entender la cinemática de sistemas mecánicos.

Economía y Ciencias Sociales: La geometría a veces se utiliza en modelos matemáticos y estadísticas en campos como la economía y la geografía para analizar datos y relaciones espaciales.

La geometría es una disciplina versátil que desempeña un papel esencial en una amplia gama de aplicaciones, desde las ciencias exactas hasta las ciencias sociales, lo que la convierte en una de las ramas más fundamentales de las matemáticas.

10.Triángulos: Figuras con tres lados y tres ángulos.

Un triángulo es una figura geométrica plana que tiene tres lados y tres ángulos. Los triángulos son una de las formas más básicas y fundamentales en la geometría.

Tres Lados: Como su nombre indica, un triángulo tiene tres lados. Los lados se denominan comúnmente "a", "b" y "c". Los triángulos son fundamentales en la geometría y se caracterizan por tener tres lados. Estos lados suelen ser etiquetados como "a", "b" y "c", y se utilizan para describir la longitud de cada uno de los lados del triángulo. Las relaciones entre las longitudes de los lados de un triángulo son esenciales para el estudio de la trigonometría y la geometría, y se utilizan en una amplia variedad de aplicaciones matemáticas y científicas.

Las relaciones entre las longitudes de los lados de un triángulo son fundamentales en matemáticas, particularmente en trigonometría y geometría, y tienen una amplia variedad de aplicaciones en ciencias y disciplinas relacionadas. Algunos puntos clave sobre estas relaciones son:

Teorema de Pitágoras: Este teorema establece una relación importante en los triángulos rectángulos. Dice que en un triángulo rectángulo, el cuadrado de la longitud de la hipotenusa (el lado opuesto al ángulo recto) es igual a la suma de los cuadrados de las longitudes de los otros dos lados. Es fundamental en trigonometría y tiene aplicaciones en geometría y física.

el Teorema de Pitágoras es uno de los resultados más fundamentales en la geometría y la trigonometría. Este teorema se aplica específicamente a triángulos rectángulos, que son triángulos que tienen un ángulo de 90 grados (un ángulo recto). El teorema establece lo siguiente:

En un triángulo rectángulo, la suma de los cuadrados de las longitudes de los dos catetos (los dos lados que forman el ángulo recto) es igual al cuadrado de la longitud de la hipotenusa (el lado opuesto al ángulo recto).

Este teorema es esencial en trigonometría y se utiliza para resolver una variedad de problemas relacionados con triángulos rectángulos. Algunas de sus aplicaciones incluyen:

Cálculo de Longitudes: Puedes usar el Teorema de Pitágoras para encontrar la longitud de un lado desconocido en un triángulo rectángulo si conoces las longitudes de los otros dos lados.

Trigonometría: El teorema es fundamental en trigonometría, ya que permite definir y relacionar las funciones trigonométricas como el seno, el coseno y la tangente en términos de las longitudes de los lados de un triángulo rectángulo.

Geometría y Construcción: Se utiliza en la construcción y el diseño para garantizar ángulos rectos y calcular distancias.

Navegación: El Teorema de Pitágoras es esencial en navegación para determinar distancias en mapas y cartas náuticas.

Física: Se aplica en la física, especialmente en la cinemática y en problemas relacionados con la cinemática de partículas en movimiento.

Trigonometría: La trigonometría es una rama de las matemáticas que se enfoca en las relaciones entre los ángulos y los lados de un triángulo. Los conceptos como seno, coseno y tangente se utilizan para relacionar ángulos y longitudes de lados en triángulos.

La trigonometría es, de hecho, una rama importante de las matemáticas que se centra en el estudio de las relaciones entre los ángulos y los lados de un triángulo. A través de conceptos como el seno, el coseno y la tangente, la trigonometría permite relacionar ángulos y longitudes de lados en triángulos y se extiende a diversas aplicaciones en matemáticas, ciencia y tecnología. Algunos puntos clave incluyen:

Funciones Trigonométricas: Las funciones trigonométricas, como el seno (sin), el coseno (cos), y la tangente (tan), son utilizadas para describir las relaciones entre ángulos y lados en triángulos. Estas funciones son fundamentales en trigonometría y se utilizan para modelar fenómenos periódicos, resolver problemas de geometría, y mucho más.

Triángulos: La trigonometría se aplica principalmente a triángulos, y se centra en triángulos rectángulos (triángulos que contienen un ángulo de 90 grados). Estos triángulos son fundamentales en trigonometría y son la base para definir las funciones trigonométricas.

Resolución de Problemas: La trigonometría se utiliza para resolver una amplia variedad de problemas en física, ingeniería, navegación, astronomía, y muchas otras disciplinas. Por ejemplo, se puede utilizar para calcular distancias, ángulos, velocidades y otras cantidades físicas.

Representación Gráfica: Las funciones trigonométricas se representan gráficamente como ondas sinusoidales, lo que es fundamental en el análisis de señales y fenómenos periódicos en ciencias como la física y la ingeniería.

Identidades Trigonométricas: Las identidades trigonométricas son ecuaciones que relacionan las funciones trigonométricas entre sí. Estas identidades son útiles para simplificar expresiones y resolver ecuaciones trigonométricas.

La trigonometría es una herramienta poderosa y versátil en matemáticas y en aplicaciones prácticas en una amplia gama de disciplinas. Ya sea para calcular distancias astronómicas, analizar señales eléctricas, modelar movimientos armónicos o resolver problemas en geometría, la trigonometría es esencial en la ciencia y la tecnología moderna.

Teoremas de Congruencia y Semejanza: En geometría, se utilizan teoremas que establecen condiciones bajo las cuales los triángulos son congruentes (tienen los mismos lados y ángulos) o semejantes (tienen ángulos iguales y lados proporcionales).

los teoremas de congruencia y semejanza son conceptos fundamentales en geometría y se utilizan para comparar y relacionar triángulos. Aquí hay una explicación más detallada de estos conceptos:

Congruencia de Triángulos:

La congruencia de triángulos se refiere a la situación en la que dos triángulos tienen los mismos lados y ángulos, lo que significa que son idénticos en forma y tamaño. Para que dos triángulos sean congruentes, se deben cumplir ciertas condiciones o criterios:

Lado-Lado-Lado (LLL): Si los tres lados de un triángulo son congruentes a los tres lados de otro triángulo, entonces los dos triángulos son congruentes.

Lado-Ángulo-Lado (LAL): Si dos lados y el ángulo comprendido entre ellos de un triángulo son congruentes a dos lados y el ángulo correspondiente de otro triángulo, entonces los dos triángulos son congruentes.

Ángulo-Lado-Ángulo (ALA): Si dos ángulos y el lado entre ellos de un triángulo son congruentes a dos ángulos y el lado correspondiente de otro triángulo, entonces los dos triángulos son congruentes.

Hipotenusa y un Ángulo Agudo (HA): Si la hipotenusa y un ángulo agudo de un triángulo rectángulo son congruentes a la hipotenusa y el ángulo agudo correspondiente de otro triángulo rectángulo, entonces los dos triángulos son congruentes.

Semejanza de Triángulos:

La semejanza de triángulos se refiere a la situación en la que dos triángulos tienen ángulos iguales y lados proporcionales, lo que significa que son similares pero no necesariamente idénticos en tamaño. Los criterios para la semejanza de triángulos son los siguientes:

Ángulo-Angulo (AA): Si dos triángulos tienen dos ángulos iguales, entonces los terceros ángulos también son iguales, y los dos triángulos son semejantes.

Lado-Angulo-Lado (LAL): Si dos triángulos tienen un lado proporcional, un ángulo, y otro lado proporcional en el mismo orden, entonces son semejantes.

Lado-Lado (LL): Si dos triángulos tienen sus lados correspondientes proporcionales, entonces son semejantes.

La congruencia y la semejanza de triángulos son conceptos fundamentales en la geometría y se utilizan para resolver problemas relacionados con la geometría y la trigonometría, y también en aplicaciones prácticas en la construcción, la topografía, la navegación y otros campos. Estos teoremas proporcionan herramientas poderosas para el análisis y la resolución de problemas geométricos.

Resolución de Problemas Prácticos: Las relaciones en triángulos se aplican en problemas prácticos, como la navegación, la construcción, la topografía, la física, la ingeniería y la arquitectura. Por ejemplo, para determinar distancias o ángulos, es esencial comprender y aplicar las relaciones trigonométricas.

las relaciones en triángulos y los conceptos trigonométricos se aplican ampliamente en la resolución de problemas prácticos en una variedad de campos. Aquí tienes ejemplos de cómo se utilizan en situaciones cotidianas y en disciplinas específicas:

Navegación: En la navegación marítima y aérea, es fundamental determinar distancias y direcciones precisas. Las relaciones trigonométricas se utilizan para calcular distancias entre puntos, para determinar la posición en un mapa y para navegar en función de rumbos y ángulos.

Construcción e Ingeniería: En la construcción y la ingeniería civil, las relaciones en triángulos y las propiedades trigonométricas se aplican para medir y diseñar estructuras, calcular cargas y tensiones, y determinar ángulos de inclinación, entre otras cosas.

Topografía: Los topógrafos utilizan la trigonometría para realizar levantamientos topográficos y mapear la superficie terrestre. Esto implica la medición precisa de distancias y ángulos para crear mapas detallados.

Física: En la física, las relaciones trigonométricas se utilizan para analizar el movimiento de objetos, calcular fuerzas y resolver problemas relacionados con la cinemática y la dinámica.

Arquitectura: En arquitectura, las propiedades trigonométricas se aplican en el diseño y la construcción de edificios, especialmente en la determinación de ángulos y proporciones para garantizar la estabilidad y la estética de las estructuras.

Geología: Los geólogos utilizan la trigonometría para medir estratos de roca, ángulos de inclinación y otros datos en el campo para comprender la geología de una región.

Astronomía: Los astrónomos utilizan relaciones trigonométricas para calcular la posición y la distancia de objetos celestes, así como para realizar observaciones y mediciones astronómicas precisas.

Estadística: La trigonometría se utiliza en estadística y análisis de datos para descomponer y analizar componentes periódicos en conjuntos de datos.

Estos son solo algunos ejemplos de cómo las relaciones en triángulos y la trigonometría son esenciales en la resolución de problemas prácticos en una amplia variedad de campos. Estos conceptos matemáticos proporcionan herramientas fundamentales para medir, calcular y diseñar en disciplinas que van desde la navegación hasta la construcción y la investigación científica.

Modelado y Simulación: En campos como la ciencia de datos y la simulación numérica, se utilizan relaciones en triángulos para modelar y resolver problemas en diversos dominios, desde la economía hasta la biología.

el modelado y la simulación son aplicaciones importantes de las relaciones en triángulos y conceptos trigonométricos en campos que van más allá de la geometría y la trigonometría puras. Aquí tienes una explicación más detallada de cómo se utilizan en estos contextos:

Ciencia de Datos: En la ciencia de datos, se pueden utilizar relaciones trigonométricas para analizar datos que muestran patrones periódicos. Esto puede incluir el análisis de series temporales, donde se aplican técnicas trigonométricas para descomponer señales en componentes sinusoidales y modelar tendencias estacionales.

Simulación Numérica: La simulación numérica se utiliza para modelar sistemas y fenómenos en una variedad de campos, desde la física hasta la ingeniería y la biología. Las relaciones en triángulos y las funciones trigonométricas a menudo se utilizan para simular el comportamiento de sistemas físicos y biológicos, como circuitos eléctricos, movimientos planetarios y dinámica de fluidos.

Economía: En la economía, se aplican técnicas de trigonometría y análisis de series temporales para modelar y predecir patrones económicos, como ciclos comerciales y fluctuaciones en los mercados financieros.

Biología: La biología utiliza modelos matemáticos para entender y predecir el comportamiento de sistemas biológicos. En el estudio de ritmos biológicos, como los ciclos circadianos, las relaciones trigonométricas son útiles para describir oscilaciones biológicas.

Geofísica: La geofísica se centra en el estudio de los procesos geológicos y físicos de la Tierra. La trigonometría se utiliza para modelar y analizar la propagación de ondas sísmicas y otros fenómenos relacionados con la geología.

En resumen, las relaciones en triángulos y las funciones trigonométricas son herramientas matemáticas versátiles que se aplican en campos muy diversos. El modelado y la simulación son ejemplos de cómo estas herramientas se utilizan para entender y predecir fenómenos en una amplia variedad de disciplinas científicas y aplicaciones prácticas. La capacidad de modelar sistemas complejos y resolver problemas mediante el uso de estas herramientas matemáticas es una parte fundamental de la investigación y el análisis en ciencia de datos y simulación numérica.

Geometría Computacional: Las relaciones entre los lados y ángulos de los triángulos se utilizan en algoritmos y técnicas computacionales para resolver problemas geométricos, como la triangulación de puntos en el plano.

la geometría computacional es una rama de las ciencias de la computación y la geometría que se centra en el desarrollo de algoritmos y técnicas para resolver problemas geométricos utilizando conceptos geométricos y relaciones entre los lados y ángulos de figuras geométricas, incluyendo triángulos. Aquí tienes más información sobre cómo se aplican las relaciones en triángulos en la geometría computacional:

Triangulación de Puntos: Uno de los problemas clásicos en geometría computacional es la triangulación de puntos en el plano. Dado un conjunto de puntos en un plano, el objetivo es dividir el plano en triángulos de tal manera que los puntos sean vértices de esos triángulos. Las relaciones trigonométricas se utilizan para calcular los ángulos entre los puntos y determinar la disposición de los triángulos.

Intersección de Segmentos y Polígonos: La geometría computacional se aplica en la detección de intersecciones entre segmentos de línea y polígonos. Esto es útil en aplicaciones como gráficos por computadora, juegos, cartografía digital y diseño asistido por computadora.

Cálculo de Áreas y Perímetros: Los algoritmos en geometría computacional utilizan las relaciones entre los lados y ángulos de las figuras geométricas para calcular áreas, perímetros y otras propiedades. Por ejemplo, se pueden calcular áreas de polígonos y áreas sombreadas en aplicaciones gráficas.

Visualización 3D: En aplicaciones de visualización 3D, las relaciones geométricas se utilizan para representar y transformar objetos tridimensionales, como modelos 3D de edificios, terrenos y objetos.

Robótica: La planificación de movimientos y la cinemática de robots se basan en principios geométricos y trigonométricos para calcular trayectorias y posiciones de los brazos o partes móviles de los robots.

Análisis Espacial: La geometría computacional se utiliza en análisis espaciales en sistemas de información geográfica (SIG) para resolver problemas relacionados con la ubicación, la distancia y la relación espacial entre objetos geográficos.

En resumen, la geometría computacional desempeña un papel importante en la resolución de problemas que involucran geometría y relaciones geométricas utilizando algoritmos y técnicas computacionales. Estos algoritmos tienen aplicaciones en una amplia gama de campos, desde la informática gráfica hasta la robótica y la cartografía digital. Las relaciones en triángulos y las propiedades geométricas son fundamentales en la creación de algoritmos eficientes para resolver estos problemas geométricos.

Las relaciones en triángulos son un componente clave de las matemáticas y tienen aplicaciones amplias y variadas en ciencias, ingeniería y muchas otras disciplinas. Estas relaciones permiten resolver problemas prácticos y entender conceptos abstractos en el mundo natural y matemático.

Los teoremas y propiedades de los triángulos son una parte fundamental de la matemática y se aplican en campos que van desde la física hasta la arquitectura y la ingeniería.

Un triángulo es una figura geométrica que consta de tres segmentos de línea que se encuentran en sus extremos. Cada uno de estos segmentos de línea se llama un "lado" del triángulo. La característica fundamental de un triángulo es que siempre tiene tres lados. Los lados de un triángulo se pueden identificar y etiquetar comúnmente como "a," "b," y "c." Estos son simplemente nombres que se utilizan para distinguir los lados del triángulo y permitirnos referirnos a ellos de manera clara.

Cuando se trabaja con triángulos, es común usar estas etiquetas para describir sus propiedades y relaciones. Por ejemplo, si estás calculando la longitud de los lados de un triángulo o aplicando teoremas trigonométricos, se utilizarán estas etiquetas para especificar qué lado estás midiendo o qué relación estás calculando.

En resumen, "a," "b," y "c" son etiquetas comunes que se usan para referirse a los tres lados de un triángulo, y son una parte esencial de la notación utilizada en la geometría para trabajar con triángulos y describir sus propiedades.

Tres Ángulos: Un triángulo también tiene tres ángulos, que se suelen denotar como ángulo A, ángulo B y ángulo C.

Suma de Ángulos: La suma de los tres ángulos de un triángulo siempre es igual a 180 grados. Esta propiedad se conoce como la "suma de los ángulos internos de un triángulo".

La propiedad de la suma de los ángulos internos de un triángulo es uno de los conceptos fundamentales en la geometría y se aplica a todos los triángulos. Esta propiedad establece que la suma de los tres ángulos interiores de un triángulo siempre es igual a 180 grados (o π radianes).

Esta propiedad es independiente del tipo de triángulo que estés considerando: ya sea un triángulo equilátero (donde los tres lados y los tres ángulos son iguales), un triángulo isósceles (donde al menos dos lados y dos ángulos son iguales), o un triángulo escaleno (donde todos los lados y ángulos son diferentes), la suma de los ángulos internos siempre será igual a 180 grados.

Esta propiedad es esencial en geometría y es una base para muchos teoremas y demostraciones geométricas. Además, permite entender la relación entre los ángulos interiores de un triángulo y se aplica en numerosos problemas geométricos y trigonométricos.

Clasificación por Lados: Los triángulos se pueden clasificar según la longitud de sus lados. Por ejemplo, un triángulo equilátero tiene todos sus lados de igual longitud, mientras que un triángulo escaleno tiene todos los lados de diferentes longitudes.

Triángulo Equilátero: Un triángulo equilátero es un tipo de triángulo en el que todos los lados tienen la misma longitud. Esto significa que los tres lados son iguales en longitud. Además, debido a que todos los lados son iguales, todos los ángulos interiores también son iguales, y cada ángulo interior mide 60 grados. Los triángulos equiláteros son un caso especial de triángulo isósceles y son especialmente simétricos.

Triángulo Isósceles: Un triángulo isósceles tiene al menos dos lados de igual longitud. Esto significa que dos de los tres lados son iguales, mientras que el tercer lado es de longitud diferente. En un triángulo isósceles, los ángulos opuestos a los lados iguales también son iguales entre sí.

Triángulo Escaleno: Un triángulo escaleno es aquel en el que los tres lados tienen longitudes diferentes. Ningún lado es igual a otro en longitud. Debido a que los lados son de diferentes longitudes, los ángulos interiores también tendrán diferentes medidas. Un triángulo escaleno es el tipo más general de triángulo.

Estas clasificaciones se basan en la longitud de los lados de un triángulo y son fundamentales en la geometría. Cada tipo de triángulo tiene propiedades y características específicas que se utilizan en el estudio de la geometría y en la resolución de problemas relacionados con triángulos en matemáticas y aplicaciones prácticas en diversas disciplinas.

Clasificación por Ángulos: Los triángulos también se pueden clasificar según la medida de sus ángulos. Por ejemplo, un triángulo rectángulo tiene un ángulo recto (90 grados), mientras que un triángulo obtuso tiene un ángulo mayor de 90 grados.

los triángulos también se pueden clasificar en función de la medida de sus ángulos, y esta clasificación es otra parte fundamental en la geometría.

Triángulo Rectángulo: Un triángulo rectángulo es un triángulo que tiene un ángulo recto, es decir, un ángulo de 90 grados. El lado opuesto al ángulo recto se llama hipotenusa, y los otros dos lados se denominan catetos. Los triángulos rectángulos son importantes en trigonometría y se utilizan en una variedad de aplicaciones, como cálculos de distancias, elevaciones y proyecciones.

Triángulo Agudo: Un triángulo agudo es un triángulo en el que todos los ángulos interiores son agudos, lo que significa que miden menos de 90 grados. En un triángulo agudo, los tres ángulos son agudos, lo que indica que los lados están "tirados hacia adentro".

Triángulo Obtuso: Un triángulo obtuso es un triángulo que tiene al menos un ángulo obtuso, es decir, un ángulo que mide más de 90 grados. Los otros dos ángulos son agudos. En un triángulo obtuso, uno o más lados están "abiertos hacia afuera" debido a los ángulos obtusos.

Estas clasificaciones se basan en la medida de los ángulos interiores de un triángulo y son fundamentales en la geometría y la trigonometría. Cada tipo de triángulo tiene propiedades y características específicas que se utilizan en el estudio de la geometría y en la resolución de problemas relacionados con triángulos en matemáticas y aplicaciones prácticas en diversas disciplinas.

Teorema de Pitágoras: En un triángulo rectángulo, el teorema de Pitágoras establece que el cuadrado de la longitud de la hipotenusa (el lado opuesto al ángulo recto) es igual a la suma de los cuadrados de las longitudes de los otros dos lados.

el Teorema de Pitágoras es uno de los resultados más fundamentales en la geometría y se aplica específicamente a los triángulos rectángulos, que son triángulos que tienen un ángulo de 90 grados (un ángulo recto). Este teorema establece lo siguiente:

En un triángulo rectángulo, la suma de los cuadrados de las longitudes de los dos catetos (los dos lados que forman el ángulo recto) es igual al cuadrado de la longitud de la hipotenusa (el lado opuesto al ángulo recto).

Este teorema es fundamental en trigonometría y se utiliza en una variedad de aplicaciones en geometría, matemáticas y física.

Cálculo de Longitudes: Puedes usar el Teorema de Pitágoras para encontrar la longitud de un lado desconocido en un triángulo rectángulo si conoces las longitudes de los otros dos lados.

Trigonometría: El teorema es fundamental en trigonometría, ya que permite definir y relacionar las funciones trigonométricas como el seno, el coseno y la tangente en términos de las longitudes de los lados de un triángulo rectángulo.

Geometría y Construcción: Se utiliza en la construcción y el diseño para garantizar ángulos rectos y calcular distancias.

Navegación: El Teorema de Pitágoras es esencial en navegación para determinar distancias en mapas y cartas náuticas.

Física: Se aplica en la física, especialmente en la cinemática y en problemas relacionados con la cinemática de partículas en movimiento.

En resumen, el Teorema de Pitágoras es una herramienta matemática esencial que se utiliza en numerosas aplicaciones prácticas y teóricas, y es una base importante en el estudio de la geometría y la trigonometría.

Los triángulos son la base de muchas áreas de la geometría y tienen aplicaciones en diversas disciplinas, desde la trigonometría y la geometría analítica hasta la física y la ingeniería. Son una parte fundamental de la matemática y se utilizan para modelar y resolver una amplia variedad de problemas en la ciencia y la tecnología.

11.Círculos: Figuras con todos los puntos a una distancia igual del centro

Un círculo es una figura geométrica que consiste en un conjunto de puntos en un plano que están a una distancia constante del centro del círculo. Esta distancia constante se llama radio del círculo y es representada por "r". El conjunto de todos los puntos a una distancia "r" del centro forma el borde o la circunferencia del círculo.

Algunas propiedades clave de los círculos incluyen:

Centro: El centro del círculo es un punto fijo en el plano desde el cual todas las distancias a la circunferencia son iguales. El centro se representa generalmente con la letra "O" en la notación geométrica.

Radio: El radio del círculo es la distancia desde el centro del círculo a cualquier punto de la circunferencia. Todos los puntos de la circunferencia están a la misma distancia "r" del centro.

Diámetro: El diámetro de un círculo es el doble del radio. Matemáticamente, se expresa como "2r". El diámetro es la distancia más larga que se puede medir dentro de un círculo, y siempre pasa por el centro.

Circunferencia: La circunferencia de un círculo es la longitud de la línea que forma el borde del círculo. La fórmula para calcular la circunferencia es C=2πr, donde "C" representa la circunferencia y "π" es la constante matemática pi, que es aproximadamente igual a 3.14159.

Área: El área de un círculo se calcula con la fórmula A=πr2, donde "A" representa el área del círculo. Esta fórmula relaciona el radio del círculo con su área.

Los círculos son fundamentales en geometría y tienen aplicaciones en muchas áreas, desde la geometría euclidiana y la trigonometría hasta la física, la ingeniería y la geometría analítica. Son especialmente útiles en la representación de figuras y objetos en geometría y en la resolución de problemas geométricos.

los círculos son una figura geométrica fundamental con una amplia gama de aplicaciones en diversas disciplinas. Aquí hay una descripción más detallada de cómo se utilizan los círculos en diferentes campos:

Geometría: En geometría euclidiana, los círculos se utilizan para definir conceptos como la circunferencia, el área y la longitud de arco. También son esenciales en la construcción de figuras geométricas y en la resolución de problemas relacionados con la posición relativa de puntos y líneas.

En geometría euclidiana, los círculos desempeñan un papel central y se utilizan para definir y explorar una serie de conceptos y propiedades geométricas.

Circunferencia: La circunferencia de un círculo es la línea que forma su borde exterior. En geometría euclidiana, se estudian propiedades de la circunferencia, como su longitud y su relación con el radio del círculo. La longitud de la circunferencia se calcula utilizando la fórmula $C=2\pi r$, donde "C" es la circunferencia y "r" es el radio del círculo.

Área del Círculo: La fórmula para calcular el área de un círculo en geometría euclidiana es $A=\pi r^2$, donde "A" representa el área y "r" es el radio. Esta fórmula es fundamental para determinar el espacio encerrado por la circunferencia de un círculo.

Construcción Geométrica: Los círculos son esenciales en la construcción de figuras geométricas. Se pueden utilizar para dibujar tangentes, crear ángulos rectos, dividir segmentos de líneas y trazar paralelas, entre otras construcciones geométricas.

Posición Relativa de Puntos y Líneas: Los círculos se utilizan para definir conceptos como el interior, el exterior y la frontera de un círculo, lo que es fundamental en la clasificación y descripción de regiones y ubicaciones en geometría euclidiana.

Intersección de Círculos: La intersección de dos o más círculos se utiliza en la resolución de problemas geométricos, como la determinación de puntos comunes o la ubicación de puntos de tangencia.

Propiedades de la Circunferencia: Las propiedades de la circunferencia, como el teorema de Thales y el teorema de los ángulos inscritos, son conceptos clave en la geometría euclidiana que se basan en la relación entre ángulos y segmentos de circunferencia.

La geometría euclidiana, que se basa en los postulados y axiomas de Euclides, utiliza círculos y sus propiedades como una parte esencial para la construcción de figuras, la medición de áreas y longitudes, y la resolución de problemas geométricos. Los círculos son una de las figuras geométricas más estudiadas y aplicadas en esta rama de las matemáticas.

Trigonometría: Los círculos unitarios, que son círculos con un radio de 1, se utilizan para definir las funciones trigonométricas, como el seno, el coseno y la tangente. Los ángulos en un círculo unitario se utilizan para medir y calcular las funciones trigonométricas de ángulos en la trigonometría.

Un círculo unitario es un círculo cuyo radio es igual a 1 unidad. Los puntos de la circunferencia de un círculo unitario están todos a una distancia de 1 unidad desde el centro del círculo.

Ángulos en el Círculo Unitario: Para relacionar la trigonometría con el círculo unitario, se toma un ángulo central en el círculo unitario. La magnitud de este ángulo se mide en radianes, donde un ángulo completo (una vuelta completa alrededor del círculo) es igual a 2π radianes. Un ángulo de 1 radian en un círculo unitario subtenderá un arco en la circunferencia de longitud igual a la longitud del radio, que es 11.

Funciones Trigonométricas: Las funciones trigonométricas, como el seno, el coseno y la tangente, se definen en relación con los ángulos en el círculo unitario. Para un ángulo en el círculo unitario, el seno del ángulo es igual a la coordenada y del punto en la circunferencia unitaria en la que el ángulo toca la circunferencia, el coseno es igual a la coordenada x, y la tangente es igual a la razón entre el seno y el coseno.

Relación con Triángulos Rectángulos: La relación entre el círculo unitario y la trigonometría también se extiende a triángulos rectángulos. Los valores de las funciones trigonométricas en el círculo unitario se pueden utilizar para calcular longitudes de lados y ángulos en triángulos rectángulos.

Identidades Trigonométricas: El estudio de las funciones trigonométricas en el círculo unitario lleva al desarrollo de identidades trigonométricas, que son ecuaciones que relacionan estas funciones y que son esenciales en la resolución de ecuaciones y problemas trigonométricos.

El uso del círculo unitario proporciona una base geométrica sólida para entender las funciones trigonométricas y su relación con los ángulos. Es una herramienta poderosa para calcular y modelar fenómenos periódicos y oscilatorios en matemáticas, física, ingeniería y otras disciplinas.

Física: Los círculos se encuentran en muchas aplicaciones físicas, desde el movimiento de partículas en trayectorias circulares hasta la descripción de ondas y movimientos oscilatorios. También son esenciales en campos como la mecánica y la dinámica de fluidos.

Los círculos son fundamentales en la física y desempeñan un papel crucial en la descripción y el análisis de una amplia variedad de fenómenos físicos.

Cinemática: Los círculos son fundamentales en la cinemática, que es la rama de la física que estudia el movimiento de objetos. El movimiento circular, en el que un objeto se desplaza en una trayectoria circular, se modela utilizando conceptos relacionados con los círculos. Esto incluye la velocidad angular, la aceleración centrípeta y la frecuencia.

Dinámica: En la dinámica, que se ocupa de las fuerzas y el movimiento de los objetos, los círculos son esenciales para entender el movimiento de objetos en trayectorias curvas. La fuerza centrífuga, que actúa hacia afuera desde el centro de un círculo, es fundamental para mantener objetos en movimiento en una trayectoria circular.

Movimiento Ondulatorio: Los círculos se utilizan para describir las ondas senoidales, que son fundamentales en la descripción de ondas en física. Estas ondas tienen forma de círculo y se utilizan para modelar fenómenos como ondas sonoras, ondas electromagnéticas y oscilaciones en general.

Óptica: Los círculos se utilizan en la óptica para describir la reflexión y la refracción de la luz en superficies curvas, como lentes y espejos. Los espejos esféricos y las lentes son ejemplos de superficies que siguen patrones circulares.

Mecánica Celeste: En la mecánica celeste, que se ocupa del movimiento de cuerpos celestes, los círculos son utilizados para describir las órbitas de planetas, satélites y cometas alrededor de estrellas u otros cuerpos masivos.

Dinámica de Fluidos: En la dinámica de fluidos, que se ocupa del movimiento de líquidos y gases, se utilizan círculos para describir y modelar flujos alrededor de cuerpos sólidos, como perfiles de alas en aeronaves.

Electrodinámica: En la electrodinámica, que se ocupa de la electricidad y el magnetismo, los círculos son utilizados para describir las trayectorias de partículas cargadas en campos magnéticos, como en el ciclotrón, un acelerador de partículas.

Los conceptos relacionados con los círculos y las trayectorias circulares son fundamentales para entender y predecir una amplia gama de fenómenos físicos en el mundo natural. Desde el movimiento de planetas hasta la descripción de ondas y el diseño de sistemas tecnológicos, los círculos y sus propiedades son esenciales en la física y la ingeniería.

Ingeniería: Los círculos se utilizan en la ingeniería para diseñar y analizar componentes y sistemas mecánicos, así como en la fabricación de piezas y maquinaria que involucra movimientos circulares.

Los círculos son una herramienta esencial en la ingeniería y desempeñan un papel crítico en una amplia variedad de aplicaciones y campos de la ingeniería.

Diseño Mecánico: En la ingeniería mecánica, los círculos se utilizan para diseñar componentes y sistemas que involucran movimientos circulares. Esto incluye la creación de ejes, cojinetes, engranajes y ruedas dentadas, que son componentes comunes en maquinaria y dispositivos mecánicos.

Análisis de Esfuerzos: Los círculos se utilizan en el análisis de esfuerzos y deformaciones en componentes mecánicos. Los esfuerzos en piezas circulares, como discos y cilindros, se pueden analizar para garantizar que sean capaces de soportar las cargas y fuerzas a las que estarán expuestos.

Diseño de Ruedas y Neumáticos: La forma circular de las ruedas y neumáticos es crucial en el diseño de vehículos terrestres, como automóviles y bicicletas, así como en vehículos aéreos y espaciales. El diseño adecuado de ruedas y neumáticos es fundamental para la estabilidad y el rendimiento.

Fabricación de Piezas: En la fabricación, los círculos se utilizan para mecanizar y producir piezas con formas circulares, como engranajes y piezas de rodamiento. La precisión en la fabricación es esencial para garantizar el funcionamiento correcto de maquinaria y sistemas.

Dinámica de Máquinas: En la dinámica de máquinas, los círculos se aplican al estudio del movimiento y las vibraciones en maquinaria y sistemas mecánicos. Esto es importante para garantizar que los sistemas funcionen de manera estable y segura.

Ingeniería Aeroespacial: En la ingeniería aeroespacial, los círculos se utilizan en la construcción de componentes y estructuras, como las alas de aeronaves y los motores de cohetes. La forma y la disposición de componentes circulares son críticas en la aerodinámica y la propulsión.

Ingeniería Electrónica: Los círculos también se utilizan en la ingeniería electrónica en la creación de circuitos impresos y placas de circuitos, que a menudo tienen forma circular. Esto es fundamental en la electrónica, donde el diseño eficiente de placas de circuito es esencial.

En resumen, los círculos son una herramienta esencial en la ingeniería mecánica, civil, aeroespacial, electrónica y muchas otras disciplinas. Se utilizan en el diseño, análisis y fabricación de componentes y sistemas, así como en la creación de estructuras y dispositivos que involucran movimientos circulares. La comprensión y aplicación de conceptos relacionados con los círculos son cruciales para el éxito en la ingeniería.

Geometría Analítica: En la geometría analítica, los círculos se describen mediante ecuaciones matemáticas que relacionan las coordenadas de sus puntos. Esto permite analizar y resolver problemas geométricos utilizando álgebra y cálculo.

En efecto, la geometría analítica es una rama de la matemática que combina la geometría clásica con el álgebra y el cálculo, y permite describir figuras geométricas, incluyendo círculos, mediante ecuaciones matemáticas. En el caso de los círculos, la descripción mediante ecuaciones proporciona una forma precisa de representar y analizar su posición y propiedades en un sistema de coordenadas.

Análisis de Intersecciones: Las ecuaciones de círculos se utilizan para analizar intersecciones y relaciones entre círculos y otras figuras geométricas, como líneas rectas. Por ejemplo, dos círculos pueden ser tangentes entre sí o pueden cortarse en dos puntos.

Resolución de Problemas Geométricos: La geometría analítica permite resolver problemas geométricos relacionados con círculos, como encontrar el punto de intersección entre una línea y un círculo, determinar si un punto está dentro o fuera de un círculo, o encontrar la ecuación de una circunferencia que pase por tres puntos dados.

Transformaciones Geométricas: Las transformaciones geométricas, como la traslación, la rotación y la reflexión, se pueden describir y analizar mediante ecuaciones en la geometría analítica. Estas transformaciones pueden aplicarse a círculos para modificar su posición y orientación.

Estudio de Propiedades Geométricas: La geometría analítica también se utiliza para estudiar propiedades geométricas de círculos, como su diámetro, su circunferencia, su área y la posición relativa de varios círculos en un plano.

La geometría analítica proporciona una herramienta poderosa para abordar problemas geométricos de manera algebraica, lo que facilita la resolución de ecuaciones y la manipulación de variables en contextos geométricos. Esto es valioso en matemáticas y aplicaciones prácticas en ingeniería, física, y otros campos donde se requiere un análisis geométrico preciso y riguroso.

Informática Gráfica: Los círculos se utilizan en la representación de gráficos por computadora y en el diseño de objetos en modelos tridimensionales, ya que son fundamentales en la creación de curvas y superficies suaves.

Los círculos y las curvas relacionadas son componentes fundamentales en el campo de la informática gráfica. La representación y manipulación de círculos, así como la creación de curvas y superficies suaves, son esenciales para la generación de gráficos por computadora y el diseño de objetos en modelos tridimensionales.

Dibujo de Círculos y Arcos: En aplicaciones de gráficos por computadora, se utilizan algoritmos para dibujar círculos y arcos de círculo con precisión en pantallas o superficies. Estos algoritmos garantizan que los círculos se representen de manera suave y visualmente precisa.

Modelado de Objetos y Superficies: En la creación de modelos tridimensionales, los círculos y curvas relacionadas se utilizan para diseñar objetos y superficies suaves. Por ejemplo, se pueden utilizar para crear perfiles de objetos tridimensionales o para definir contornos en modelado de personajes y objetos.

Animación: Los círculos y las curvas se utilizan en animación por computadora para definir trayectorias de movimiento. Las curvas de Bézier y las splines son especialmente populares para describir movimientos suaves en animaciones.

Detección de Colisiones: Los círculos se utilizan en algoritmos de detección de colisiones en videojuegos y simulaciones para determinar si dos objetos en movimiento se intersectan. Esta información es crucial para la interacción y la física en tiempo real.

Renderización de Superficies Curvas: En la renderización, se utilizan técnicas de renderización de superficies curvas, como las superficies NURBS (Non-Uniform Rational B-Splines), que son útiles para representar objetos con superficies suaves y complejas.

Diseño Gráfico y CAD: En diseño gráfico y diseño asistido por computadora (CAD), los círculos y las curvas se emplean para crear ilustraciones, logotipos, planos y diseños detallados. La precisión en la representación de curvas es fundamental en estos contextos.

Edición de Imágenes: En aplicaciones de edición de imágenes, se utilizan herramientas que permiten editar y manipular curvas y selecciones. Estas herramientas pueden ser útiles para trazar formas circulares o aplicar efectos en imágenes.

En resumen, los círculos y las curvas son componentes esenciales en la informática gráfica, y se aplican en una variedad de contextos, desde el dibujo y modelado de objetos hasta la animación y la renderización. La capacidad de representar curvas suaves y precisas es crucial para lograr resultados visuales realistas y atractivos en aplicaciones de gráficos por computadora.

Topografía: Los círculos se utilizan en la topografía para describir y medir curvas de nivel en mapas topográficos y en la determinación de elevaciones y pendientes en terrenos.

En topografía, la representación y el análisis de círculos y curvas relacionadas son fundamentales para la descripción detallada de la superficie de la Tierra. Esto se logra mediante el uso de curvas de nivel en mapas topográficos.

Curvas de Nivel: Las curvas de nivel son líneas en un mapa topográfico que conectan puntos con la misma elevación sobre el nivel del mar. Estas curvas se asemejan a círculos concéntricos y se utilizan para representar la forma tridimensional del terreno en un plano bidimensional. Las curvas de nivel permiten a los topógrafos y cartógrafos mostrar la elevación y la pendiente del terreno de manera efectiva.

Medición de Elevaciones: La elevación de un punto en el terreno se puede determinar al seguir una curva de nivel hasta el punto de intersección con una línea de elevación conocida (a menudo llamada "contorno de referencia"). Este método de medición de elevación es esencial en topografía y en la cartografía.

Cálculo de Pendientes: Las pendientes en el terreno se calculan a partir de la distancia horizontal entre las curvas de nivel y la diferencia de elevación entre ellas. Esto es útil para comprender la inclinación del terreno y su importancia en la planificación de proyectos, como carreteras, ferrocarriles y represas.

Diseño de Infraestructura: Los ingenieros y planificadores utilizan mapas topográficos con curvas de nivel para diseñar proyectos de infraestructura. La representación precisa del terreno es esencial para garantizar que las construcciones se adapten al paisaje y se construyan de manera segura y efectiva.

Navegación y Orientación: Los mapas topográficos son esenciales para la navegación terrestre y la orientación al aire libre. Las curvas de nivel proporcionan información detallada sobre la topografía y permiten a los excursionistas, geólogos y profesionales de actividades al aire libre entender mejor la geografía de un área.

Estudios Geológicos y Ambientales: Los círculos y las curvas de nivel son herramientas valiosas en estudios geológicos y ambientales. Permiten a los científicos e investigadores caracterizar y analizar el terreno y su impacto en la geología y el medio ambiente.

Gestión de Recursos Naturales: Los mapas topográficos y las curvas de nivel se utilizan en la gestión de recursos naturales, como la planificación de uso de la tierra, la gestión forestal y la evaluación de áreas propensas a inundaciones.

En resumen, en topografía, los círculos se utilizan a través de las curvas de nivel para proporcionar una representación detallada de la topografía de la Tierra. Esto es fundamental para una variedad de aplicaciones, desde la planificación de proyectos de construcción hasta la navegación al aire libre y la gestión de recursos naturales.

Navegación: En navegación, los círculos se utilizan para calcular distancias en mapas y para determinar la ubicación y la dirección en la navegación marítima y aérea.

La utilización de círculos en la navegación es una práctica común y fundamental para la determinación de la ubicación, la dirección y el cálculo de distancias en la navegación marítima, aérea y terrestre.

Círculos de Longitud y Latitud: La red de líneas de longitud y latitud que cubre la superficie de la Tierra forma una especie de cuadrícula con círculos. Los círculos de latitud son paralelos al ecuador y los círculos de longitud son semicírculos que van desde el Polo Norte hasta el Polo Sur. La intersección de estos círculos proporciona coordenadas geográficas que se utilizan para identificar ubicaciones en la Tierra.

Determinación de la Posición: Los navegantes utilizan los círculos de longitud y latitud para determinar su posición en el mar o en el aire. Esto se hace mediante la observación de la posición del sol, las estrellas o satélites de navegación como el GPS. Al comparar las coordenadas observadas con las registradas en mapas y sistemas de navegación, se puede determinar la ubicación exacta.

Cálculo de Distancias: Los círculos también se utilizan para calcular distancias en mapas, especialmente en navegación marítima. La distancia entre dos puntos en la superficie de la Tierra se puede determinar utilizando círculos de longitud y latitud y aplicando fórmulas trigonométricas.

Navegación Celestial: En navegación marítima y aérea, la posición se puede determinar mediante observaciones de cuerpos celestes, como el Sol, la Luna, los planetas y las estrellas. Estas observaciones se realizan en relación con la posición del observador en la Tierra, utilizando círculos de longitud y latitud.

Compás y Rumbos: Los navegantes utilizan brújulas para determinar direcciones y rumbos. Los círculos de un compás se utilizan para medir la dirección en grados en relación con los puntos cardinales. Esta información es crucial para mantener el rumbo correcto durante un viaje.

Planificación de Rutas: Los círculos y la información sobre la posición se utilizan en la planificación de rutas en navegación. Los navegantes trazan rutas en mapas, teniendo en cuenta la ubicación de obstáculos, condiciones climáticas y otros factores que puedan afectar la navegación.

Navegación Electrónica: En la navegación moderna, se utilizan sistemas de navegación electrónica, como el GPS, que se basan en satélites para proporcionar coordenadas precisas y determinar la posición y la dirección.

Los círculos son una parte esencial de la navegación y proporcionan la base para determinar la ubicación, la dirección y la distancia en entornos terrestres, marítimos y aéreos. La habilidad de los navegantes para comprender y aplicar conceptos relacionados con los círculos es fundamental para la navegación segura y efectiva.

Los círculos son una figura geométrica versátil que se aplica en una amplia variedad de disciplinas y campos, desde las matemáticas puras hasta la física, la ingeniería y la informática. Su simplicidad y propiedades matemáticas los hacen herramientas fundamentales en la resolución de problemas geométricos y en la representación de fenómenos que involucran movimientos y relaciones circulares.

Los círculos son fundamentales en geometría y tienen aplicaciones en muchas áreas, desde la geometría euclidiana y la trigonometría hasta la física, la ingeniería y la geometría analítica. Son especialmente útiles en la representación de figuras y objetos en geometría y en la resolución de problemas geométricos.

12.Área: La cantidad de espacio dentro de una figura, como un cuadrado o un círculo.

El área es una medida que cuantifica la cantidad de espacio bidimensional que ocupa una figura en un plano. El concepto de área se aplica a una amplia variedad de figuras geométricas, como cuadrados, círculos, triángulos, rectángulos, polígonos y otras formas. La unidad de medida de área suele estar relacionada con la unidad de medida de longitud, pero elevada al cuadrado (por ejemplo, metros cuadrados, centímetros cuadrados o acres).

Área del Cuadrado: El área de un cuadrado se calcula multiplicando la longitud de uno de sus lados por sí misma. En notación matemática, si l es la longitud de un lado del cuadrado, entonces el área A se expresa como $A=l^2$.

Área del Rectángulo: El área de un rectángulo se calcula multiplicando la longitud de uno de sus lados (base) por la longitud del otro lado (altura). Matemáticamente, si b es la base y h es la altura, entonces el área A se expresa como $A=b\cdot h$.

Área del Triángulo: El área de un triángulo se calcula multiplicando la longitud de la base por la altura y dividiendo el resultado entre 2. Matemáticamente, si b es la base y h es la altura, entonces el área A se expresa como $A=\frac{1}{2}\cdot b\cdot h$.

Área del Círculo: El área de un círculo se calcula utilizando la fórmula $A=\pi r^2$, donde π (pi) es una constante que representa la relación entre la circunferencia de un círculo y su diámetro, y r es el radio del círculo.

Área de Figuras Irregulares: Para figuras con formas irregulares, como polígonos, se pueden dividir en partes más simples (triángulos, rectángulos, etc.) y luego sumar las áreas de estas partes para encontrar el área total de la figura.

Aplicaciones Prácticas: El cálculo del área se aplica en una variedad de contextos, desde la construcción y la arquitectura, donde se calcula el área de superficies y terrenos, hasta la geometría computacional, donde se determina el área de figuras en entornos digitales. También es fundamental en campos como la física, donde se mide el área de superficies y regiones en cálculos de densidad y flujo.

El cálculo del área tiene una amplia gama de aplicaciones prácticas en diversos campos. A continuación, se detallan algunas de las áreas donde el cálculo del área es fundamental:

Construcción y Arquitectura: En la construcción y la arquitectura, se calcula el área de superficies, como paredes, techos y suelos, para determinar la cantidad de materiales necesarios. El área también se utiliza en la planificación y el diseño de edificios y estructuras.

En la construcción y arquitectura, el cálculo del área desempeña un papel fundamental en diversas etapas del proceso, desde la planificación y el diseño hasta la estimación de materiales y costos.

Diseño y Planificación: En la fase de diseño de un edificio o estructura, el cálculo del área es esencial para determinar la distribución de espacios, la ubicación de habitaciones, la disposición de muebles y la optimización del diseño general. Los arquitectos utilizan el área para definir la funcionalidad de un espacio y crear planos detallados.

Estimación de Materiales: Una vez que se ha diseñado un proyecto, se necesita calcular el área de las superficies involucradas, como paredes, techos y suelos. Esto es fundamental para determinar la cantidad de materiales necesarios, como ladrillos, bloques, madera, paneles de yeso, azulejos o pisos. El cálculo preciso del área garantiza que se adquieran los materiales en la cantidad correcta, evitando desperdicio y costos innecesarios.

Costos y Presupuesto: El área también se utiliza en la estimación de costos y presupuestos de construcción. El costo de los materiales y la mano de obra se relaciona directamente con el área a cubrir. Los contratistas y empresas de construcción utilizan el cálculo del área para determinar el presupuesto y el alcance de un proyecto.

Cálculo de Superficie de Pintura: En proyectos de pintura, ya sea en interiores o exteriores, se calcula el área de las superficies a pintar. Esto permite determinar la cantidad de pintura necesaria para lograr una cobertura adecuada y un acabado uniforme.

Planificación de Revestimientos: En la selección de revestimientos, como azulejos, papel tapiz o pisos, el área de las superficies influye en la cantidad de material que se debe comprar. El cálculo del área es importante para asegurarse de que se adquieran suficientes revestimientos y para evitar la falta o el exceso de material.

Cumplimiento de Códigos y Regulaciones: Los códigos de construcción y regulaciones suelen especificar requisitos relacionados con el área, como la altura y el espacio mínimo permitido en edificios. Los arquitectos y constructores deben cumplir con estos estándares para garantizar la seguridad y el cumplimiento normativo.

Optimización de Espacios: El cálculo del área también se utiliza para optimizar el uso de espacios en proyectos residenciales y comerciales. Se busca maximizar el espacio disponible y garantizar una distribución eficiente.

Renovación y Ampliación: En proyectos de renovación y ampliación, el cálculo del área es esencial para determinar las modificaciones necesarias y el ajuste a las estructuras existentes. También se utiliza para estimar los costos y la planificación del proyecto.

En resumen, el cálculo del área desempeña un papel crucial en la construcción y arquitectura, ya que afecta directamente al diseño, la estimación de materiales, los costos y la planificación de proyectos. La precisión en el cálculo del área es esencial para el éxito de un proyecto de construcción y para garantizar que se utilicen recursos de manera eficiente.

Topografía y Cartografía: En topografía, se calcula el área de terrenos y regiones en mapas topográficos. Las curvas de nivel se utilizan para medir áreas de terreno y calcular distancias en mapas.

En topografía y cartografía, el cálculo del área desempeña un papel crucial en la representación precisa de la superficie terrestre y la creación de mapas topográficos. Las curvas de nivel y otras técnicas se utilizan para medir áreas de terreno y calcular distancias en mapas.

Curvas de Nivel: Las curvas de nivel son líneas que conectan puntos del terreno con la misma elevación sobre el nivel del mar. Estas líneas se representan en mapas topográficos y son esenciales para visualizar la topografía de una región. Cada curva de nivel se etiqueta con su elevación en metros o pies. La distancia entre las curvas de nivel indica la pendiente del terreno: cuanto más juntas estén las curvas, más empinado es el terreno.

Cálculo de Áreas: Para calcular el área de una región en un mapa topográfico, se utilizan las curvas de nivel. Una vez que se ha determinado la elevación de las curvas que delimitan el área de interés, se puede utilizar el cálculo del área para medir la extensión del terreno en cuestión. Esto es importante en la topografía y cartografía para cuantificar áreas de terrenos, cuencas hidrográficas, parcelas, zonas geográficas y más.

Cálculo de Distancias: Además del área, las curvas de nivel también se utilizan para calcular distancias en un mapa topográfico. Dado que cada curva de nivel se relaciona con una elevación específica, es posible medir distancias verticales y horizontales con precisión. Esto es crucial para la planificación y la navegación en terrenos montañosos y accidentados.

Estudios Geodésicos: La topografía se basa en mediciones precisas de la Tierra. Los topógrafos utilizan sistemas de coordenadas geodésicas y técnicas avanzadas para realizar mediciones exactas y determinar áreas con alta precisión. Esto es esencial en proyectos de ingeniería, planificación urbana, construcción de infraestructura y más.

Cartografía de Elevación: Las áreas calculadas y las mediciones topográficas se utilizan para crear mapas de elevación, que muestran la topografía detallada de un área. Estos mapas son valiosos para planificar rutas de senderismo, realizar estudios de impacto ambiental, analizar zonas propensas a inundaciones y más.

Planificación de Proyectos: Tanto en la topografía como en la cartografía, el cálculo del área y la medición de distancias son fundamentales para la planificación de proyectos. Los ingenieros, urbanistas y diseñadores de infraestructura utilizan mapas topográficos para evaluar la viabilidad de proyectos y comprender el terreno en el que trabajarán.

Estudios Ambientales: En la cartografía y la topografía ambiental, se utilizan mediciones de áreas y distancias para realizar análisis de impacto ambiental, estudios de uso de la tierra y seguimiento de cambios en el paisaje.

El cálculo del área y las mediciones topográficas son esenciales en la topografía y la cartografía para comprender y representar la superficie de la Tierra con precisión. Estas técnicas son valiosas para una amplia gama de aplicaciones, desde la planificación de proyectos de construcción hasta la gestión ambiental y la navegación en terrenos diversos.

Geometría Computacional: En la geometría computacional, se determina el área de figuras geométricas en entornos digitales. Esto es esencial en gráficos por computadora, procesamiento de imágenes y diseño asistido por computadora (CAD).

En geometría computacional, el cálculo del área desempeña un papel crucial en la representación y el análisis de figuras geométricas en entornos digitales. Esto es fundamental en campos como la informática gráfica, el procesamiento de imágenes y el diseño asistido por computadora (CAD).

Informática Gráfica: El cálculo del área es esencial en la creación y renderización de gráficos por computadora. Se utiliza para determinar el área de superficies, como polígonos y mallas tridimensionales, que forman modelos 3D. Esto es crucial para la generación de imágenes realistas en videojuegos, películas y aplicaciones de modelado 3D.

Procesamiento de Imágenes: En el procesamiento de imágenes, se utiliza el cálculo del área para medir regiones de interés en una imagen digital. Esto es útil en aplicaciones como la segmentación de objetos, la detección de bordes y la medición de áreas de regiones específicas en una imagen.

Diseño Asistido por Computadora (CAD): En el diseño asistido por computadora, los ingenieros y diseñadores utilizan software CAD para crear modelos de productos y estructuras. El cálculo del área se utiliza para determinar áreas de secciones transversales, superficies y componentes de los diseños.

Geometría Computacional en Robótica: En robótica, la geometría computacional se aplica para determinar áreas de zonas de trabajo de robots y planificar rutas. El cálculo del área se utiliza para evaluar la accesibilidad y la colisión en el espacio tridimensional.

Visualización de Datos Geoespaciales: En sistemas de información geográfica (SIG) y visualización de datos geoespaciales, se utiliza el cálculo del área para medir áreas de parcelas de tierra, regiones geográficas y límites políticos en mapas digitales.

Modelado de Terreno: En aplicaciones de modelado de terreno, como la creación de modelos digitales de elevación (MDE), se utilizan técnicas de cálculo de área para medir la extensión de características geográficas, como cuencas hidrográficas, montañas y valles.

Simulaciones Científicas: En simulaciones científicas, el cálculo del área se utiliza para analizar y medir áreas de regiones de interés en datos científicos. Esto es aplicable en campos como la meteorología, la oceanografía y la física de partículas.

Análisis de Datos y Estadísticas: En análisis de datos y estadísticas, el cálculo del área es útil para medir áreas bajo curvas en gráficos, lo que proporciona información sobre la distribución y la relación entre variables.

Reconocimiento de Objetos y Visión por Computadora: En el campo de la visión por computadora, el cálculo del área se utiliza en aplicaciones como el reconocimiento de objetos y la detección de áreas de interés en imágenes y videos.

El cálculo del área en geometría computacional permite medir y analizar figuras geométricas en entornos digitales, lo que es esencial en numerosas aplicaciones, desde la creación de gráficos y modelado 3D hasta el procesamiento de imágenes y la simulación en diversos campos científicos y tecnológicos.

Física: En la física, se mide el área en contextos como cálculos de densidad, flujo de campo y distribución de fuerza. El área es una variable importante en ecuaciones físicas que involucran superficies y regiones.

En el campo de la física, el cálculo del área es fundamental en una variedad de contextos y aplicaciones para entender y cuantificar propiedades de superficies y regiones.

Densidad: El cálculo del área se utiliza para determinar la densidad superficial de un objeto o sustancia. La densidad superficial es la masa por unidad de área y se aplica, por ejemplo, en la geofísica para estudiar la densidad de rocas y minerales en la Tierra.

Flujo de Campo: En física, especialmente en electrostática y magnetismo, el teorema de Gauss se basa en el cálculo del flujo de un campo a través de una superficie cerrada. El cálculo del área de la superficie es esencial para determinar el flujo del campo eléctrico o magnético a través de esa superficie. Este teorema es fundamental para comprender el comportamiento de cargas eléctricas y campos magnéticos.

Distribución de Fuerza: En la mecánica y la dinámica, el cálculo del área se utiliza para analizar la distribución de fuerzas sobre una superficie. Por ejemplo, en ingeniería estructural, se pueden calcular las tensiones en una estructura al medir la distribución de fuerza a lo largo de una superficie.

Óptica: En óptica, el cálculo del área es relevante para determinar la cantidad de luz que incide en una superficie y la intensidad de la radiación luminosa en un área específica. Esto es importante en la iluminación, la óptica de lentes y la descripción de sistemas ópticos.

Termodinámica: En termodinámica, el cálculo del área también es relevante, especialmente cuando se trabaja con diagramas de propiedades, como el diagrama de fases de un fluido. El área bajo una curva en estos diagramas proporciona información sobre propiedades termodinámicas, como la entalpía o la entropía.

Mecánica de Fluidos: En la mecánica de fluidos, el cálculo del área es utilizado para analizar la velocidad del flujo a través de una superficie. Esto es crucial en aplicaciones como la aerodinámica, la hidrodinámica y el diseño de conductos y tuberías.

Radiación Solar: En estudios de radiación solar, como en la energía solar fotovoltaica, se calcula el área para determinar la cantidad de energía que puede ser capturada por paneles solares en función de su superficie.

Distribución de Carga Eléctrica: El cálculo del área se aplica en problemas de distribución de carga eléctrica en placas y condensadores, donde se mide el área de las placas para determinar la capacidad eléctrica.

El cálculo del área en la física permite cuantificar propiedades que son esenciales para comprender y predecir el comportamiento de sistemas físicos en una variedad de disciplinas, desde la termodinámica hasta la óptica y la electrónica. El área se utiliza para analizar la relación entre propiedades superficiales y propiedades físicas en aplicaciones científicas y tecnológicas.

Ingeniería Civil: En la ingeniería civil, el cálculo del área es esencial para el diseño de infraestructura, como carreteras, puentes y represas. Se utiliza en la planificación de tierras y el análisis de impacto ambiental.

La ingeniería civil es un campo en el que el cálculo del área juega un papel esencial en la planificación, el diseño y la construcción de una amplia gama de proyectos de infraestructura.

Diseño de Carreteras y Calles: En la planificación y el diseño de carreteras y calles, el cálculo del área se utiliza para determinar la cantidad de tierra que debe excavarse o rellenarse para nivelar el terreno. El cálculo del área también es esencial para diseñar las secciones transversales de las vías y determinar el ancho de las carreteras y aceras.

Diseño de Puentes: En la ingeniería de puentes, el cálculo del área se aplica para diseñar las pilas y estribos de los puentes, así como para determinar la cantidad de materiales necesarios para su construcción. También se utiliza en el análisis de las cargas y tensiones en la estructura de los puentes.

Represas y Obras Hidráulicas: En la construcción de represas y obras hidráulicas, el cálculo del área es fundamental para determinar la capacidad de almacenamiento de agua y evaluar la distribución de presión en las estructuras. También se utiliza en el diseño de canales y diques.

Planificación de Desarrollos Urbanos: En la planificación de desarrollos urbanos y proyectos de construcción de edificios, el cálculo del área se aplica para determinar la superficie total del terreno disponible y para calcular las áreas de parcelas y lotes. Esto es importante en la subdivisión de terrenos y la zonificación urbana.

Gestión de Recursos Naturales: El cálculo del área se utiliza en la gestión de recursos naturales, como la evaluación de tierras agrícolas, la planificación forestal y la identificación de áreas de conservación. Permite cuantificar áreas de uso específico y evaluar la distribución de recursos.

Análisis de Impacto Ambiental: En proyectos de ingeniería civil, se realiza un análisis de impacto ambiental para evaluar el efecto de las obras en el entorno natural. El cálculo del área es fundamental para medir el impacto sobre áreas verdes, cuerpos de agua y zonas ecológicamente sensibles.

Topografía y Nivelación: La topografía y la nivelación son técnicas que utilizan mediciones de áreas para determinar elevaciones y perfiles de terreno. Esto es esencial en la ingeniería civil para garantizar la seguridad y la estabilidad de las estructuras y carreteras.

Determinación de Volumen: El cálculo del área es un paso previo para calcular volúmenes de tierra movida en proyectos de construcción, como excavaciones o terraplenado. Esta información es importante para la estimación de costos y la programación de proyectos.

Evaluación de Cargas: El cálculo del área también se utiliza en la evaluación de cargas en estructuras y fundaciones. Determinar el área de contacto entre una estructura y el terreno es fundamental para predecir las tensiones y la respuesta estructural.

En resumen, el cálculo del área es una herramienta esencial en la ingeniería civil para el diseño, la planificación y la construcción de proyectos de infraestructura. Permite evaluar las dimensiones de terrenos, estructuras y elementos de construcción, así como cuantificar recursos y evaluar el impacto ambiental, lo que es crucial para la gestión eficiente de proyectos y la creación de entornos seguros y sostenibles.

Agricultura y Silvicultura: En agricultura y silvicultura, se mide el área de campos, bosques y parcelas para gestionar recursos, calcular rendimientos y planificar la plantación.

En agricultura y silvicultura, el cálculo del área desempeña un papel esencial en la gestión de recursos naturales y la planificación de actividades. Aquí se describen algunas de las aplicaciones clave del cálculo del área en estos campos:

Agricultura:

Gestión de Cultivos: Los agricultores utilizan el cálculo del área para determinar el tamaño de los campos de cultivo. Esto es importante para planificar la cantidad de semillas, fertilizantes y otros insumos necesarios. También permite estimar la producción esperada.

Riego y Fertilización: El cálculo del área es esencial para determinar la cantidad de agua de riego y fertilizantes necesarios para cubrir un campo de cultivo de manera uniforme. La eficiencia en el uso de recursos es clave para la agricultura sostenible.

Diversificación de Cultivos: Los agricultores pueden utilizar el cálculo del área para planificar la diversificación de cultivos en sus terrenos. Esto contribuye a la rotación de cultivos, que puede mejorar la salud del suelo y prevenir enfermedades.

Control de Plagas y Enfermedades: El cálculo del área también es útil en la identificación de áreas afectadas por plagas o enfermedades. Permite delimitar zonas de tratamiento y seguimiento.

Planificación de Cosechas: El cálculo del área es esencial para planificar la cosecha y determinar cuándo es el momento adecuado para la recolección de cultivos.

Silvicultura (Gestión Forestal):

Inventario Forestal: Los profesionales de silvicultura utilizan el cálculo del área para medir la extensión de bosques y parcelas forestales. Esto es esencial para el inventario de recursos maderables y la planificación de su explotación sostenible.

Planificación de Tala: El cálculo del área es crucial en la planificación de la tala de árboles. Permite estimar la cantidad de madera disponible y garantizar que se cumplan las regulaciones de manejo forestal sostenible.

Reforestación: Para proyectos de reforestación o plantación de árboles, el cálculo del área es importante para determinar la cantidad de árboles necesarios y para distribuirlos de manera uniforme en una parcela.

Estudios de Biodiversidad: El cálculo del área también se utiliza en estudios de biodiversidad para definir áreas de investigación y conservación en bosques y ecosistemas naturales.

Evaluación de Impacto Ambiental: En la silvicultura, el cálculo del área es relevante en la evaluación de impacto ambiental de actividades como la construcción de carreteras forestales o proyectos de explotación de recursos.

Determinación de Rendimientos: En ambos campos, el cálculo del área es fundamental para determinar los rendimientos, ya sea la producción agrícola por hectárea o la cantidad de madera por acre.

El cálculo del área es una herramienta esencial en agricultura y silvicultura para planificar y gestionar eficazmente recursos naturales, optimizar la producción y garantizar prácticas sostenibles que respeten el medio ambiente y la biodiversidad.

Biología: En biología, se calcula el área de regiones geográficas para el estudio de hábitats y ecosistemas. El área es una variable importante en la ecología y en la gestión de recursos naturales.

En biología, el cálculo del área es una herramienta valiosa para comprender y estudiar ecosistemas, hábitats y la distribución de especies.

Ecología y Estudio de Hábitats: Los ecólogos utilizan el cálculo del área para definir y medir hábitats y ecosistemas. Esto permite cuantificar la extensión de un área de estudio, lo que es fundamental para analizar la distribución de especies, la biodiversidad y las interacciones entre organismos y su entorno.

Conservación de la Biodiversidad: En la conservación de la biodiversidad, el cálculo del área se utiliza para identificar y delimitar áreas protegidas, como parques nacionales y reservas naturales. También es esencial para evaluar la efectividad de estas áreas en la preservación de especies en peligro de extinción.

Estudio de Paisajes: Los científicos utilizan el cálculo del área para analizar la estructura de paisajes y la fragmentación de ecosistemas. Esto es relevante para comprender cómo los cambios en el uso de la tierra y la urbanización afectan a los ecosistemas y la conectividad de hábitats.

Modelado de Distribución de Especies: En estudios de distribución de especies, se calcula el área de distribución geográfica de una especie. Esto ayuda a identificar áreas donde una especie es más probable que se encuentre y proporciona información valiosa para la conservación y la gestión de recursos.

Estudios de Microhábitats: El cálculo del área se utiliza para medir microhábitats o áreas más pequeñas dentro de un ecosistema, como nidos de aves, madrigueras de animales y parches de vegetación específicos.

Evaluación de Impacto Ambiental: En la evaluación de impacto ambiental de proyectos de desarrollo, el cálculo del área se utiliza para evaluar cómo las actividades humanas pueden afectar los ecosistemas locales y la biodiversidad.

Gestión de Recursos Naturales: En la gestión de recursos naturales, se calcula el área para evaluar la sostenibilidad de la explotación de recursos, como la pesca, la caza y la tala de árboles. Esto es importante para garantizar la conservación a largo plazo de recursos naturales.

Análisis de Corredores Ecológicos: Los corredores ecológicos son áreas que conectan hábitats fragmentados, permitiendo que las especies se muevan y se reproduzcan. El cálculo del área es relevante para determinar la extensión y la eficacia de estos corredores en la conservación de la biodiversidad.

Estudios de Cambio Climático: En el contexto del cambio climático, el cálculo del área se aplica para evaluar los efectos del calentamiento global en la distribución de especies y en los patrones de migración.

El cálculo del área en biología es esencial para delimitar áreas de estudio, evaluar la distribución de especies, conservar la biodiversidad y comprender cómo los cambios en el entorno pueden impactar a los ecosistemas y a la vida silvestre. Esta herramienta es fundamental para la gestión de recursos naturales y la conservación del medio ambiente.

Economía: En economía, se calcula el área bajo curvas en gráficos para representar y analizar datos. Esto se utiliza en análisis económicos y financieros.

En el campo de la economía, el cálculo del área bajo curvas en gráficos desempeña un papel crucial para representar y analizar datos, especialmente en el análisis económico y financiero. A continuación, se describen algunas de las aplicaciones clave del cálculo del área en economía:

Representación de Datos: El cálculo del área se utiliza para representar datos económicos en gráficos, como los gráficos de barras, los gráficos de líneas y las áreas apiladas. Esto proporciona una representación visual de la información económica, lo que facilita la comprensión y la comunicación de tendencias y patrones.

Análisis de Series Temporales: En el análisis de series temporales económicas, el cálculo del área bajo curvas de líneas o áreas se emplea para evaluar tendencias a lo largo del tiempo. Esto es importante para comprender la evolución de variables económicas, como el crecimiento del PIB, el desempleo y la inflación.

Evaluación de Rendimiento Financiero: En el análisis financiero, el cálculo del área se aplica a gráficos de rendimiento de activos, carteras de inversión y fondos mutuos. Ayuda a los inversores y analistas a evaluar el rendimiento histórico y comparar diferentes opciones de inversión.

Medición de Mercados y Demanda: El cálculo del área bajo curvas de oferta y demanda se utiliza en la economía para medir la cantidad de bienes y servicios transados en un mercado y para analizar la elasticidad de la demanda. Esto es esencial en la microeconomía y en la toma de decisiones empresariales.

Estudios de Elasticidad: La elasticidad de la demanda y la elasticidad de la oferta son conceptos fundamentales en economía. El cálculo del área se emplea para medir la variación porcentual en la cantidad demandada o suministrada en respuesta a cambios en los precios o los ingresos.

Economía de la Producción: El cálculo del área se aplica en la teoría de la producción para analizar la relación entre los factores de producción (trabajo y capital) y la producción total. Permite determinar la productividad y la eficiencia de una empresa.

Valoración de Opciones y Derivados Financieros: En finanzas, el cálculo del área bajo curvas es relevante en la valoración de opciones y derivados financieros. Las fórmulas de valoración, como la fórmula de Black-Scholes, implican el cálculo de áreas bajo curvas de distribución de probabilidades.

Economía de la Salud: En la economía de la salud, el cálculo del área se utiliza para evaluar el costo y la efectividad de tratamientos médicos y programas de salud. También es relevante en estudios de costo-efectividad y análisis de decisiones en el sector sanitario.

Análisis de Costos y Beneficios: En el análisis de proyectos y políticas públicas, se utiliza el cálculo del área para evaluar los costos y beneficios de diferentes alternativas. Esto es fundamental en la toma de decisiones gubernamentales y en la evaluación de proyectos de inversión.

El cálculo del área en economía proporciona una herramienta poderosa para analizar datos, evaluar tendencias económicas, tomar decisiones financieras y realizar investigaciones económicas. Permite cuantificar cambios y relaciones en una variedad de contextos económicos, lo que es esencial para la toma de decisiones y la formulación de políticas.

Diseño Gráfico: En diseño gráfico y artes visuales, se utiliza el cálculo del área en la creación de ilustraciones y composiciones visuales. El área se considera en la disposición de elementos en una composición.

En el campo del diseño gráfico y las artes visuales, el cálculo del área desempeña un papel fundamental en la creación de composiciones visuales atractivas y efectivas. Aquí se describen algunas de las aplicaciones clave del cálculo del área en diseño gráfico y artes visuales:

Composición y Diseño de Páginas: Los diseñadores gráficos utilizan el cálculo del área para distribuir elementos visuales en una página, ya sea en medios impresos o digitales. Esto incluye la disposición de texto, imágenes, gráficos y otros elementos para lograr una presentación equilibrada y visualmente atractiva.

Diseño de Logotipos y Marcas: En la creación de logotipos y marcas, el cálculo del área es esencial para asegurarse de que el diseño sea coherente y proporcionado. Garantiza que los elementos del logotipo ocupen el espacio de manera equilibrada y se ajusten a las proporciones deseadas.

Diseño de Publicidad: En anuncios y piezas publicitarias, el cálculo del área se aplica para diseñar elementos como banners, carteles y anuncios impresos o digitales. Esto contribuye a la efectividad de la publicidad al llamar la atención y transmitir mensajes de manera clara.

Diseño de Envases y Etiquetas: En el diseño de envases y etiquetas de productos, el cálculo del área es importante para asegurarse de que la información, el diseño grafico y los elementos visuales se adapten al espacio disponible en el envase.

Ilustración y Arte Digital: Los ilustradores y artistas digitales utilizan el cálculo del área al crear ilustraciones y obras de arte. Esto se aplica al distribuir elementos en un lienzo digital y al controlar la composición de la obra.

Diseño de Sitios Web y Interfaces de Usuario: En el diseño web y de interfaces de usuario, el cálculo del área es esencial para organizar elementos como botones, imágenes, encabezados y texto en una página web o una aplicación. Contribuye a la usabilidad y la experiencia del usuario.

Diseño de Revistas y Libros: En la maquetación de revistas y libros, el cálculo del área se utiliza para determinar la ubicación y el tamaño de elementos como columnas de texto, imágenes, márgenes y encabezados. Esto garantiza una presentación visualmente atractiva y legible.

Diseño de Exposiciones y Museos: En el diseño de exposiciones y museos, el cálculo del área se aplica al planificar la disposición de obras de arte, exhibiciones y elementos interactivos en un espacio expositivo.

Diseño de Escenografía y Teatro: En el diseño escenográfico y de teatro, el cálculo del área es relevante para la disposición de escenarios, decorados y elementos de utilería en un espacio escénico.

El cálculo del área en diseño gráfico y artes visuales es una herramienta esencial para crear composiciones visuales efectivas, equilibradas y estéticamente agradables. Permite a los diseñadores y artistas controlar la disposición de elementos y la distribución del espacio de manera cuidadosa, lo que es esencial para lograr un impacto visual deseado y comunicar mensajes de manera efectiva.

Astronomía: En astronomía, se utiliza el cálculo del área en la medición de áreas en el cielo, como la superficie de planetas o la magnitud de áreas de constelaciones.

En astronomía, el cálculo del área desempeña un papel importante en la medición de áreas en el cielo y en el estudio de objetos celestes. A continuación, se describen algunas de las aplicaciones clave del cálculo del área en astronomía:

Superficie de Planetas y Lunas: Los astrónomos y científicos planetarios utilizan el cálculo del área para medir la superficie de planetas, lunas y otros cuerpos celestes. Esto es esencial para determinar su área superficial, calcular la extensión de características geológicas y estudiar la topografía de estos cuerpos.

Magnitud de Áreas en el Cielo: En la cartografía celeste y la identificación de constelaciones, el cálculo del área se emplea para medir la magnitud de áreas en el cielo. Esto es importante para determinar la extensión aparente de constelaciones y regiones del espacio celeste.

Cálculo de Ángulos Sólidos: En astronomía, los astrónomos utilizan el cálculo del área para medir ángulos sólidos en el espacio celeste. Esto es relevante en la determinación de ángulos de visión, áreas de cobertura de telescopios y observaciones de objetos en el cielo.

Cartografía de la Superficie Lunar: Para estudios de la Luna, como la cartografía lunar y la exploración espacial, el cálculo del área se utiliza para mapear la superficie lunar y determinar la extensión de cráteres, mares lunares y otras características.

Modelado de Superficies Planetarias: El cálculo del área es importante en el modelado de superficies planetarias y lunares en 3D. Esto permite crear representaciones precisas de la topografía de planetas y lunas para fines de investigación y exploración espacial.

Determinación de Tamaños y Distancias: Al combinar mediciones de áreas con información sobre la distancia a objetos celestes, los astrónomos pueden calcular tamaños relativos y distancias en el espacio, lo que es fundamental para la astronomía de posición y la determinación de paralaje.

Estudios de Ocultaciones y Eclipses: El cálculo del área se utiliza para estudiar eventos astronómicos como ocultaciones y eclipses. Ayuda a predecir cuándo y dónde ocurrirán estos fenómenos y a comprender su duración y extensión.

Estudio de Áreas de Cielo Profundo: En la astrofotografía y la observación de objetos de cielo profundo, el cálculo del área es relevante para medir la magnitud aparente de áreas de cielo estrellado que contienen galaxias, nebulosas y cúmulos estelares.

El cálculo del área en astronomía es una herramienta esencial para la medición precisa de superficies celestes, el análisis de datos observacionales y el estudio de objetos y fenómenos astronómicos. Permite a los astrónomos cuantificar y comparar características en el espacio y contribuye a nuestra comprensión del universo.

El cálculo del área es una herramienta matemática versátil que se aplica en una amplia variedad de campos y disciplinas para resolver problemas, tomar decisiones y realizar mediciones precisas. Su importancia radica en su capacidad para cuantificar la extensión de superficies y regiones, lo que es esencial en la vida cotidiana y en la investigación y aplicación de conocimientos en numerosos campos.

El concepto de área es esencial en la geometría y en muchas otras disciplinas, ya que proporciona una forma de cuantificar la extensión de una figura en dos dimensiones y es fundamental para resolver problemas matemáticos y aplicaciones prácticas en la vida cotidiana y en diversas áreas del conocimiento.

13.Perímetro: La distancia alrededor de una figura.

El perímetro es la distancia que rodea o circunda una figura geométrica, como un polígono, un círculo o cualquier forma bidimensional. El perímetro se calcula sumando las longitudes de todos los lados de la figura. Dependiendo de la forma específica de la figura, el cálculo del perímetro puede variar.

Perímetro de un Polígono: Para calcular el perímetro de un polígono, sumas las longitudes de todos sus lados. Por ejemplo, en un triángulo, sumarías las longitudes de los tres lados. En un cuadrado, sumarías los cuatro lados.

para calcular el perímetro de un polígono, simplemente sumas las longitudes de todos sus lados. Un ejemplo para ilustrar cómo se calcula el perímetro de un triángulo y un cuadrado:

Ejemplo 1: Cálculo del Perímetro de un Triángulo

Supongamos que tienes un triángulo con lados de longitudes "a", "b" y "c". El perímetro (P) del triángulo se calcula como:

$P = a + b + c$

Simplemente sumas las longitudes de los tres lados del triángulo para obtener el perímetro.

Ejemplo 2: Cálculo del Perímetro de un Cuadrado

Un cuadrado tiene todos sus lados de igual longitud. Supongamos que la longitud de un lado del cuadrado es "s". El perímetro (P) del cuadrado se calcula como:

$P = 4s$

En este caso, multiplicas la longitud de un lado por 4, ya que el cuadrado tiene cuatro lados iguales.

Este mismo enfoque se aplica a cualquier polígono. Para calcular su perímetro, solo necesitas conocer las longitudes de sus lados y sumarlas. El perímetro es una medida fundamental en la geometría y se utiliza en una variedad de aplicaciones, desde la construcción hasta el diseño y el cálculo de cercas y bordes en proyectos diversos.

Perímetro de un Círculo: En el caso de un círculo, el perímetro se conoce como circunferencia. La circunferencia se calcula utilizando la fórmula $2\pi r$, donde "r" es el radio del círculo. Esto significa que la circunferencia es aproximadamente 6.28 veces la longitud del radio.

el perímetro de un círculo se conoce como circunferencia. Para calcular la circunferencia de un círculo, se utiliza la fórmula que mencionaste: $2\pi r$, donde "r" representa el radio del círculo. La constante π (pi) es un número irracional que se aproxima comúnmente a 3.14159, aunque puede usarse con mayor precisión en cálculos más detallados.

La fórmula completa para calcular la circunferencia (C) de un círculo es:

$C = 2\pi r$

Donde:

"C" es la circunferencia del círculo.

"π" es la constante pi (aproximadamente 3.14159).

"r" es el radio del círculo, que es la distancia desde el centro del círculo hasta cualquier punto en su borde.

Esta fórmula es fundamental en geometría y se utiliza en una variedad de aplicaciones en matemáticas y en campos prácticos como la ingeniería, la física, la cartografía y la geometría computacional para calcular longitudes de arcos, perímetros de figuras circulares y otras medidas relacionadas con círculos.

Perímetro de una Forma Irregular: Para formas irregulares, puedes calcular el perímetro dividiendo la figura en segmentos más pequeños y sumando las longitudes de esos segmentos. Esto es común en la geometría computacional, donde se dividen figuras complejas en segmentos más simples para facilitar el cálculo del perímetro.

el cálculo del perímetro de formas irregulares generalmente implica dividir la figura en segmentos más simples y luego sumar las longitudes de esos segmentos para obtener el perímetro total. Este enfoque es común en la geometría computacional y en situaciones donde las figuras no tienen una forma geométrica regular o conocida.

Supongamos que tienes una figura irregular, como la que se muestra en una imagen o en una descripción textual. Para calcular su perímetro, puedes seguir estos pasos:

Divide la Figura: Observa la figura y divide su contorno en segmentos más pequeños. Puedes utilizar líneas rectas para conectar puntos en el borde de la figura.

Mide los Segmentos: Utiliza una regla o un instrumento de medición para determinar la longitud de cada segmento. Registra estas longitudes.

Suma las Longitudes: Suma todas las longitudes de los segmentos para obtener el perímetro total de la figura.

Este enfoque es especialmente útil cuando trabajas con figuras complejas o formas que no se pueden describir fácilmente mediante fórmulas matemáticas simples. En la práctica, la división de la figura en segmentos más pequeños y la medición de sus longitudes pueden realizarse de manera manual o con la ayuda de software de geometría computacional para facilitar el cálculo del perímetro.

El cálculo del perímetro es importante en la geometría, la arquitectura, la construcción y muchas otras disciplinas donde se requiere medir o determinar la distancia alrededor de una figura. También es esencial para la estimación de materiales, como cercas o bordes, en proyectos de construcción y diseño.

El cálculo del perímetro es una medida fundamental en la geometría y tiene aplicaciones significativas en una variedad de disciplinas y campos.

Geometría: El cálculo del perímetro es esencial para la descripción y comparación de figuras geométricas. En geometría, se utiliza para determinar la longitud del contorno de una figura, lo que es fundamental para comprender sus propiedades y relaciones con otras figuras.

De Figuras: El cálculo del perímetro ayuda a identificar y distinguir entre diferentes tipos de figuras geométricas. Por ejemplo, la longitud del contorno de un cuadrado es diferente a la de un triángulo, lo que permite clasificar y reconocer estas figuras.

Comparación de Tamaños: El cálculo del perímetro se utiliza para comparar el tamaño relativo de figuras. Puedes determinar cuál de dos figuras tiene un perímetro mayor o menor, lo que es fundamental para la resolución de problemas geométricos y la comprensión de conceptos de área y proporción.

Cálculo de Distancias: En situaciones del mundo real, como medir las paredes de una habitación o el perímetro de un terreno, el cálculo del perímetro es esencial para determinar distancias y longitudes.

Propiedades de Figuras Compuestas: Cuando se trata de figuras compuestas o formas que consisten en varias partes (como un polígono irregular), el cálculo del perímetro se utiliza para encontrar la longitud total del contorno de la figura.

Estudio de Proporciones: El cálculo del perímetro es relevante para comprender las relaciones de proporción entre figuras. Por ejemplo, si tienes dos rectángulos con una relación específica entre sus longitudes y anchuras, sus perímetros también tendrán una relación proporcional.

Resolución de Problemas de Geometría: En problemas geométricos, especialmente aquellos que involucran figuras y medidas, el cálculo del perímetro es una operación común para determinar respuestas precisas.

Diseño y Construcción: En arquitectura y diseño, el cálculo del perímetro se aplica en la planificación y construcción de estructuras y edificios. Los arquitectos y constructores utilizan medidas de perímetro para determinar la cantidad de material requerido y el diseño de las estructuras.

En resumen, el cálculo del perímetro es una habilidad esencial en geometría que se aplica en diversas situaciones para describir figuras, resolver problemas y comprender propiedades geométricas. Ayuda a los matemáticos, estudiantes y profesionales a analizar y relacionar diferentes figuras geométricas de manera precisa y efectiva.

Arquitectura y Construcción: En arquitectura y construcción, el cálculo del perímetro se utiliza para medir la longitud de las paredes, cercas, edificios y otras estructuras. Es esencial para determinar la cantidad de materiales necesarios, como ladrillos, concreto o cercas, y para estimar los costos de construcción.

El cálculo del perímetro desempeña un papel crítico en la arquitectura y la construcción, y su importancia abarca numerosos aspectos en estos campos.

Diseño y Planificación: Los arquitectos utilizan el cálculo del perímetro para determinar la longitud total de las paredes de un edificio o estructura. Esto es esencial en la fase de diseño y planificación, ya que permite dimensionar adecuadamente los espacios y determinar la cantidad de materiales necesarios.

Estimación de Materiales: Al calcular el perímetro de una estructura, los profesionales de la construcción pueden estimar la cantidad de materiales requeridos. Esto incluye ladrillos, bloques de concreto, madera, acero u otros materiales de construcción. Una estimación precisa del perímetro es crucial para evitar escasez o exceso de material.

Presupuesto de Construcción: El cálculo del perímetro contribuye al presupuesto de construcción. Al estimar la cantidad de materiales necesarios y conocer el costo de cada material por unidad, los contratistas pueden determinar los costos totales de los materiales de construcción.

Diseño de Cercas y Límites: En proyectos que involucran cercas, muros de contención y límites de propiedad, el cálculo del perímetro es fundamental. Permite definir la longitud de cercas y muros, lo que es relevante en la delimitación de propiedades y en la seguridad de áreas privadas.

Determinación de Áreas a Pintar o Revestir: En la aplicación de pintura o revestimiento en estructuras, el cálculo del perímetro se utiliza para determinar el área que debe cubrirse. Esto es esencial para calcular la cantidad de pintura o revestimiento necesarios.

Verificación de Plano: Durante la construcción, los planos arquitectónicos y de construcción se utilizan para guiar el proceso. El cálculo del perímetro es una forma de verificar que las dimensiones reales coincidan con las especificaciones del plano.

Planificación de Espacios Interiores: El cálculo del perímetro de las paredes interiores de un edificio es relevante para la distribución de espacios interiores y la disposición de elementos como mobiliario y tabiques.

Seguridad y Normativas: La medición del perímetro también es importante para garantizar que las estructuras cumplan con las normativas de construcción, incluidos los requisitos de seguridad y acceso.

En resumen, el cálculo del perímetro es una herramienta crucial en la arquitectura y la construcción. Permite a los profesionales de la construcción planificar, presupuestar y ejecutar proyectos de manera eficiente, asegurando que las estructuras se diseñen y construyan de manera precisa y cumpliendo con las regulaciones y normativas aplicables.

Diseño de Jardines y Paisajismo: En proyectos de paisajismo, el cálculo del perímetro se emplea para medir la longitud de jardines, senderos y características del paisaje. Ayuda en la planificación y el diseño de espacios al aire libre.

El cálculo del perímetro desempeña un papel importante en el diseño de jardines y paisajismo, ya que contribuye a la planificación y la creación de espacios al aire libre atractivos y funcionales.

Diseño de Jardines y Zonas Verdes: Al medir el perímetro de una zona destinada a jardines, parques o áreas verdes, los diseñadores de paisajes pueden determinar la cantidad de plantas, arbustos y césped necesarios.

Esto es crucial para la distribución equilibrada de elementos vegetales y para garantizar que el espacio verde sea estéticamente agradable.

Planificación de Senderos y Caminos: El cálculo del perímetro se utiliza para medir la longitud de senderos, caminos y pasarelas en áreas al aire libre. Esto ayuda a definir la ruta de acceso, la ubicación de las veredas y la cantidad de materiales requeridos para la construcción de senderos.

Diseño de Áreas de Descanso y Recreación: En áreas de descanso, parques infantiles y áreas de recreación al aire libre, el cálculo del perímetro es esencial para definir los límites de estas áreas. Esto permite una planificación adecuada de los espacios de juego y descanso.

Delimitación de Estanques y Elementos Acuáticos: En proyectos que incluyen estanques, fuentes o elementos acuáticos, el cálculo del perímetro se utiliza para definir la forma y el tamaño de estas características. También es relevante para determinar la cantidad de revestimiento o material necesario para su construcción.

Zonificación de Espacios al Aire Libre: El cálculo del perímetro ayuda a dividir áreas exteriores en zonas funcionales, como áreas de barbacoa, zonas de descanso y jardines. Esto facilita la organización y el diseño de espacios al aire libre.

Diseño de Borde y Delimitación: Los diseñadores de paisajes utilizan el cálculo del perímetro para definir los bordes y las delimitaciones de diferentes áreas. Esto incluye la creación de bordes de jardín, bordes de césped y áreas con características específicas.

Evaluación del Espacio Disponible: El cálculo del perímetro ayuda a evaluar cuánto espacio está disponible para la planificación de jardines y elementos de paisajismo. Esto es importante para garantizar que el diseño se ajuste al espacio existente.

En resumen, el cálculo del perímetro es esencial en proyectos de paisajismo, ya que contribuye a la planificación y el diseño de espacios al aire libre que son visualmente atractivos, funcionales y apropiados para su propósito. Facilita la distribución de elementos vegetales, senderos y características del paisaje, asegurando que el diseño del espacio al aire libre sea armonioso y cumpla con los objetivos del proyecto.

Topografía: En topografía, el cálculo del perímetro es utilizado para medir la longitud de límites de terrenos, parcelas y áreas geográficas. También es relevante para la determinación de distancias y áreas en mapas topográficos.

El cálculo del perímetro desempeña un papel crucial en la topografía, una disciplina que se centra en la medición y la representación precisa de la superficie terrestre. En topografía, el cálculo del perímetro se aplica en diversas situaciones.

Medición de Límites de Propiedad: En la topografía, el cálculo del perímetro se utiliza para medir los límites de propiedades, terrenos, parcelas o áreas geográficas específicas. Esto es fundamental para establecer la propiedad y definir claramente las dimensiones de un terreno.

Determinación de Distancias: El cálculo del perímetro se utiliza para determinar distancias entre puntos en la superficie terrestre. Esto es relevante en la cartografía y la topografía para medir la longitud de carreteras, límites de propiedades y otros elementos geográficos.

Cálculo de Áreas: Además de medir distancias, el cálculo del perímetro es esencial para calcular áreas de terrenos y regiones en mapas topográficos. El perímetro define el contorno de un área, y este contorno se utiliza para determinar el área del espacio delimitado.

Delineación de Límites en Mapas Topográficos: Los mapas topográficos suelen representar límites de propiedades, carreteras y otras características geográficas. El cálculo del perímetro se aplica para determinar con precisión la ubicación de estos límites en un mapa.

Planificación y Desarrollo de Terrenos: El cálculo del perímetro es relevante en la planificación y el desarrollo de terrenos, ya que permite definir las áreas disponibles y los límites de un proyecto de construcción o desarrollo urbano.

Seguimiento de Cambios en el Terreno: En aplicaciones de topografía de uso continuo, el cálculo del perímetro se utiliza para monitorear cambios en la longitud de límites de propiedades o áreas geográficas con el tiempo.

Establecimiento de Límites de Proyectos: En proyectos de ingeniería civil, urbanismo y construcción, el cálculo del perímetro se aplica para establecer los límites de un proyecto, lo que es importante para el diseño y la ejecución.

Cálculo de Longitudes de Carreteras y Vías de Acceso: La medición del perímetro de carreteras y vías de acceso es relevante en proyectos de transporte y planificación de carreteras para determinar la longitud total de tramos de carretera.

En resumen, el cálculo del perímetro es un componente esencial de la topografía, ya que permite medir límites de terrenos, determinar distancias y calcular áreas geográficas. Estas aplicaciones son fundamentales en la planificación urbana, la cartografía, la construcción y muchas otras áreas relacionadas con la superficie terrestre.

Estimación de Materiales: En la construcción y la fabricación, el cálculo del perímetro es esencial para estimar la cantidad de materiales requeridos. Esto es importante para evitar el desperdicio y garantizar que se cuente con suficientes recursos para un proyecto.

La estimación de materiales es una aplicación crítica del cálculo del perímetro en la construcción y la fabricación. Al calcular el perímetro de una estructura o componente, se pueden estimar con precisión las cantidades de materiales necesarios para llevar a cabo un proyecto.

Materiales de Construcción: Al medir el perímetro de una estructura, como una pared, un edificio o una cerca, se puede calcular la cantidad de ladrillos, bloques de concreto, madera, yeso u otros materiales de construcción necesarios. Esto asegura que se compren o fabriquen suficientes materiales para completar el proyecto sin desperdicio.

Cercas y Vallas: En proyectos de cercas y vallas, el cálculo del perímetro es esencial para determinar la longitud total de cercas necesarias. Esto incluye la cantidad de postes, paneles de valla y materiales de fijación requeridos.

Cubiertas y Revestimientos: Para proyectos de revestimiento o cubiertas, como paneles de pared, techos o pavimentos, el cálculo del perímetro es relevante para determinar la cantidad de paneles, baldosas, láminas o material de revestimiento necesario para cubrir una superficie específica.

Estructuras en Forma de Anillo: En componentes con forma de anillo, como tuberías, conductos o sistemas de riego, el cálculo del perímetro es esencial para estimar la longitud de estos componentes. Esto ayuda a adquirir la cantidad correcta de tuberías o conductos sin exceso.

Cableado y Tubos: En proyectos eléctricos y de fontanería, el cálculo del perímetro de un área o espacio permite estimar la longitud de cables, tubos y conductos necesarios. Esto es fundamental para garantizar que haya suficiente material para la instalación.

Paneles Solares: En proyectos de energía solar, como la instalación de paneles solares en techos o terrenos, el cálculo del perímetro se utiliza para determinar la cantidad de paneles necesarios y la longitud de las estructuras de montaje.

Costos de Proyecto: La estimación precisa de materiales basada en el cálculo del perímetro es esencial para elaborar presupuestos precisos de proyectos de construcción y fabricación. Los costos de materiales pueden ser una parte significativa del presupuesto general.

Prevención de Desperdicio: Al estimar adecuadamente la cantidad de materiales, se evita el desperdicio de recursos y se minimiza la necesidad de reabastecimiento en medio del proyecto. Esto ahorra tiempo y dinero.

En resumen, el cálculo del perímetro desempeña un papel fundamental en la estimación de materiales en la construcción y la fabricación. Permite a los profesionales y contratistas determinar con precisión cuántos materiales se requieren, lo que es esencial para la eficiencia y la gestión de recursos en proyectos de construcción y fabricación.

Diseño de Cercas y Bordes: En proyectos de cercas y bordes, el cálculo del perímetro se utiliza para determinar la cantidad de material necesario, como vallas, barandas o bordes de jardín.

El cálculo del perímetro es una parte esencial en proyectos de diseño de cercas y bordes. Determinar la cantidad adecuada de material es fundamental para asegurar que el proyecto se complete de manera eficiente y que se utilicen los recursos de manera efectiva.

Medición de Límites: El cálculo del perímetro se utiliza para medir los límites de la zona que se va a cercar o bordear. Esto es importante para definir claramente el área y para asegurarse de que la cerca o el borde se ajuste adecuadamente al espacio disponible.

Estimación de Materiales: Una vez que se ha calculado el perímetro, se puede estimar la cantidad de materiales necesarios. Esto incluye la cantidad de postes, paneles de cerca, barandas o material de borde requeridos para completar el proyecto.

Diseño de la Cercas: El cálculo del perímetro también es relevante para el diseño de la cerca. Permite determinar la longitud total de la cerca y cómo se distribuirán los postes, paneles u otros componentes. Esto es crucial para asegurar que la cerca se construya de manera uniforme y atractiva.

Costos y Presupuesto: La estimación precisa del material necesario basada en el cálculo del perímetro contribuye a la elaboración de un presupuesto preciso para el proyecto. Esto es fundamental para evitar gastos innecesarios y garantizar que el proyecto se realice dentro de los límites financieros establecidos.

Diseño Estético: El cálculo del perímetro también puede influir en el diseño estético del proyecto. Permite determinar la altura y la longitud de la cerca, así como la colocación de elementos decorativos, como postes ornamentales o detalles de diseño.

Planificación de Acceso: El cálculo del perímetro se utiliza para planificar la ubicación de las puertas y portones en una cerca. Esto es esencial para proporcionar acceso al área que rodea la cerca.

Cumplimiento de Regulaciones: En algunos casos, la regulación local o las normativas de zonificación pueden establecer requisitos específicos para las cercas. El cálculo del perímetro asegura que la cerca cumpla con estos requisitos.

Seguridad y Privacidad: El cálculo del perímetro también puede influir en la seguridad y la privacidad proporcionada por una cerca. Permite determinar la altura adecuada y la colocación de la cerca para satisfacer las necesidades de los propietarios.

El cálculo del perímetro desempeña un papel integral en proyectos de diseño de cercas y bordes, ya que afecta tanto la planificación como la ejecución del proyecto. La estimación precisa de la cantidad de material necesario y el diseño adecuado de la cerca o el borde son fundamentales para lograr un resultado satisfactorio y cumplir con las necesidades del proyecto y los propietarios.

Diseño de Rutas y Carreteras: En la ingeniería vial, el cálculo del perímetro es relevante para medir la longitud de carreteras, rutas y caminos. Esto es importante en la planificación y el diseño de sistemas de transporte.

El cálculo del perímetro desempeña un papel fundamental en el diseño de rutas y carreteras en el campo de la ingeniería vial. La medición precisa de la longitud de carreteras, rutas y caminos es esencial para la planificación, el diseño y la construcción de sistemas de transporte eficientes y seguros.

Medición de la Longitud de Carreteras: El cálculo del perímetro se utiliza para medir la longitud total de carreteras, rutas y caminos planificados. Esto es esencial para determinar la distancia que se debe recorrer desde el punto de inicio hasta el destino, lo que ayuda en la planificación de rutas y sistemas de transporte.

Diseño de Curvas y Giros: El cálculo del perímetro se aplica para medir la longitud de curvas, giros y secciones de carreteras que requieren un diseño específico. Esto es importante para garantizar que las curvas sean seguras y cómodas para los conductores.

Estimación de Costos: Al calcular el perímetro de una carretera o ruta, se puede estimar la cantidad de material de construcción, como asfalto o concreto, necesario para completar el proyecto. Esto es fundamental para la elaboración de presupuestos precisos.

Planificación de Señalización: La medición del perímetro contribuye a la planificación de la ubicación de señales de tráfico, marcas viales y señales de dirección en la carretera. Esto es esencial para la seguridad vial y la orientación de los conductores.

Diseño de Intersecciones: En el diseño de intersecciones viales, el cálculo del perímetro se utiliza para definir la longitud y la forma de las rampas de acceso y salida, así como la ubicación de los carriles de giro. Esto asegura que las intersecciones sean seguras y funcionales.

Gestión de Tráfico: La medición del perímetro es relevante para la planificación y gestión del tráfico en carreteras y rutas. Ayuda en la determinación de límites de velocidad, restricciones de adelantamiento y otras regulaciones de tráfico.

Evaluación de Impacto Ambiental: El cálculo del perímetro también es importante en la evaluación de impacto ambiental de proyectos de construcción vial. Permite evaluar el alcance del proyecto y su impacto en el entorno circundante.

Planificación de Estaciones de Peaje: Para carreteras con sistemas de peaje, el cálculo del perímetro es relevante para determinar la ubicación y la cantidad de estaciones de peaje necesarias a lo largo de la ruta.

Control de Calidad: La medición del perímetro se utiliza en el control de calidad durante la construcción de carreteras para asegurarse de que la longitud de la carretera construida cumpla con las especificaciones del diseño.

En la geometría computacional, el cálculo del perímetro es una operación fundamental que se utiliza en una variedad de algoritmos y software para procesar y manipular figuras geométricas. Algunos de los contextos en los que el cálculo del perímetro es relevante en geometría computacional incluyen:

Triangulación de Polígonos: En la triangulación de polígonos, que es un problema central en geometría computacional, se divide un polígono en triángulos. El cálculo del perímetro del polígono es necesario para determinar las longitudes de los lados de estos triángulos.

Áreas y Longitudes: Los algoritmos de geometría computacional a menudo requieren el cálculo de áreas y longitudes. El perímetro de una figura es una parte esencial para calcular la longitud de los lados de un polígono o la circunferencia de una figura.

Comparación de Figuras: En algoritmos que involucran la comparación de figuras geométricas, el cálculo del perímetro se utiliza para determinar cuál de dos figuras tiene un perímetro mayor o menor.

Selección de Puntos de Referencia: En la generación de puntos de referencia o nodos en figuras geométricas, el cálculo del perímetro puede ser útil para distribuir estos puntos de manera uniforme a lo largo del contorno de la figura.

Optimización y Análisis: En la optimización y análisis de figuras geométricas, como la disposición de sensores en una red inalámbrica o la planificación de rutas para robots, el cálculo del perímetro es relevante para minimizar distancias o maximizar la cobertura de una región.

Procesamiento de Imágenes: En el procesamiento de imágenes, el cálculo del perímetro se utiliza para delimitar y analizar objetos en imágenes digitales. Puede ayudar a identificar contornos y características de interés en una imagen.

Generación de Mallas: En la generación de mallas tridimensionales o superficies, el cálculo del perímetro se aplica para definir las conexiones entre vértices y bordes en la malla.

Detección de Colisiones: En la simulación y los videojuegos, el cálculo del perímetro es relevante para detectar colisiones entre objetos y personajes en un entorno virtual.

El cálculo del perímetro desempeña un papel esencial en la geometría computacional y en una amplia gama de aplicaciones que involucran el procesamiento y la manipulación de figuras geométricas en el entorno digital. Se utiliza para medir, analizar y tomar decisiones relacionadas con figuras geométricas en contextos tan diversos como la triangulación de polígonos, la generación de mallas 3D y la detección de colisiones en videojuegos.

Es un componente esencial en el diseño y la planificación de rutas y carreteras. Garantiza que las carreteras sean seguras, funcionales y eficientes, y que se cumplan las normativas y regulaciones relacionadas con el transporte. Además, contribuye a la estimación precisa de costos y recursos necesarios para la construcción de infraestructura vial.

Desempeña un papel fundamental en muchas áreas, desde la planificación y la construcción de estructuras hasta la estimación de materiales y la medición de terrenos. Proporciona información valiosa para la toma de decisiones y la ejecución eficiente de proyectos en una amplia variedad de disciplinas.

14.Álgebra: Usar letras (variables) para representar números en ecuaciones.

El álgebra es una rama de las matemáticas que utiliza letras (variables) y símbolos para representar números y expresar relaciones matemáticas en forma de ecuaciones. Las variables algebraicas, a menudo representadas por letras como "x," "y," "a," y "b," permiten generalizar y resolver una amplia gama de problemas matemáticos.

Variables: Las variables son símbolos que representan números desconocidos o valores que pueden variar. Por ejemplo, en la ecuación "x + 5 = 10," "x" es una variable que representa un número desconocido que debe ser determinado.

Las variables son símbolos que se utilizan para representar números desconocidos o valores que pueden variar en una ecuación o expresión matemática. Estas variables permiten generalizar y resolver una amplia gama de problemas matemáticos y científicos.

Incógnitas: Las variables se utilizan para representar incógnitas en ecuaciones o problemas matemáticos. Cuando se resuelve una ecuación, el objetivo es encontrar el valor específico de la variable que hace que la ecuación sea verdadera.

Notación: Las variables suelen representarse con letras, como "x," "y," "a," "b," o cualquier otra letra del alfabeto. La elección de la letra en general es arbitraria y se hace por conveniencia.

Valor Desconocido: Cuando se trabaja con una ecuación, la variable representa un valor que aún no se conoce, y el objetivo es determinar ese valor a través de la resolución de la ecuación.

Flexibilidad: Las variables pueden tomar diferentes valores en diferentes contextos. Por ejemplo, si tienes la ecuación "x + 3 = 7," entonces "x" representa un valor que, en este caso, es igual a 4. Sin embargo, en otra ecuación, "x" podría representar un valor diferente.

Usos en Ciencia y Matemáticas: Las variables son fundamentales en la formulación y resolución de problemas en campos como la física, la química, la economía, la estadística y la ingeniería. También se utilizan para modelar y comprender fenómenos y relaciones matemáticas en ciencia y matemáticas aplicadas.

Variables Dependientes e Independientes: En algunas ecuaciones y relaciones, se utilizan variables dependientes e independientes. La variable independiente se considera como un valor que se selecciona o controla, mientras que la variable dependiente es la que resulta de la variable independiente.

Aplicaciones en Modelado: En ciencia y modelado matemático, las variables se utilizan para representar las cantidades que influyen en un fenómeno o proceso, lo que permite analizar y predecir comportamientos.

En resumen, las variables son una parte fundamental del álgebra y las matemáticas en general. Proporcionan una forma de representar y resolver problemas en los que se desconoce un valor específico y se busca determinar ese valor a través de cálculos matemáticos.

Ecuaciones: Las ecuaciones son expresiones matemáticas que establecen una igualdad entre dos expresiones. Usualmente, contienen variables y números. Resolver una ecuación implica encontrar el valor o los valores de la variable que hacen que la igualdad sea verdadera. Por ejemplo, en la ecuación "2x - 3 = 7," el objetivo es encontrar el valor de "x" que satisface la ecuación.

Las ecuaciones son expresiones matemáticas que establecen una igualdad entre dos expresiones. A menudo, contienen variables y números, y resolver una ecuación implica encontrar el valor o los valores de la variable que hacen que la igualdad sea verdadera.

Ecuaciones Lineales: Las ecuaciones lineales son un tipo común de ecuación en el que las variables están elevadas a la potencia uno, y las operaciones involucran suma y resta de términos. Por ejemplo, "2x - 3 = 7" es una ecuación lineal.

Solución de una Ecuación: La solución de una ecuación es el valor o conjunto de valores que, cuando se sustituyen en la ecuación, hacen que la igualdad sea verdadera. En el ejemplo anterior, la solución sería "x = 5" ya que "2 * 5 - 3" es igual a 7.

Ecuaciones Cuadráticas: Las ecuaciones cuadráticas son un tipo de ecuación en el que la variable se eleva al cuadrado, y las operaciones involucran términos con exponentes 2. Por ejemplo, "x^2 - 4x + 4 = 0" es una ecuación cuadrática.

Ecuaciones No Lineales: Las ecuaciones no lineales son aquellas en las que las variables se elevan a potencias distintas de uno y pueden involucrar términos más complicados. Resolver ecuaciones no lineales puede requerir técnicas más avanzadas.

Sistemas de Ecuaciones: Un sistema de ecuaciones es un conjunto de dos o más ecuaciones con múltiples variables. La solución de un sistema de ecuaciones implica encontrar los valores de las variables que satisfacen todas las ecuaciones en el sistema.

Inecuaciones: Las inecuaciones son expresiones matemáticas que establecen relaciones de desigualdad en lugar de igualdad. Por ejemplo, "2x < 10" es una inecuación que establece que "2x" es menor que 10.

Resolución de Problemas: Las ecuaciones se utilizan para resolver una amplia variedad de problemas matemáticos y científicos, desde la física y la economía hasta la ingeniería y la estadística. Proporcionan una herramienta poderosa para modelar y analizar situaciones del mundo real.

Las ecuaciones son una parte esencial de las matemáticas y se utilizan para representar relaciones matemáticas en una amplia gama de disciplinas. Resolver ecuaciones implica encontrar los valores de las variables que hacen que la igualdad (o desigualdad en el caso de inecuaciones) sea verdadera, lo que es fundamental para comprender y resolver problemas matemáticos y científicos.

Expresiones Algebraicas: Son combinaciones de números, variables y operadores matemáticos. Por ejemplo, "3x + 2" es una expresión algebraica en la que "3x" es un término que involucra la variable "x," y "2" es un término constante.

Las expresiones algebraicas son combinaciones de números, variables y operadores matemáticos. Estas expresiones pueden tomar diversas formas y se utilizan para representar relaciones matemáticas y realizar cálculos matemáticos.

Términos: Las expresiones algebraicas se componen de términos, que pueden ser términos que involucran variables y términos constantes. En tu ejemplo, "3x" es un término que involucra la variable "x," y "2" es un término constante.

Variables: Las variables en las expresiones algebraicas representan cantidades desconocidas o valores que pueden variar. Por ejemplo, en "3x," "x" es una variable.

Coeficientes: Los coeficientes son los números que multiplican a las variables en un término. En "3x," el coeficiente es 3.

Operadores: Las expresiones algebraicas utilizan operadores matemáticos como suma, resta, multiplicación y división para combinar términos y realizar operaciones matemáticas.

Operaciones: Las expresiones algebraicas se utilizan para realizar operaciones matemáticas como simplificación, expansión, factorización y resolución de ecuaciones.

Evaluación: Las expresiones algebraicas se pueden evaluar reemplazando las variables por valores específicos y realizando las operaciones matemáticas correspondientes. Por ejemplo, si "x = 2," entonces "3x + 2" se evaluaría como "3 * 2 + 2 = 8."

Polinomios: Las expresiones algebraicas pueden ser polinomios, que son expresiones algebraicas con varios términos. Por ejemplo, "2x^2 - 5x + 3" es un polinomio.

Simplificación: A menudo, se simplifican las expresiones algebraicas para reducirlas a una forma más compacta o más manejable.

Aplicaciones: Las expresiones algebraicas se aplican en una variedad de campos, incluyendo física, economía, estadística, ingeniería y ciencia de datos, para modelar y resolver problemas matemáticos y científicos.

Las expresiones algebraicas son una herramienta fundamental en matemáticas y ciencias, ya que permiten representar y analizar una amplia gama de situaciones del mundo real y resolver problemas matemáticos en diversos contextos.

Operadores: Los operadores matemáticos, como suma, resta, multiplicación y división, se utilizan en álgebra para realizar operaciones en expresiones algebraicas. Por ejemplo, "2x + 3" utiliza el operador de suma "+".

Los operadores matemáticos son símbolos que se utilizan para realizar operaciones en expresiones algebraicas y ecuaciones. Cada operador tiene un significado específico y se aplica a los números, variables o términos en una expresión algebraica.

Suma (+): El operador de suma se utiliza para agregar dos o más números o términos en una expresión algebraica. Por ejemplo, "2x + 3" implica la suma de "2x" y "3."

Resta (-): El operador de resta se utiliza para restar un número o término de otro en una expresión algebraica. Por ejemplo, "4 - x" implica la resta de "x" de "4."

Multiplicación (× o): El operador de multiplicación se utiliza para multiplicar dos o más números o términos. Por ejemplo, "3x" implica la multiplicación de "3" por "x."

División (÷ o /): El operador de división se utiliza para dividir un número o término por otro en una expresión algebraica. Por ejemplo, "6 ÷ 2" implica la división de "6" por "2."

Exponente (^): El operador de exponente se utiliza para elevar un número o término a una potencia específica. Por ejemplo, "x^2" significa "x" elevado al cuadrado.

Raíz (√): El operador de raíz se utiliza para calcular la raíz cuadrada o cualquier otra raíz de un número o término. Por ejemplo, "√9" representa la raíz cuadrada de 9, que es 3.

Igual (=): Aunque no es un operador matemático en el sentido tradicional, el signo igual se utiliza para establecer la igualdad entre dos expresiones o términos. Por ejemplo, "2x = 8" establece que "2x" es igual a "8."

Inequidad (<, >, ≤, ≥): Los operadores de inequidad se utilizan para expresar relaciones de desigualdad entre números o expresiones. Por ejemplo, "x < 5" indica que "x" es menor que 5.

Estos operadores matemáticos son fundamentales para realizar cálculos y resolver ecuaciones en álgebra y en matemáticas en general. Se utilizan para expresar relaciones matemáticas y representar una amplia gama de situaciones en ciencia, ingeniería y otras disciplinas.

Polinomios: Son expresiones algebraicas que consisten en términos con coeficientes y variables elevadas a exponentes enteros. Ejemplos de polinomios son "3x^2 + 2x - 1" y "a^3 - 2a + 5."

Los polinomios son expresiones algebraicas que consisten en términos, y cada término incluye un coeficiente multiplicativo, una variable elevada a un exponente entero y, opcionalmente, una constante.

Términos: Los polinomios se componen de términos. Cada término en un polinomio es una combinación de un coeficiente, una variable y un exponente. Por ejemplo, en el polinomio "3x^2 + 2x - 1," los términos son "3x^2," "2x" y "-1."

Coeficientes: Los coeficientes son números que multiplican a las variables en cada término. En el polinomio "3x^2 + 2x - 1," los coeficientes son 3, 2 y -1.

Variables: Las variables en un polinomio representan cantidades desconocidas o valores que pueden variar. En los ejemplos mencionados, "x" es la variable.

Exponentes: Los exponentes son números enteros que indican a qué potencia se eleva la variable en un término. Por ejemplo, en "3x^2," el exponente es 2, lo que significa que "x" se eleva al cuadrado.

Grado de un Polinomio: El grado de un polinomio es el exponente más alto entre todos los términos del polinomio. Por ejemplo, el grado del polinomio "3x^2 + 2x - 1" es 2, ya que el término de mayor exponente es "3x^2."

Clasificación: Los polinomios se clasifican según su grado y número de términos. Por ejemplo, un polinomio de grado 0 es un "monomio" (un solo término), un polinomio de grado 1 es un "binomio" (dos términos), y un polinomio de grado 2 o más es un "trinomio" o un "polinomio general."

Operaciones: Se pueden realizar varias operaciones en polinomios, como suma, resta, multiplicación y división. La simplificación y factorización de polinomios son tareas comunes.

Aplicaciones: Los polinomios se utilizan en una amplia variedad de campos, desde la física y la ingeniería hasta la economía y la estadística, para modelar relaciones matemáticas en situaciones del mundo real.

Los polinomios son una parte fundamental del álgebra y las matemáticas en general. Se utilizan para representar y analizar relaciones matemáticas en una amplia gama de disciplinas y para resolver problemas matemáticos en diversos contextos.

Sistemas de Ecuaciones: Un sistema de ecuaciones es un conjunto de dos o más ecuaciones que comparten variables comunes. Resolver un sistema de ecuaciones implica encontrar los valores de las variables que satisfacen todas las ecuaciones simultáneamente.

Un sistema de ecuaciones es un conjunto de dos o más ecuaciones que involucran las mismas variables y se utilizan para modelar situaciones en las que se desconocen los valores de esas variables. Resolver un sistema de ecuaciones implica encontrar los valores de las variables que hacen que todas las ecuaciones del sistema sean verdaderas al mismo tiempo.

Variables Comunes: En un sistema de ecuaciones, las ecuaciones comparten variables comunes. Estas variables representan cantidades desconocidas que se intentan encontrar.

Solución de un Sistema: La solución de un sistema de ecuaciones es un conjunto de valores numéricos para las variables que satisface todas las ecuaciones del sistema simultáneamente. En otras palabras, es el conjunto de valores que hace que todas las ecuaciones sean verdaderas al mismo tiempo.

Tipos de Soluciones: Un sistema de ecuaciones puede tener diferentes tipos de soluciones, que incluyen una solución única (un único conjunto de valores que satisface el sistema), infinitas soluciones (cuando todas las ecuaciones son equivalentes y representan la misma línea o plano), o ninguna solución (cuando las ecuaciones son inconsistentes y no tienen un conjunto común de valores).

Métodos de Resolución: Existen varios métodos para resolver sistemas de ecuaciones, como el método de sustitución, el método de eliminación y el método de matrices. La elección del método depende de la naturaleza del sistema y las preferencias del solver.

Aplicaciones: Los sistemas de ecuaciones se aplican en una amplia gama de campos, desde la física y la economía hasta la ingeniería y la ciencia de datos. Se utilizan para modelar situaciones en las que múltiples factores interactúan y se relacionan a través de ecuaciones.

Intersección de Líneas o Planos: En geometría, resolver un sistema de ecuaciones en dos dimensiones equivale a encontrar el punto de intersección de dos líneas, mientras que en tres dimensiones equivale a encontrar el punto de intersección de dos planos.

Notación: Los sistemas de ecuaciones se representan comúnmente con la notación como "x + y = 5" y "2x - 3y = 10," donde "x" e "y" son las variables compartidas y las ecuaciones se escriben una debajo de la otra.

Resolver sistemas de ecuaciones es una habilidad matemática esencial que se utiliza para abordar una variedad de problemas en matemáticas y en campos aplicados. Puede proporcionar soluciones a problemas complejos en ciencia, ingeniería, economía y muchas otras disciplinas.

Inecuaciones: Son expresiones matemáticas que expresan relaciones de desigualdad en lugar de igualdad. Por ejemplo, "2x > 8" es una inecuación que establece que "2x" es mayor que 8.

Las inecuaciones son expresiones matemáticas que establecen relaciones de desigualdad en lugar de igualdad. Se utilizan para representar situaciones en las que una cantidad es mayor, menor o diferente de otra cantidad.

Símbolos de Desigualdad: Las inecuaciones incluyen símbolos de desigualdad, como "<" (menor que), ">" (mayor que), "≤" (menor o igual que) y "≥" (mayor o igual que). Estos símbolos indican la relación entre las dos expresiones en la inecuación.

Variables: Al igual que las ecuaciones, las inecuaciones pueden involucrar variables, que representan cantidades desconocidas o variables que pueden variar. Por ejemplo, en la inecuación "2x > 8," "x" es la variable.

Solución de una Inecuación: La solución de una inecuación es un conjunto de valores para la variable que hace que la desigualdad sea verdadera. Por ejemplo, para la inecuación "2x > 8," una solución sería "x > 4" porque cualquier valor de "x" mayor que 4 hace que la inecuación sea verdadera.

Intervalos: Las soluciones de inecuaciones se representan a menudo en forma de intervalos en la recta numérica. Por ejemplo, "x > 4" se representa como un intervalo abierto desde 4 en adelante en la recta numérica.

Combinación de Inecuaciones: Se pueden combinar múltiples inecuaciones utilizando operadores lógicos como "y" (conjunción) y "o" (disyunción) para expresar relaciones más complejas.

Aplicaciones: Las inecuaciones se aplican en una variedad de campos, desde la economía y la física hasta la programación lineal y la teoría de la probabilidad. Se utilizan para modelar restricciones y limitaciones en problemas del mundo real.

Resolución de Inecuaciones: Resolver inecuaciones implica encontrar el conjunto de valores que satisface la desigualdad. Esto a menudo se hace a través de la manipulación algebraica y la representación gráfica en la recta numérica.

Las inecuaciones son una herramienta fundamental en matemáticas y se utilizan para describir una amplia gama de situaciones en las que las relaciones de desigualdad son relevantes. Son especialmente importantes en el ámbito de la optimización y la toma de decisiones en la resolución de problemas.

Factorización: Es el proceso de descomponer una expresión algebraica en factores más simples. La factorización es útil para simplificar ecuaciones y expresiones.

La factorización implica descomponer una expresión algebraica en factores más simples, lo que puede facilitar la simplificación de ecuaciones y expresiones.

Objetivo de la Factorización: El objetivo de la factorización es expresar una expresión algebraica en una forma equivalente pero más fácil de manejar. Al descomponer una expresión en factores más simples, se pueden simplificar cálculos y resolver ecuaciones de manera más eficiente.

Factores: Los factores son las expresiones más simples en las que se descompone una expresión algebraica. Estos factores pueden ser monomios, binomios, trinomios u otras expresiones algebraicas.

Métodos de Factorización: Existen varios métodos de factorización, como la factorización por común factor, factorización por diferencia de cuadrados, factorización por trinomio cuadrado perfecto, factorización por trinomio cuadrado no perfecto, factorización por agrupación y factorización por descomposición en factores primos.

Ejemplos de Factorización: Aquí hay algunos ejemplos de factorización:

Factorización por común factor: $2x + 4$ se factoriza como $2(x + 2)$.

Factorización por diferencia de cuadrados: $x^2 - 4$ se factoriza como $(x + 2)(x - 2)$.

Factorización por trinomio cuadrado perfecto: $x^2 + 4x + 4$ se factoriza como $(x + 2)^2$.

Aplicaciones de la Factorización: La factorización se aplica en una variedad de campos, desde álgebra y cálculo hasta la teoría de números y la estadística. Se utiliza para simplificar ecuaciones, resolver sistemas de ecuaciones, encontrar raíces de polinomios y simplificar fracciones algebraicas.

Simplificación de Ecuaciones: La factorización es una técnica valiosa para simplificar ecuaciones, ya que puede conducir a la cancelación de términos comunes en ambos lados de la ecuación.

Resolución de Problemas: La factorización es una herramienta esencial en la resolución de problemas matemáticos y en la representación de relaciones algebraicas de una manera más manejable.

La factorización es una habilidad matemática fundamental y versátil que se utiliza en una variedad de contextos en matemáticas y disciplinas relacionadas. Ayuda a simplificar y comprender expresiones algebraicas de manera más efectiva.

Evaluación: En álgebra, se evalúan expresiones algebraicas reemplazando las variables por valores específicos y realizando las operaciones matemáticas correspondientes. Por ejemplo, si "x = 3," entonces "2x + 5" se evaluaría como "2 * 3 + 5 = 11."

La evaluación implica reemplazar las variables en una expresión algebraica por valores específicos y realizar las operaciones matemáticas correspondientes.

Sustitución de Variables: En la evaluación, se sustituyen las variables en una expresión algebraica por valores numéricos conocidos. Estos valores se conocen como "asignaciones" o "sustituciones."

Operaciones Matemáticas: Una vez que se han realizado las sustituciones, se aplican las operaciones matemáticas especificadas en la expresión algebraica. Estas operaciones pueden incluir suma, resta, multiplicación, división, exponenciación, entre otras.

Resultado de la Evaluación: El resultado de la evaluación es un valor numérico que representa el valor de la expresión algebraica después de haber reemplazado las variables y realizado las operaciones. En el ejemplo que proporcionaste, si "x = 3," entonces "2x + 5" se evalúa como "2 * 3 + 5 = 11."

Variables y Constantes: En una expresión algebraica, las variables pueden representar valores desconocidos o variables que pueden variar. Las constantes son valores numéricos fijos. La evaluación se utiliza para determinar el valor de la expresión cuando se conocen los valores de las variables y las constantes.

Aplicaciones: La evaluación es una herramienta fundamental en álgebra y se utiliza en una variedad de contextos. Se aplica en la resolución de ecuaciones, la simplificación de expresiones algebraicas y la interpretación de resultados matemáticos en términos de cantidades específicas.

La evaluación es esencial en matemáticas y ciencias, ya que permite asignar valores numéricos a variables y expresiones, lo que facilita la comprensión y la aplicación de conceptos matemáticos en situaciones concretas.

El álgebra se aplica en una amplia variedad de disciplinas, desde la física y la ingeniería hasta la economía y la ciencia de datos. Es una herramienta poderosa para modelar y resolver problemas en los que las relaciones matemáticas son esenciales para comprender y tomar decisiones.

15.Ecuaciones: Expresiones matemáticas que muestran igualdad, como $2x + 3 = 7$

Las ecuaciones son expresiones matemáticas que muestran igualdad entre dos expresiones o cantidades. Aquí hay algunos puntos clave sobre las ecuaciones:

Igualdad: Una ecuación establece que dos expresiones son iguales. Utiliza un signo de igual ("=") para indicar que el lado izquierdo de la ecuación es igual al lado derecho.

El signo de igual ("=") es esencial en las ecuaciones, ya que indica que dos expresiones o cantidades son iguales.

Equilibrio: La igualdad en una ecuación representa un equilibrio matemático. Significa que los valores en ambos lados de la ecuación son equivalentes y que ambos lados se equilibran.

Lado Izquierdo y Lado Derecho: En una ecuación, el lado izquierdo contiene una expresión matemática, y el lado derecho contiene otra expresión. El signo de igual se utiliza para indicar que ambas expresiones son equivalentes y tienen el mismo valor.

Propiedad Reflexiva: La igualdad es una propiedad reflexiva. Esto significa que cualquier número o expresión es igual a sí mismo. Por ejemplo, "3 = 3" es una ecuación verdadera.

Ejemplos de Igualdad: Aquí tienes ejemplos adicionales de ecuaciones que representan igualdad:

"2x = 10" indica que "2x" es igual a 10.

"a + 5 = 9" indica que "a + 5" es igual a 9.

"4y - 7 = 5" indica que "4y - 7" es igual a 5.

Resolución de Ecuaciones: Resolver una ecuación implica encontrar los valores de las variables que hacen que la igualdad sea verdadera. Esto a menudo implica realizar operaciones matemáticas en ambos lados de la ecuación para aislar la variable.

La igualdad en las ecuaciones es un concepto fundamental en las matemáticas y se utiliza para establecer relaciones y resolver problemas matemáticos y científicos. Permite modelar situaciones en las que las cantidades son equivalentes y se mantienen en equilibrio.

Variables: Las ecuaciones a menudo incluyen variables, que son símbolos que representan cantidades desconocidas o valores que pueden variar. En tu ejemplo, "x" es la variable.

Las variables son símbolos que representan cantidades desconocidas o valores que pueden variar.

Representación de Cantidades Desconocidas: Las variables se utilizan en ecuaciones para representar cantidades que no se conocen con certeza o que pueden variar en diferentes situaciones. Por ejemplo, en la ecuación "2x + 3 = 7," la variable "x" representa una cantidad desconocida que se está tratando de encontrar.

Notación de Variables: Las variables se expresan comúnmente como letras del alfabeto, como "x," "y," "a," "b," "c," etc. También es común usar subíndices para distinguir entre diferentes variables relacionadas.

Soluciones: Resolver una ecuación implica encontrar los valores de las variables que hacen que la igualdad sea verdadera. Estos valores se llaman "soluciones" de la ecuación. En el ejemplo anterior, "x = 2" es una solución porque satisface la ecuación.

Variables Independientes y Dependientes: En algunos contextos, como en sistemas de ecuaciones, una variable puede depender de otra. Por ejemplo, en un sistema de ecuaciones lineales, "x" y "y" pueden ser variables interdependientes.

Aplicaciones en Ciencias y Matemáticas: Las variables se utilizan para modelar una amplia variedad de fenómenos en ciencias y matemáticas. Por ejemplo, en la física, "t" puede representar el tiempo, y en la economía, "p" puede representar el precio.

Resolución de Problemas: Las ecuaciones con variables se utilizan para resolver problemas en matemáticas y ciencias, así como en situaciones del mundo real donde se necesita encontrar valores desconocidos.

Las variables son una parte fundamental de las ecuaciones y son esenciales para describir relaciones matemáticas y resolver problemas que involucran incógnitas o cantidades variables.

Constantes: Además de las variables, las ecuaciones pueden contener constantes, que son valores numéricos fijos. En tu ecuación, "2," "3" y "7" son constantes.

las constantes son valores numéricos fijos que se utilizan en ecuaciones para representar cantidades conocidas o valores que no cambian en una determinada situación.

Valores Fijos: Las constantes son números específicos que no varían en el contexto de la ecuación. Por ejemplo, en la ecuación "2x + 3 = 7," los números "2," "3" y "7" son constantes.

Papel en las Operaciones: Las constantes se utilizan en las operaciones matemáticas junto con las variables para formar expresiones algebraicas. En el ejemplo, "2x" es una expresión que incluye una constante ("2") multiplicada por una variable ("x").

Coeficientes: En ecuaciones lineales, las constantes que multiplican a las variables se llaman "coeficientes." En "2x," el coeficiente de "x" es 2.

Aplicación en Problemas: Las constantes se utilizan para modelar valores conocidos en situaciones matemáticas y científicas. Por ejemplo, si se está resolviendo un problema de física que involucra la velocidad de un objeto, la velocidad inicial podría ser una constante conocida.

Ecuaciones con Constantes: Las ecuaciones pueden incluir tanto variables como constantes. Las constantes a menudo representan valores que se conocen o se establecen previamente en un problema, y las variables representan cantidades desconocidas o variables.

Simplificación de Expresiones: En la simplificación de ecuaciones o expresiones algebraicas, las constantes se pueden combinar o agrupar para reducir la expresión a una forma más simple.

Las constantes son una parte esencial de las ecuaciones y se utilizan para describir relaciones matemáticas y modelar situaciones del mundo real en las que algunas cantidades se mantienen fijas o son conocidas. Esto es fundamental para la resolución de problemas en matemáticas y ciencias.

Resolución: Resolver una ecuación implica encontrar el valor o los valores de la variable que hacen que la igualdad sea verdadera. El valor que satisface la ecuación se llama "solución."

La resolución de una ecuación tiene como objetivo encontrar el valor o los valores de la variable que hacen que la igualdad en la ecuación sea verdadera. El valor que satisface la ecuación se llama "solución."

Solución: Una solución de una ecuación es un valor o conjunto de valores que, cuando se sustituyen en la ecuación, hacen que la igualdad sea verdadera. Por ejemplo, en la ecuación "2x + 3 = 7," la solución es "x = 2" porque cuando "x" se sustituye por 2, la ecuación es verdadera: "2 * 2 + 3 = 7."

Objetivo de la Resolución: El objetivo al resolver una ecuación es encontrar qué valores de la variable hacen que la ecuación sea verdadera. Esto implica despejar la variable y aislarla en un lado de la ecuación.

Operaciones Matemáticas: Resolver una ecuación a menudo implica realizar una serie de operaciones matemáticas en ambos lados de la ecuación para despejar la variable. Estas operaciones pueden incluir suma, resta, multiplicación, división y otras.

Verificación: Después de encontrar una solución, es importante verificar que el valor propuesto realmente satisface la ecuación. Esto implica sustituir el valor en la ecuación original y comprobar que ambas partes sean iguales.

Soluciones Múltiples: Algunas ecuaciones tienen más de una solución, mientras que otras pueden no tener solución. Dependerá de la naturaleza de la ecuación y sus coeficientes.

Aplicaciones: La resolución de ecuaciones se utiliza en una amplia variedad de campos, desde las matemáticas puras hasta la física, la economía y la ingeniería. Se aplica para modelar situaciones del mundo real y tomar decisiones basadas en datos cuantitativos.

La resolución de ecuaciones es un proceso fundamental en matemáticas y ciencias, ya que permite encontrar respuestas a problemas matemáticos y modelar situaciones en las que las cantidades son desconocidas pero se pueden calcular.

Operaciones: Las ecuaciones involucran operaciones matemáticas, como suma, resta, multiplicación, división y exponenciación. Estas operaciones se aplican tanto al lado izquierdo como al lado derecho de la ecuación.

Las ecuaciones involucran operaciones matemáticas que se aplican tanto al lado izquierdo como al lado derecho de la ecuación. Las operaciones matemáticas utilizadas en ecuaciones incluyen suma, resta, multiplicación, división, exponenciación y otras.

Suma (+): La operación de suma se utiliza para agregar valores. En una ecuación, se pueden sumar o restar términos en ambos lados para equilibrar la ecuación.

Resta (-): La operación de resta se utiliza para sustraer valores. Al igual que con la suma, se puede restar o sumar en ambos lados de la ecuación.

Multiplicación (×): La operación de multiplicación se utiliza para aumentar o disminuir valores. Multiplicar o dividir términos por un factor en ambos lados de la ecuación permite cambiar el valor de la variable.

División (÷): La operación de división se utiliza para dividir valores. Dividir o multiplicar términos en ambos lados de la ecuación es una forma común de despejar la variable.

Exponenciación (^): La operación de exponenciación se utiliza para elevar valores a una potencia. Elevar o tomar raíces en ambos lados de la ecuación puede cambiar el valor de la variable.

Operaciones Combinadas: En ecuaciones más complejas, se pueden utilizar varias operaciones en conjunto. Por ejemplo, una ecuación podría involucrar tanto sumas como multiplicaciones.

Mantener el Equilibrio: Las operaciones se utilizan para mantener el equilibrio en la ecuación. Cualquier operación realizada en un lado de la ecuación debe tener un efecto equivalente en el otro lado para que la igualdad se mantenga.

Orden de Operaciones: Al resolver ecuaciones, es importante seguir el orden de las operaciones matemáticas. Esto garantiza que las operaciones se realicen de manera correcta y que la ecuación se resuelva de manera precisa.

Las operaciones matemáticas son una parte esencial de la resolución de ecuaciones y se utilizan para despejar la variable y encontrar soluciones. El objetivo es encontrar valores de la variable que hagan que la igualdad en la ecuación sea verdadera.

Solución de Ecuaciones: Una ecuación puede tener una o varias soluciones. Por ejemplo, en la ecuación "$2x + 3 = 7$," la solución es "$x = 2$" porque cuando se sustituye "x" por 2, la ecuación es verdadera: "$2 * 2 + 3 = 7$."

Una ecuación puede tener una o varias soluciones. La solución de una ecuación es el valor o conjunto de valores de la variable que hace que la igualdad en la ecuación sea verdadera.

Solución Única: Algunas ecuaciones tienen una única solución, lo que significa que solo hay un valor de la variable que satisface la ecuación. En el ejemplo que proporcionaste, "$2x + 3 = 7$," la solución es única y es "$x = 2$."

Infinitas Soluciones: Algunas ecuaciones tienen infinitas soluciones. Esto ocurre cuando cualquier valor de la variable satisface la ecuación. Por ejemplo, la ecuación "3x = 3" tiene infinitas soluciones, ya que cualquier valor de "x" que haga que "3x" sea igual a 3 es una solución.

Sin Solución: Algunas ecuaciones no tienen solución. Esto sucede cuando no hay ningún valor de la variable que satisfaga la ecuación. Por ejemplo, la ecuación "2x + 3 = 1" no tiene solución, ya que no hay ningún valor de "x" que haga que "2x + 3" sea igual a 1.

Verificación: Es importante verificar que una solución propuesta satisfaga la ecuación. Esto implica sustituir el valor de la variable en la ecuación original y comprobar que ambas partes sean iguales. La verificación asegura que la solución sea correcta.

Expresión General: Al resolver ecuaciones, a menudo se busca encontrar la expresión general que describe todas las soluciones posibles en lugar de una solución específica.

Grado de la Ecuación: El grado de una ecuación se refiere al exponente más alto en la variable. Las ecuaciones de primer grado (lineales) tienen una sola solución, mientras que las ecuaciones de grado superior pueden tener múltiples soluciones.

La capacidad de encontrar soluciones para ecuaciones es fundamental en matemáticas y se aplica en una variedad de disciplinas, desde la física hasta la economía. La resolución de ecuaciones permite modelar y resolver problemas en los que las cantidades son desconocidas o variables.

Aplicaciones: Las ecuaciones se utilizan en una amplia variedad de campos, desde la física y la ingeniería hasta la economía y la ciencia de datos. Se aplican para modelar relaciones matemáticas y resolver problemas en situaciones del mundo real.

las ecuaciones tienen una amplia gama de aplicaciones en diversos campos.

Física: En física, las ecuaciones describen relaciones matemáticas entre variables como la velocidad, la aceleración, la fuerza y la energía. Las ecuaciones de movimiento de Newton y la ecuación de la ley de gravitación universal son ejemplos.

Ingeniería: Los ingenieros utilizan ecuaciones para diseñar y analizar sistemas y estructuras. Por ejemplo, en la ingeniería civil, las ecuaciones se utilizan para calcular la resistencia de materiales en puentes y edificios.

Economía: En economía, las ecuaciones se aplican para modelar relaciones económicas, como la oferta y la demanda, los costos de producción y la inflación. Estas ecuaciones son fundamentales en la toma de decisiones económicas y financieras.

Ciencia de Datos: En la ciencia de datos, se utilizan ecuaciones para modelar y analizar datos. Las ecuaciones de regresión, por ejemplo, se utilizan para predecir relaciones entre variables en conjuntos de datos.

Biología: Las ecuaciones se aplican en biología para modelar poblaciones, tasas de crecimiento y procesos bioquímicos. Por ejemplo, las ecuaciones de cinética enzimática describen reacciones químicas en sistemas biológicos.

Química: Las ecuaciones químicas se utilizan para representar reacciones químicas, lo que ayuda a comprender cómo los elementos y compuestos interactúan y se transforman.

Medicina: En medicina, las ecuaciones se aplican en áreas como la farmacocinética para determinar la dosis adecuada de medicamentos en función del metabolismo del paciente.

Astronomía: Las ecuaciones describen movimientos planetarios, órbitas de cometas y otros fenómenos astronómicos. La ley de Kepler y la ley de gravitación de Newton son ejemplos.

Tecnología: En tecnología, las ecuaciones se utilizan en el diseño y la optimización de sistemas electrónicos, algoritmos informáticos y circuitos eléctricos.

Educación: Las ecuaciones se enseñan en matemáticas y se utilizan para resolver problemas y enseñar habilidades matemáticas fundamentales.

Las ecuaciones son una herramienta poderosa para modelar relaciones matemáticas en una amplia variedad de campos y para abordar problemas en situaciones del mundo real. Estas aplicaciones demuestran la importancia de las ecuaciones en la ciencia, la tecnología, la ingeniería y las matemáticas (STEM) y en muchas otras áreas.

Las ecuaciones son una herramienta esencial en matemáticas y ciencias, ya que permiten representar y resolver problemas, establecer relaciones entre cantidades y tomar decisiones basadas en datos cuantitativos.

16.Inecuaciones: Expresiones que muestran relaciones de "mayor que" o "menor que" en lugar de igualdad.

Las inecuaciones son expresiones matemáticas que establecen relaciones de desigualdad en lugar de igualdad. En una inecuación, se utiliza uno de los siguientes símbolos:

"<" (menor que): Indica que un valor es menor que otro. Por ejemplo, "x < 5" significa que "x" es menor que 5.

">" (mayor que): Indica que un valor es mayor que otro. Por ejemplo, "y > 3" significa que "y" es mayor que 3.

"<=" (menor o igual que): Indica que un valor es menor o igual a otro. Por ejemplo, "z <= 8" significa que "z" es menor o igual a 8.

">=" (mayor o igual que): Indica que un valor es mayor o igual a otro. Por ejemplo, "w >= 10" significa que "w" es mayor o igual a 10.

Las inecuaciones se utilizan para representar una amplia gama de relaciones en matemáticas y se aplican en situaciones en las que las cantidades no necesariamente son iguales, pero se comparan en términos de su tamaño o magnitud. Las inecuaciones son especialmente útiles para describir restricciones y condiciones en problemas matemáticos y en aplicaciones del mundo real, como la planificación de presupuestos, la optimización de recursos y la toma de decisiones.

Aquí tienes algunas aplicaciones adicionales de las inecuaciones en diversos contextos:

Economía: En la economía, las inecuaciones se utilizan para modelar restricciones presupuestarias, limitaciones de recursos y condiciones de oferta y demanda. Por ejemplo, una inecuación puede describir la cantidad máxima de un producto que una empresa puede producir dadas sus limitaciones de recursos.

Las inecuaciones son una herramienta fundamental para modelar y analizar una variedad de situaciones económicas y financieras. Aquí hay algunas aplicaciones más específicas en economía:

Restricciones Presupuestarias: Las inecuaciones son utilizadas para representar las restricciones presupuestarias de individuos, familias o empresas. Por ejemplo, una familia puede utilizar una inecuación para determinar cuánto pueden gastar en alimentos y vivienda dado su ingreso mensual.

Optimización de Producción: En la producción de bienes y servicios, las inecuaciones se aplican para modelar las limitaciones de recursos, como la cantidad de materias primas disponibles o la capacidad de producción. Esto es importante para maximizar la eficiencia y la rentabilidad.

Oferta y Demanda: En el análisis de oferta y demanda, las inecuaciones se utilizan para representar restricciones en la cantidad de un producto que está disponible o que se desea comprar. Estas inecuaciones ayudan a determinar los precios de equilibrio y las cantidades de producción.

Planificación de Inversiones: En el ámbito de las inversiones financieras, las inecuaciones se aplican para modelar estrategias de inversión y riesgos. Por ejemplo, una inecuación puede describir las restricciones de riesgo en una cartera de inversiones.

Gestión de Recursos Naturales: Las inecuaciones se utilizan para establecer límites en la explotación de recursos naturales, como la pesca, la minería y la tala de árboles, con el objetivo de garantizar la sostenibilidad a largo plazo.

Impuestos y Tributación: Las inecuaciones se aplican en la planificación fiscal y tributaria para modelar las restricciones presupuestarias de individuos y empresas, y para determinar la carga tributaria óptima.

Distribución de Recursos Educativos: En la educación, las inecuaciones se utilizan para establecer criterios de asignación de recursos educativos, como financiamiento escolar, becas y acceso a programas educativos.

Política Monetaria: En la formulación de políticas económicas, las inecuaciones se aplican para modelar restricciones y metas, como la inflación objetivo y los tipos de interés.

En resumen, las inecuaciones son una herramienta esencial en la economía para modelar y resolver problemas relacionados con restricciones presupuestarias, recursos limitados y condiciones de mercado. Ayudan a los economistas y tomadores de decisiones a tomar decisiones informadas en una variedad de contextos económicos y financieros.

Optimización: Las inecuaciones son esenciales en problemas de optimización, donde se busca encontrar la mejor solución bajo ciertas restricciones. Por ejemplo, en la programación lineal, las inecuaciones se utilizan para maximizar o minimizar una función objetivo sujeta a restricciones.

Las inecuaciones desempeñan un papel crucial en problemas de optimización, donde se busca encontrar la mejor solución posible dentro de ciertas limitaciones o restricciones. Uno de los enfoques más comunes para la optimización con inecuaciones es la programación lineal.

Programación Lineal: La programación lineal es un método de optimización que se utiliza en una amplia variedad de aplicaciones, desde la gestión de la cadena de suministro hasta la toma de decisiones en empresas y organizaciones. En este enfoque, se buscan valores óptimos para las variables de decisión mientras se cumplen restricciones lineales expresadas como inecuaciones.

Función Objetivo: En un problema de programación lineal, se define una función objetivo que se busca maximizar o minimizar. Esta función puede representar la ganancia, el costo, el tiempo o cualquier otra cantidad que se desee optimizar.

Restricciones: Las restricciones se expresan como inecuaciones que limitan los valores que pueden tomar las variables de decisión. Estas inecuaciones pueden representar restricciones de recursos, limitaciones de capacidad o cualquier otro tipo de limitación.

Solución Óptima: La solución óptima es el conjunto de valores para las variables de decisión que maximiza o minimiza la función objetivo, cumpliendo simultáneamente con todas las restricciones. Esta solución proporciona la mejor combinación de decisiones dadas las restricciones.

Algoritmos de Resolución: Se utilizan algoritmos específicos para resolver problemas de programación lineal y encontrar la solución óptima. Algunos de los métodos más conocidos son el método simplex y el método del gradiente.

Aplicaciones: La programación lineal se aplica en una amplia gama de situaciones, como la planificación de la producción, la asignación de recursos, la distribución de productos, la planificación de rutas y la toma de decisiones en la gestión empresarial.

En resumen, las inecuaciones son esenciales en problemas de optimización, y la programación lineal es un enfoque matemático ampliamente utilizado para abordar estos problemas. Permite tomar decisiones informadas para maximizar beneficios o minimizar costos mientras se respetan restricciones y limitaciones en situaciones comerciales y de gestión.

Ciencia Ambiental: En la gestión de recursos naturales y la conservación del medio ambiente, las inecuaciones se aplican para establecer límites en la explotación de recursos, como la pesca sostenible y la gestión de áreas protegidas.

En la ciencia ambiental y la gestión de recursos naturales, las inecuaciones desempeñan un papel fundamental en la formulación de políticas y estrategias para la conservación y el uso sostenible de los recursos naturales.

Pesca Sostenible: Las inecuaciones se utilizan para establecer cuotas de pesca que limitan la cantidad de peces que pueden ser capturados en un esfuerzo por evitar la sobrepesca y garantizar la regeneración de las poblaciones de peces.

Gestión de Áreas Protegidas: Las inecuaciones se aplican en la gestión de parques nacionales y reservas naturales para establecer límites en la actividad humana, como la construcción de infraestructuras o la recolección de recursos, con el fin de preservar la biodiversidad y los ecosistemas.

Conservación de Especies: Las inecuaciones se utilizan para establecer restricciones en la caza y la captura de especies en peligro de extinción o en riesgo, con el objetivo de proteger estas especies y sus hábitats.

Planificación de la Ordenación del Territorio: En la planificación urbana y rural, las inecuaciones se aplican para limitar el desarrollo en áreas ambientalmente sensibles, como zonas de inundación o hábitats críticos.

Gestión de Recursos Forestales: Las inecuaciones se utilizan en la tala de árboles y la explotación forestal sostenible para establecer límites en la cantidad de madera que puede ser cosechada sin agotar los recursos forestales.

Gestión del Agua: En la gestión de cuencas fluviales y acuíferos, las inecuaciones se aplican para establecer restricciones en la extracción de agua con el fin de garantizar un suministro de agua sostenible.

Restricciones de Emisiones: Las inecuaciones se utilizan en la regulación de emisiones contaminantes para limitar la cantidad de contaminantes liberados por fuentes industriales y de otro tipo, con el fin de proteger la calidad del aire y del agua.

Planificación de Reservas Naturales: Las inecuaciones se aplican en la identificación y selección de áreas para la creación de nuevas reservas naturales, considerando factores como la conectividad de hábitats y la protección de especies en peligro.

Las inecuaciones desempeñan un papel esencial en la toma de decisiones relacionadas con la conservación del medio ambiente y la gestión de recursos naturales, ayudando a establecer límites y restricciones que son fundamentales para la sostenibilidad a largo plazo de los ecosistemas y la biodiversidad.

Diseño y Planificación Urbana: En arquitectura y planificación urbana, las inecuaciones se utilizan para establecer regulaciones de zonificación y restricciones de construcción en áreas urbanas.

En el ámbito de la arquitectura y la planificación urbana, las inecuaciones se emplean para establecer regulaciones y restricciones que rigen el desarrollo y la zonificación de áreas urbanas.

Zonificación: Las inecuaciones se utilizan para definir zonas en una ciudad o área urbana, determinando qué tipos de estructuras o actividades son permitidas en cada zona. Por ejemplo, se pueden establecer restricciones en la altura de los edificios, la densidad de población, los usos del suelo (residencial, comercial, industrial) y otros parámetros.

Regulación de Altura: Las inecuaciones se aplican para limitar la altura de los edificios en áreas específicas de una ciudad. Esto es crucial para mantener una estética urbana coherente y evitar sombras excesivas en áreas residenciales.

Planificación de Uso de Suelo: Las inecuaciones ayudan a regular el uso de suelo en áreas urbanas. Por ejemplo, se pueden establecer restricciones en la cantidad de terreno que se puede destinar a la construcción y la cantidad de espacio que debe reservarse para espacios verdes y parques.

Limitaciones de Densidad: Las inecuaciones son esenciales para controlar la densidad de población en áreas urbanas. Esto puede implicar restricciones en la cantidad de viviendas permitidas por área o restricciones de ocupación.

Distancias de Seguridad: Las inecuaciones se aplican para establecer distancias de seguridad entre edificios, instalaciones industriales y áreas residenciales o comerciales. Esto es importante para la seguridad y el bienestar de los residentes y trabajadores.

Regulación de Estacionamiento: Las inecuaciones se utilizan para establecer requisitos de estacionamiento en nuevos desarrollos, como centros comerciales o complejos residenciales. Esto influye en la cantidad de espacio destinado a estacionamiento.

Preservación Histórica: En áreas con edificios o áreas históricas, las inecuaciones pueden limitar las modificaciones y remodelaciones para preservar el carácter histórico.

Planificación de Infraestructura: Las inecuaciones también se aplican en la planificación de infraestructura, como la construcción de carreteras, puentes y servicios públicos, y pueden establecer restricciones para la ubicación y el diseño de estas estructuras.

Diseño de Espacios Públicos: Las inecuaciones pueden influir en la planificación y el diseño de espacios públicos, como parques, plazas y paseos peatonales.

La aplicación de inecuaciones en arquitectura y planificación urbana es fundamental para garantizar el desarrollo ordenado y sostenible de áreas urbanas, equilibrando las necesidades de crecimiento con la conservación del entorno, la calidad de vida y la seguridad de los residentes.

Salud: En la investigación médica y de salud pública, las inecuaciones pueden describir umbrales de riesgo, como niveles seguros de exposición a sustancias tóxicas.

Las inecuaciones desempeñan un papel importante en la investigación médica y la salud pública al establecer umbrales de riesgo y límites seguros.

Toxicología y Exposición a Sustancias Químicas: En toxicología, se utilizan inecuaciones para describir los niveles seguros de exposición a sustancias químicas, como productos químicos industriales o medicamentos. Estas inecuaciones establecen umbrales por encima de los cuales la exposición se considera peligrosa.

Epidemiología: En epidemiología, las inecuaciones pueden utilizarse para modelar la propagación de enfermedades infecciosas y establecer umbrales críticos de inmunización o de medidas de control. Por ejemplo, una inecuación podría describir la relación entre la tasa de vacunación y la propagación de una enfermedad.

Nutrición y Alimentación: Las inecuaciones también se aplican en la nutrición y la salud pública para definir pautas de consumo de alimentos seguros y saludables. Pueden establecer restricciones en la ingesta diaria de ciertos nutrientes o sustancias perjudiciales.

Calidad del Agua y Aire: En el monitoreo de la calidad del agua y del aire, las inecuaciones se utilizan para establecer límites máximos permitidos para contaminantes y sustancias químicas, garantizando que los niveles de exposición sean seguros para la salud humana.

Investigación sobre Drogas y Medicamentos: Las inecuaciones son útiles en la investigación de medicamentos para establecer dosis seguras y eficaces. Se aplican para definir la relación entre la dosis administrada y los efectos secundarios.

Gestión de Recursos Sanitarios: En la gestión de recursos de atención médica, las inecuaciones pueden utilizarse para establecer umbrales de admisión o tratamiento en función de la capacidad de los hospitales y la disponibilidad de recursos.

Planificación de Respuesta a Desastres: Las inecuaciones se aplican en la planificación de respuesta a desastres, como la planificación de capacidad hospitalaria, estableciendo umbrales críticos para la activación de recursos adicionales en situaciones de emergencia.

En la investigación médica y de salud pública, las inecuaciones contribuyen a establecer pautas, regulaciones y políticas que protegen la salud de la población y garantizan la seguridad en entornos donde la exposición a riesgos puede ser perjudicial.

Educación: En el campo de la educación, las inecuaciones se aplican en la definición de criterios de aprobación y calificación, así como en la distribución de recursos educativos.

Criterios de Aprobación: En los sistemas educativos, se utilizan inecuaciones para establecer los criterios de aprobación en exámenes y evaluaciones. Por ejemplo, una inecuación podría indicar que un estudiante necesita obtener una puntuación igual o superior a cierto valor para aprobar un examen.

Distribución de Recursos: Las inecuaciones pueden aplicarse en la asignación de recursos educativos, como becas y subsidios. Por ejemplo, las becas académicas pueden estar sujetas a inecuaciones que relacionan el rendimiento académico y la elegibilidad para recibir ayuda financiera.

Políticas de Inclusión: Las inecuaciones también pueden utilizarse en el diseño de políticas de inclusión y acceso a la educación. Por ejemplo, una inecuación podría definir los requisitos de admisión a programas de educación especial.

Evaluación de Rendimiento: En la evaluación del rendimiento estudiantil, las inecuaciones pueden establecer umbrales para la promoción de grado, la asignación de calificaciones o la participación en programas de educación avanzada.

Planificación de Recursos: Las inecuaciones pueden aplicarse en la planificación de recursos educativos, como la asignación de aulas y profesores en función de la capacidad y la demanda.

Optimización de Cursos: En instituciones educativas, las inecuaciones pueden utilizarse para optimizar la programación de cursos, asegurando que se cumplan restricciones de horario y capacidad.

Seguridad y Salud: Las inecuaciones pueden relacionarse con la seguridad y la salud de los estudiantes, estableciendo restricciones para garantizar un entorno educativo seguro y saludable.

En resumen, las inecuaciones son herramientas valiosas en el campo de la educación para establecer normas, criterios y políticas que influyen en la toma de decisiones y la gestión de recursos en las instituciones educativas.

Transporte: En la planificación del transporte y la logística, las inecuaciones se utilizan para modelar restricciones de capacidad en carreteras, aeropuertos y redes de transporte público.

Las inecuaciones desempeñan un papel fundamental en la planificación del transporte y la logística, donde se utilizan para modelar restricciones de capacidad y tomar decisiones relacionadas con la gestión eficiente de infraestructuras de transporte.

Gestión de Tráfico: En el control del tráfico, las inecuaciones se utilizan para modelar la capacidad de las carreteras y vías de tránsito. Por ejemplo, pueden describir la relación entre el volumen de tráfico y la velocidad, lo que es esencial para la gestión de la congestión y la planificación de la movilidad.

Asignación de Recursos de Transporte: Las inecuaciones pueden aplicarse en la asignación de recursos de transporte, como horarios de trenes, vuelos y rutas de transporte público. Esto ayuda a garantizar que los recursos estén siendo utilizados eficientemente y dentro de las restricciones de capacidad.

Optimización de Rutas: En la logística y el transporte de carga, las inecuaciones se utilizan para optimizar rutas de entrega y horarios de envío, teniendo en cuenta las limitaciones de tiempo y capacidad en carreteras y puertos.

Planificación de Infraestructuras: Las inecuaciones son útiles en la planificación y diseño de infraestructuras de transporte, como puentes y aeropuertos. Ayudan a garantizar que las estructuras sean seguras y cumplan con las normas de capacidad.

Planificación de Flotas: Las inecuaciones se aplican en la planificación de flotas de vehículos, asegurando que la cantidad de vehículos y su capacidad se ajusten a la demanda de transporte sin superar los límites de capacidad de las rutas y terminales.

Planificación de Transporte Público: En la planificación de redes de transporte público, las inecuaciones se utilizan para garantizar que los horarios y la capacidad de los servicios se ajusten a las necesidades de los usuarios.

Diseño de Sistemas de Peaje: Las inecuaciones se aplican en la gestión de sistemas de peaje en carreteras y puentes, asegurando que las tarifas se ajusten a las restricciones de capacidad y demanda.

En general, las inecuaciones en la planificación del transporte son esenciales para garantizar un flujo eficiente de personas y mercancías, minimizando la congestión y asegurando la seguridad en las infraestructuras de transporte.

Seguridad: En seguridad, las inecuaciones pueden describir condiciones para la aceptación o rechazo de ciertas acciones o decisiones.

En el ámbito de la seguridad, las inecuaciones se utilizan para establecer restricciones y condiciones que influyen en la toma de decisiones y en la gestión de riesgos.

Control de Acceso: Las inecuaciones pueden describir las condiciones bajo las cuales se permite o se niega el acceso a áreas seguras. Por ejemplo, las inecuaciones pueden definir umbrales de autorización basados en credenciales, como tarjetas de acceso o códigos de identificación.

Gestión de Riesgos: En la gestión de riesgos de seguridad, las inecuaciones se utilizan para establecer límites en la exposición a riesgos. Por ejemplo, pueden establecer umbrales de exposición a sustancias químicas peligrosas en un entorno de trabajo.

Planificación de Evacuación: Las inecuaciones pueden describir restricciones en la planificación de evacuación de edificios o áreas en situaciones de emergencia. Esto podría incluir restricciones de capacidad de salidas de emergencia o tiempos máximos de evacuación.

Seguridad en la Tecnología de la Información: Las inecuaciones pueden aplicarse en el control de acceso a sistemas informáticos y redes, estableciendo condiciones para la autorización de usuarios y la protección de datos.

Seguridad en el Transporte: En el transporte de mercancías peligrosas, las inecuaciones se utilizan para establecer restricciones de cantidad y condiciones de transporte que minimizan los riesgos para la seguridad.

Seguridad en la Construcción: Las inecuaciones pueden aplicarse en la construcción de estructuras, estableciendo restricciones de carga y capacidad de soporte para garantizar la seguridad de edificios y puentes.

Protección de Datos Personales: En el ámbito de la privacidad y la protección de datos, las inecuaciones pueden definir condiciones bajo las cuales se permite el acceso a información personal, garantizando la confidencialidad y el cumplimiento de regulaciones de privacidad.

Las inecuaciones desempeñan un papel importante en la seguridad al establecer límites y condiciones que ayudan a mitigar riesgos, controlar el acceso y garantizar la seguridad en diversas situaciones y entornos. Son una herramienta matemática versátil que se aplica en una variedad de situaciones para representar relaciones de desigualdad y establecer límites en problemas prácticos y decisiones basadas en datos. Su capacidad para modelar restricciones y condiciones hace que sean esenciales en la toma de decisiones informadas en una amplia gama de campos.

17.Razones: Comparar dos cantidades, como 2:5.

Las razones son una forma de comparar dos cantidades o valores mediante una expresión que muestra la relación entre ellos. Las razones se expresan en forma de fracción o mediante dos números separados por dos puntos o dos puntos y una barra. Por ejemplo, la razón "2:5" o "2/5" indica la comparación entre dos cantidades, en este caso, el número 2 en relación con el número 5. Las razones pueden tener varios usos y aplicaciones en matemáticas y en la resolución de problemas en diversas disciplinas. Aquí tienes algunos ejemplos de su aplicación:

Proporciones: Las razones se utilizan comúnmente en proporciones para comparar cantidades. Por ejemplo, si se compara la cantidad de hombres (2) con la cantidad de mujeres (5) en un grupo, la razón 2:5 indica que hay 2 hombres por cada 5 mujeres en ese grupo. Son fundamentales para expresar proporciones y comparar cantidades en una variedad de situaciones. En tu ejemplo, la razón 2:5 representa la proporción de hombres con respecto a mujeres en un grupo. Esto significa que por cada 2 hombres, hay 5 mujeres en ese grupo.

Las proporciones son una forma efectiva de comunicar la relación relativa entre dos conjuntos de datos, ya sea en el contexto de poblaciones, muestras, cantidades, o cualquier otro tipo de comparación cuantitativa. Se pueden expresar como fracciones o con dos puntos (como 2:5) y se utilizan en matemáticas, estadísticas, ciencias sociales, y en muchos otros campos para describir relaciones cuantitativas. Las proporciones y las razones son herramientas importantes en el análisis de datos y en la toma de decisiones basadas en datos.

Escalas: En mapas y planos, se utilizan razones para representar relaciones de escala. Por ejemplo, una escala de 1:1000 en un mapa significa que una distancia en el mapa es mil veces menor que la distancia real en el terreno.

las escalas son fundamentales en la cartografía y la representación gráfica de la geografía. Cuando se utiliza una razón, como 1:1000 en un mapa, se está estableciendo una relación de escala entre las distancias representadas en el mapa y las distancias reales en el terreno. En tu ejemplo, una escala de 1:1000 significa que una unidad de longitud en el mapa es equivalente a 1/1000 de la misma unidad de longitud en el terreno real. Esto implica que las distancias en el mapa están reducidas en un factor de 1000 en comparación con las distancias reales.

Las escalas son esenciales para que las representaciones gráficas, como mapas y planos, sean útiles y precisas. Permiten a las personas interpretar correctamente las distancias y las dimensiones en relación con el mundo real. Las escalas se utilizan en cartografía, diseño de planos arquitectónicos, ingeniería, topografía y en diversas aplicaciones donde se requiere una representación gráfica precisa de la información espacial. Las escalas pueden variar según la situación y el nivel de detalle necesario en la representación gráfica.

Probabilidad: En estadísticas y probabilidad, las razones se utilizan para expresar la probabilidad de un evento en relación con otro. Por ejemplo, si la probabilidad de que ocurra un evento A es 2 veces mayor que la probabilidad de que ocurra un evento B, la razón de probabilidades sería 2:1.en estadísticas y probabilidad, las razones de probabilidades son una forma común de expresar la probabilidad relativa de que ocurra un evento en comparación con otro. La razón de probabilidades se calcula dividiendo la probabilidad de que ocurra el evento A por la probabilidad de que ocurra el evento B. Si la probabilidad de que ocurra el evento A es 2 veces mayor que la probabilidad de que ocurra el evento B, la razón de probabilidades sería 2:1.

Las razones de probabilidades son útiles en la toma de decisiones basadas en probabilidades y en la evaluación de riesgos. Se utilizan en una amplia gama de aplicaciones, desde la investigación médica y epidemiología hasta la evaluación de riesgos en seguros y finanzas. También son fundamentales en la teoría de juegos y en la interpretación de resultados de experimentos y estudios estadísticos.

Velocidad y Distancia: En problemas de movimiento y velocidad, las razones se utilizan para comparar velocidades o distancias. Por ejemplo, si un automóvil A viaja a una velocidad de 60 km/h y un automóvil B viaja a 120 km/h, la razón de velocidades sería 60:120 o 1:2. Las razones se utilizan en problemas relacionados con el movimiento y la velocidad para comparar velocidades o distancias. En tu ejemplo, si un automóvil A viaja a 60 km/h y un automóvil B viaja a 120 km/h, la razón de velocidades entre ambos sería 60:120 o, simplificando, 1:2. Esto significa que el automóvil B está viajando a una velocidad que es el doble de la velocidad del automóvil A.

Las razones de velocidades y distancias son comunes en problemas de cinemática y dinámica, y se utilizan para comprender y cuantificar el movimiento de objetos en relación con otros objetos o referencias. También son relevantes en áreas como la navegación, la aviación y la ingeniería de tráfico, donde se deben tomar decisiones basadas en la velocidad y la distancia recorrida por vehículos u objetos en movimiento.

Finanzas: En finanzas, las razones se utilizan para comparar indicadores financieros, como el precio-earnings ratio (relación precio-beneficios) en acciones, donde se compara el precio de una acción con sus ganancias. En el mundo de las finanzas, las razones son herramientas importantes para evaluar y comparar indicadores financieros. El precio-earnings ratio (PE ratio), o relación precio-beneficios, es un ejemplo común de una razón financiera. Se calcula dividiendo el precio de una acción entre sus ganancias por acción (earnings per share).

La razón PE se utiliza para evaluar la valoración de una acción en el mercado de valores. Una razón PE alta puede indicar que los inversores están dispuestos a pagar un precio más alto por cada dólar de ganancias de la empresa, lo que podría sugerir una expectativa de crecimiento futuro. Por otro lado, una razón PE baja puede indicar que las acciones están valoradas más bajas en relación con sus ganancias, lo que podría ser una señal de que la acción está infravalorada.

Las razones financieras también se aplican en la evaluación de la rentabilidad, la solvencia y la eficiencia de las empresas, y son fundamentales en la toma de decisiones de inversión y financiamiento.

Las razones son herramientas útiles para expresar comparaciones y relaciones entre cantidades o valores, y son ampliamente utilizadas en matemáticas y en la resolución de problemas prácticos en una variedad de campos. Las razones son herramientas fundamentales en matemáticas y en la resolución de problemas prácticos en diversos campos. Permiten expresar comparaciones y relaciones entre cantidades o valores, lo que facilita la comprensión y el análisis de situaciones complejas. Ya sea en matemáticas, ciencia, finanzas, ingeniería, estadísticas o cualquier otra disciplina, las razones son una forma efectiva de cuantificar y comunicar relaciones cuantitativas.

Su versatilidad y aplicabilidad en una amplia gama de situaciones hacen que las razones sean una herramienta valiosa tanto en el mundo académico como en el práctico. Pueden utilizarse para tomar decisiones informadas, hacer comparaciones significativas y resolver problemas que involucran cantidades o valores relacionados.

18.Proporciones: Relaciones de igualdad entre razones

Las proporciones son relaciones de igualdad entre razones. En otras palabras, una proporción es una igualdad entre dos razones, y generalmente se expresa en la forma "a:b = c:d," donde "a" y "b" son números (o razones) y "c" y "d" son números (o razones) distintos. Esto significa que la primera razón "a:b" es igual a la segunda razón "c:d".

Las proporciones se utilizan para comparar dos conjuntos de cantidades de manera que la relación entre las cantidades de un conjunto sea igual a la relación entre las cantidades del otro conjunto. Las proporciones son comunes en matemáticas, ciencia, economía y muchas otras disciplinas, y se aplican para resolver problemas que involucran relaciones proporcionales.

Por ejemplo, en un problema de proporción, podrías tener la situación en la que "a" es la cantidad de dinero que ganas en 5 horas, "b" es la cantidad de dinero que ganas en 8 horas, "c" es la cantidad de dinero que gana otra persona en 5 horas, y "d" es la cantidad de dinero que gana la misma persona en 8 horas. Si a:b = c:d, entonces estás expresando una relación de igualdad proporcional en términos de ganancias por hora.

Las proporciones son una herramienta fundamental en matemáticas y se aplican en una amplia variedad de disciplinas y situaciones para resolver problemas que involucran relaciones proporcionales. Aquí hay algunas áreas donde las proporciones son comunes y esenciales:

Matemáticas: Las proporciones se utilizan para resolver problemas de proporcionalidad directa o inversa, como los relacionados con razones, tasas y porcentajes. También son fundamentales en la resolución de problemas de álgebra y geometría.

Las proporciones son fundamentales en matemáticas y tienen aplicaciones en diversos conceptos y áreas:

Proporcionalidad Directa: Cuando dos cantidades son directamente proporcionales, significa que aumentan o disminuyen juntas en la misma proporción. En matemáticas, esto se expresa en una proporción directa. Por ejemplo, si dos empleados ensamblan bicicletas a la misma velocidad, la cantidad de bicicletas que ensamblan es directamente proporcional al tiempo.

Proporcionalidad Inversa: Cuando dos cantidades son inversamente proporcionales, significa que cuando una cantidad aumenta, la otra disminuye en una relación inversa. En matemáticas, esto se expresa en una proporción inversa. Por ejemplo, si un coche viaja a una velocidad constante, el tiempo que tarda en llegar a su destino es inversamente proporcional a su velocidad.

Razones y Tasas: Las proporciones se utilizan para comparar dos cantidades, como 2:3, que indica que la primera cantidad es dos tercios de la segunda. Las tasas son ejemplos comunes de proporciones, como la tasa de interés o la velocidad de flujo de un río.

Porcentajes: Los porcentajes son proporciones expresadas como un valor de 0 a 100. Por ejemplo, si el 20% de los estudiantes en una escuela son miembros de un club, esto se expresa como una proporción de 20:100 o 1:5.

Álgebra y Geometría: Las proporciones se utilizan en álgebra y geometría para resolver ecuaciones y problemas relacionados con la longitud, el área y el volumen. También se aplican en trigonometría para expresar relaciones trigonométricas.

Resolución de Problemas: Las proporciones son una herramienta valiosa para resolver problemas matemáticos y del mundo real que implican comparar cantidades y relaciones proporcionales. Pueden usarse para calcular descuentos, tasas de crecimiento, razones de mezclas, y mucho más.

Las proporciones son una parte integral de las matemáticas y se aplican en una variedad de situaciones para describir y resolver problemas que involucran relaciones proporcionales entre cantidades o valores.

Ciencia: En disciplinas científicas como la física, la química y la biología, las proporciones se utilizan para expresar relaciones entre cantidades físicas, como velocidad, masa, concentración y más.

las proporciones desempeñan un papel fundamental en la ciencia al permitir expresar y comprender las relaciones entre diferentes cantidades físicas.

Física: Las proporciones son esenciales en la física para expresar relaciones de velocidad, aceleración, fuerza y otras cantidades. Por ejemplo, la segunda ley de Newton establece que la fuerza es directamente proporcional a la aceleración de un objeto y a su masa, lo que se puede expresar mediante una proporción.

Química: En química, las proporciones se utilizan para describir relaciones en reacciones químicas y para expresar concentraciones de sustancias en soluciones. La ley de las proporciones definidas establece que los elementos químicos se combinan en relaciones fijas y proporcionales.

Biología: En biología, las proporciones son útiles para describir relaciones entre diversas cantidades, como la relación entre la longitud y el peso en animales, la concentración de sustancias en fluidos biológicos o las relaciones de crecimiento en poblaciones.

Las proporciones son una herramienta universal para describir y comunicar relaciones entre cantidades en la ciencia y son esenciales para el desarrollo y la comprensión de teorías científicas y experimentos.

Economía: En economía, las proporciones se aplican para analizar indicadores financieros, como las relaciones precio-valor, tasas de interés y crecimiento económico.

las proporciones son ampliamente utilizadas para analizar y comprender indicadores financieros y económicos.

Relaciones Precio-Valor: En el mercado de valores, las proporciones como el precio-valor contable (P/V), el precio-ganancias (P/E) y otras se utilizan para evaluar si las acciones de una empresa están sobrevaloradas o infravaloradas en relación con sus fundamentos financieros.

Tasas de Interés: Las tasas de interés se expresan en términos de proporciones, como la tasa de interés anual expresada como un porcentaje del capital prestado. Estas tasas son fundamentales en el ámbito financiero y económico para calcular costos de financiamiento y evaluar inversiones.

Crecimiento Económico: Las tasas de crecimiento económico se expresan como proporciones que comparan el crecimiento del producto interno bruto (PIB) de un país en diferentes períodos. Estas tasas son fundamentales para evaluar la salud económica de un país y tomar decisiones de política económica.

Índices de Precios: En el análisis de inflación, se utilizan proporciones para comparar el cambio en el índice de precios en diferentes períodos, lo que permite evaluar el impacto de la inflación en los precios de bienes y servicios.

El uso de proporciones en economía es esencial para tomar decisiones financieras informadas, evaluar el rendimiento de las inversiones y comprender las tendencias económicas en los mercados y las economías a nivel nacional e internacional.

Estadísticas: Las proporciones se utilizan en estadísticas para calcular y expresar relaciones en datos, como las proporciones de eventos en un conjunto de datos.

En estadísticas, las proporciones son una herramienta fundamental para analizar y resumir datos.

Proporciones y Probabilidades: Las proporciones se utilizan para calcular probabilidades en eventos aleatorios. Por ejemplo, en estadísticas de salud, se pueden calcular proporciones para determinar la probabilidad de que un evento, como una enfermedad, ocurra en una población específica.

Proporciones y Tasas: Las tasas y proporciones se utilizan para expresar relaciones entre subgrupos de una población. Por ejemplo, la tasa de mortalidad es una proporción que compara el número de muertes con la población total en un período de tiempo específico.

Comparaciones de Grupos: Las proporciones se utilizan para comparar la incidencia de eventos en diferentes grupos. Esto es común en estudios de investigación, donde se comparan grupos de tratamiento y control para evaluar la efectividad de una intervención.

Estimación de Parámetros: En inferencia estadística, las proporciones se utilizan para estimar parámetros poblacionales basados en muestras de datos. Por ejemplo, la proporción de personas en una muestra que tiene una característica específica se utiliza para estimar la proporción en la población total.

Las proporciones son una herramienta poderosa en estadísticas para resumir datos, calcular probabilidades y comparar grupos. Se utilizan en una variedad de campos, desde la salud y la economía hasta la investigación científica y social.

Geografía: En cartografía, las proporciones se emplean para representar la escala de un mapa y la relación entre las distancias en el mapa y en la realidad.

En geografía y cartografía, las proporciones, también conocidas como "escalas," son fundamentales para representar y comprender la relación entre las distancias en un mapa y las distancias reales en la Tierra. Las escalas se expresan comúnmente de dos maneras:

Escala Gráfica o Lineal: Esto implica una línea dividida en unidades de distancia (por ejemplo, kilómetros o millas) en el mapa. Al observar esta línea, puedes determinar cuántas unidades de distancia corresponden a una unidad de longitud en el mapa. Por ejemplo, si una escala gráfica muestra que 1 centímetro en el mapa equivale a 10 kilómetros en la realidad, entonces puedes calcular fácilmente las distancias reales midiendo el mapa.

Escala Numérica: Esto se representa como una relación entre una unidad de distancia en el mapa y una unidad de distancia en la realidad. Por ejemplo, si la escala numérica es 1:100,000, significa que una unidad de longitud en el mapa representa 100,000 veces esa longitud en la realidad. Esta escala se expresa en una fracción, y el primer número representa la unidad de longitud en el mapa, mientras que el segundo número representa la unidad de longitud en la realidad.

Las escalas son esenciales para la interpretación de mapas, ya que permiten estimar distancias y comprender la relación espacial entre lugares. Además, son cruciales en la planificación urbana, la cartografía, la navegación y otros campos relacionados con la geografía y la representación de la Tierra.

Educación: Las proporciones se aplican en el diseño de evaluaciones y pruebas estandarizadas, así como en la comparación de calificaciones y desempeño académico.

En el campo de la educación, las proporciones desempeñan un papel importante en varias áreas:

Evaluaciones y Pruebas Estandarizadas: Las proporciones se utilizan en el diseño de evaluaciones y pruebas estandarizadas para establecer los criterios de calificación. Por ejemplo, una proporción puede definir cuántas preguntas deben responderse correctamente para obtener una calificación específica. Esto garantiza que las pruebas sean justas y consistentes en la evaluación del desempeño de los estudiantes.

Comparación de Calificaciones: Las proporciones también se aplican en la comparación de calificaciones. Por ejemplo, si se desea evaluar el desempeño de un estudiante en relación con una escala de calificación, se puede utilizar una proporción para determinar en qué rango de calificaciones se encuentra. Esto es útil para evaluar el rendimiento académico y la progresión de los estudiantes.

Análisis de Datos Educativos: En la recopilación y análisis de datos educativos, las proporciones pueden utilizarse para examinar relaciones entre variables, como la relación entre el número de estudiantes de género masculino y femenino en una institución educativa, la proporción de estudiantes en diferentes grados, y más. Esto proporciona información valiosa para la toma de decisiones en la gestión escolar.

Diseño de Programas Educativos: Al diseñar programas educativos, las proporciones se pueden utilizar para determinar la relación entre estudiantes y docentes, la proporción de recursos asignados a diferentes áreas curriculares y la distribución de oportunidades de aprendizaje.

En resumen, las proporciones son una herramienta útil en el campo de la educación para medir el desempeño, comparar resultados, analizar datos y tomar decisiones informadas sobre la gestión y el diseño de programas educativos.

Salud: En medicina y salud pública, las proporciones se utilizan para describir la prevalencia de enfermedades, la eficacia de tratamientos y otros indicadores de salud.

En el ámbito de la salud y la medicina, las proporciones son una herramienta fundamental para describir, analizar y comunicar una variedad de aspectos relacionados con la salud pública, la epidemiología y la práctica clínica.

Prevalencia de Enfermedades: Las proporciones se utilizan para expresar la prevalencia de enfermedades en una población, lo que permite determinar cuántas personas están afectadas por una enfermedad en relación con la población total. Por ejemplo, la proporción de personas con diabetes en una población específica.

Tasas de Mortalidad y Supervivencia: Las proporciones se utilizan para calcular tasas de mortalidad y tasas de supervivencia en estudios epidemiológicos. Por ejemplo, la proporción de pacientes que sobreviven después de un tratamiento específico.

Evaluación de Eficacia de Tratamientos: Las proporciones se aplican para evaluar la eficacia de tratamientos médicos y terapias. Por ejemplo, la proporción de pacientes que responden positivamente a un nuevo medicamento.

Estudios de Enfermedades Infecciosas: Las proporciones son esenciales en la epidemiología de enfermedades infecciosas, ya que se utilizan para describir la propagación y la transmisión de enfermedades, incluyendo tasas de infección y proporciones de personas inmunizadas.

Investigación Clínica: En la investigación clínica, las proporciones se utilizan para medir la proporción de pacientes que experimentan un efecto secundario de un tratamiento o para evaluar la relación entre factores de riesgo y resultados clínicos.

Calidad de Atención Médica: Las proporciones se aplican en la evaluación de la calidad de atención médica, como la proporción de pacientes que reciben tratamientos recomendados o el cumplimiento de estándares de atención.

Gestión de Recursos en Salud Pública: Las proporciones son útiles en la asignación de recursos en salud pública y en la planificación de servicios de atención médica en función de la carga de enfermedades en una población.

Educación en Salud: Las proporciones se utilizan para comunicar información sobre riesgos, beneficios y resultados de salud a pacientes y al público en general.

En resumen, las proporciones son fundamentales en la salud y la medicina para cuantificar y evaluar una amplia gama de aspectos relacionados con la salud de la población, la efectividad de los tratamientos y la calidad de la atención médica. Estas medidas son esenciales para la toma de decisiones informadas y la promoción de la salud pública.

Ingeniería: En ingeniería, las proporciones son esenciales para el diseño y análisis de sistemas y estructuras, así como para la resolución de problemas de ingeniería.

En el campo de la ingeniería, las proporciones desempeñan un papel crucial en diversas disciplinas y aplicaciones.

Diseño Estructural: En ingeniería civil y arquitectura, las proporciones son críticas en el diseño de estructuras, como puentes y edificios. Las proporciones de carga y resistencia son consideraciones clave para garantizar que las estructuras sean seguras y cumplan con los códigos de construcción.

Mecánica de Materiales: En esta disciplina, las proporciones se utilizan para describir las relaciones entre esfuerzo y deformación en materiales como el acero y el hormigón. Esto es fundamental para el diseño de componentes estructurales y máquinas.

Termodinámica: En ingeniería mecánica y química, las proporciones se aplican para describir ciclos de procesos termodinámicos, como los ciclos de refrigeración y los motores de combustión interna.

Electrónica y Circuitos: En ingeniería eléctrica, las proporciones se utilizan para definir relaciones de voltaje y corriente en circuitos eléctricos y electrónicos. Esto es esencial para el diseño y análisis de sistemas electrónicos.

Ingeniería de Control: En la automatización y control de procesos, las proporciones se aplican para describir las relaciones entre señales de entrada y salida en sistemas de control. Esto es crítico en la regulación de sistemas industriales y la robótica.

Ingeniería de Software: En ingeniería de software, las proporciones se utilizan para definir métricas de calidad y rendimiento de software, como la proporción de líneas de código defectuosas en relación con el total de líneas de código.

Ingeniería de Transporte: En la planificación de sistemas de transporte y diseño de carreteras, las proporciones se aplican para describir las tasas de flujo de tráfico y la capacidad de las infraestructuras de transporte.

Ingeniería Ambiental: Las proporciones se utilizan en la gestión de recursos naturales y la evaluación de impacto ambiental para describir relaciones entre la cantidad de recursos disponibles y la demanda de recursos naturales.

Ingeniería Aeroespacial: En el diseño de aeronaves y cohetes, las proporciones son críticas para determinar la relación entre la velocidad, la eficiencia y la capacidad de carga de vehículos espaciales.

Ingeniería de Sistemas: En la ingeniería de sistemas, las proporciones se aplican para definir relaciones entre componentes y subsistemas en sistemas complejos.

En cada una de estas disciplinas de ingeniería, las proporciones ayudan a cuantificar y entender las relaciones entre diversas variables y son esenciales para el diseño, análisis y resolución de problemas en la ingeniería.

Negocios: En la gestión de empresas, las proporciones se aplican en el análisis financiero, la toma de decisiones y la evaluación del desempeño empresarial.

En el mundo de los negocios y la gestión empresarial, las proporciones desempeñan un papel crucial en diversos aspectos.

Análisis Financiero: Las proporciones financieras, como la relación deuda-capital, el margen de beneficio, el índice de liquidez y la rotación de inventario, se utilizan para evaluar la salud financiera de una empresa. Estas proporciones permiten a los inversores, accionistas y directores financieros tomar decisiones informadas sobre la gestión de los recursos financieros.

Planificación y Presupuestación: Las proporciones se utilizan para establecer objetivos financieros y crear presupuestos empresariales. Esto implica determinar las relaciones entre ingresos y gastos, lo que es esencial para mantener un equilibrio financiero.

Evaluación de Rendimiento: Las proporciones se aplican para evaluar el rendimiento de la empresa en comparación con sus competidores o con sus propios resultados pasados. Esto puede incluir métricas como la rentabilidad, la eficiencia operativa y el crecimiento.

Valoración de Empresas: Las proporciones se utilizan en la valoración de empresas para determinar su valor intrínseco. Esto es relevante en fusiones y adquisiciones, así como en la venta de empresas.

Gestión de Inventarios: Las proporciones, como la rotación de inventario, ayudan a las empresas a gestionar sus niveles de inventario de manera eficiente. Esto garantiza que haya suficiente inventario para satisfacer la demanda sin incurrir en costos excesivos.

Recursos Humanos: Las proporciones se aplican en la gestión de recursos humanos para evaluar la eficiencia de la fuerza laboral. Esto puede incluir la proporción de empleados por supervisor, la rotación de personal y otras métricas relacionadas con el rendimiento del personal.

Marketing y Ventas: Las proporciones se utilizan en marketing y ventas para evaluar el retorno de la inversión (ROI) de las estrategias de marketing y la eficacia de las ventas. Esto ayuda a determinar qué estrategias son más rentables.

Gestión de Proyectos: Las proporciones se aplican en la gestión de proyectos para evaluar el progreso y el desempeño del proyecto en comparación con las metas y el presupuesto establecido.

Sostenibilidad: Las proporciones relacionadas con la sostenibilidad, como la proporción de energía renovable utilizada en comparación con la energía total consumida, son fundamentales para las iniciativas de responsabilidad social corporativa y la gestión ambiental.

Toma de Decisiones Estratégicas: Las proporciones financieras y operativas se utilizan para tomar decisiones estratégicas, como la expansión de la empresa, la diversificación de productos o la entrada a nuevos mercados.

En resumen, las proporciones son herramientas esenciales en la gestión empresarial para medir el desempeño, evaluar la eficiencia y tomar decisiones informadas que afectan la salud y el crecimiento de una empresa. Estas métricas proporcionan una visión cuantitativa de diversos aspectos de la gestión empresarial y son fundamentales para el análisis financiero y estratégico.

19.Media aritmética: El promedio de un conjunto de números.

La media aritmética, comúnmente conocida como promedio, es una medida estadística que se utiliza para representar el valor típico o central de un conjunto de números. Para calcular la media aritmética, se suman todos los números en el conjunto y luego se dividen por la cantidad de números en ese conjunto. La fórmula para la media aritmética se expresa de la siguiente manera:

Media aritmética = (Suma de los números) / (Cantidad de números)

Por ejemplo, consideremos el conjunto de números: 5, 7, 9, 12, 15. Para calcular la media aritmética de este conjunto, primero sumamos los números:

5 + 7 + 9 + 12 + 15 = 48

Luego, dividimos la suma por la cantidad de números en el conjunto, que es 5 en este caso:

Media aritmética = 48 / 5 = 9.6

Entonces, la media aritmética de este conjunto de números es 9.6. Esto significa que 9.6 es el valor promedio de los números en el conjunto. La media aritmética es una medida comúnmente utilizada en estadísticas y matemáticas para resumir datos y comprender tendencias o valores centrales en un conjunto de números.

Identificar tendencias: La media aritmética permite a los analistas identificar tendencias en un conjunto de datos. Al calcular el promedio, se obtiene un valor que representa el "centro" de los datos. Esto significa que si la media es significativamente mayor o menor que ciertos valores en el conjunto de datos, se puede concluir que hay una tendencia en esa dirección. Por ejemplo, en un conjunto de datos de ventas mensuales, una media que aumenta con el tiempo indica un crecimiento en las ventas.

Detectar valores atípicos: Los valores atípicos o extremos en un conjunto de datos pueden influir en las conclusiones y decisiones. La media puede ayudar a detectar estos valores atípicos. Si hay un valor extremo en el conjunto de datos, la media puede verse afectada significativamente. Esto alerta a los analistas sobre la presencia de valores inusuales. Por ejemplo, en un conjunto de datos de salarios de empleados, un salario extremadamente alto o bajo haría que la media difiera de lo que se considera típico.

la detección de valores atípicos o extremos en un conjunto de datos es una de las aplicaciones más importantes de la media aritmética en el análisis de datos. Aquí hay más información sobre este aspecto:

Identificación de valores atípicos: Cuando se calcula la media aritmética, se obtiene un valor que representa el centro del conjunto de datos. Los valores que se desvían significativamente de esta media pueden considerarse valores atípicos o extremos. Estos valores pueden ser más altos o más bajos de lo esperado en función del comportamiento típico de los datos.

Importancia de la detección de valores atípicos: La detección de valores atípicos es crucial en muchos contextos, ya que estos valores pueden distorsionar las conclusiones y decisiones basadas en datos. En áreas como la investigación médica, la evaluación de riesgos financieros o la calidad de los productos, la presencia de valores atípicos puede indicar problemas o oportunidades significativas.

Ejemplos de detección de valores atípicos: Imagina un conjunto de datos de calificaciones de estudiantes en un examen. Si la mayoría de los estudiantes obtiene calificaciones en el rango de 70-90, pero un estudiante obtiene una calificación de 10, esa calificación baja es un valor atípico. En un contexto de inversión en bolsa, si la mayoría de las acciones en un portafolio aumentan su valor, pero una acción disminuye significativamente, esa acción podría considerarse un valor atípico.

Acciones posteriores a la detección de valores atípicos: Una vez identificados los valores atípicos, es importante decidir qué hacer con ellos. En algunos casos, los valores atípicos pueden ser errores de entrada de datos y deben corregirse. En otros casos, pueden ser indicativos de eventos significativos que requieren una investigación más profunda. Dependiendo del contexto, se pueden eliminar, ajustar o analizar en detalle.

En resumen, la media aritmética es una herramienta valiosa para detectar valores atípicos en un conjunto de datos, lo que ayuda a garantizar que las conclusiones y decisiones basadas en datos sean más precisas y confiables.

Comparar resultados: La media aritmética es útil para comparar resultados entre diferentes conjuntos de datos o grupos. Por ejemplo, si una empresa quiere comparar el rendimiento de dos equipos de ventas en diferentes regiones, calcular la media de las ventas de cada equipo permite una comparación directa. El equipo con la media de ventas más alta se consideraría más efectivo.

Efectivamente, la media aritmética es una herramienta fundamental para la comparación de resultados y evaluación de desempeño en diversos contextos. Aquí se amplía sobre su utilidad en la comparación de resultados:

Comparación de grupos o conjuntos de datos: La media aritmética proporciona un valor representativo para cada grupo o conjunto de datos. Esto permite una comparación sencilla y directa entre los grupos. Por ejemplo, en el caso de equipos de ventas en diferentes regiones, se pueden calcular las medias de las ventas de cada equipo y luego comparar esas medias para evaluar cuál de los equipos tiene un mejor desempeño promedio.

Evaluación de tendencias a lo largo del tiempo: Además de comparar grupos, la media aritmética también se utiliza para evaluar el desempeño a lo largo del tiempo. Por ejemplo, si una empresa quiere analizar si las ventas han aumentado o disminuido en los últimos cinco años, puede calcular la media de las ventas de cada año y observar si hay una tendencia general al alza o a la baja.

Toma de decisiones informadas: Al comparar resultados mediante la media aritmética, las organizaciones y los tomadores de decisiones pueden basar sus acciones en datos objetivos y análisis cuantitativos. Esto puede ser fundamental en la planificación estratégica, la asignación de recursos y la toma de decisiones operativas.

Evaluación de desviaciones o discrepancias: Las comparaciones a través de la media aritmética también pueden revelar desviaciones significativas. Por ejemplo, si un equipo de ventas tiene un rendimiento promedio mucho más alto que otros, esta discrepancia puede indicar la necesidad de investigar qué prácticas o estrategias están impulsando ese rendimiento excepcional.

En resumen, la media aritmética es una herramienta versátil que facilita la comparación de resultados en una variedad de situaciones, lo que permite a las organizaciones y a los tomadores de decisiones tomar medidas informadas y estratégicas basadas en datos cuantitativos.

Toma de decisiones informadas: En una variedad de campos, desde la economía hasta la medicina, la toma de decisiones se basa en datos. La media aritmética proporciona una referencia central que ayuda a tomar decisiones informadas. Por ejemplo, en el ámbito de la salud, el análisis de datos puede involucrar la comparación de resultados de pacientes en ensayos clínicos. La media de los resultados puede ser crucial para determinar si un tratamiento es efectivo.

la toma de decisiones informadas es esencial en una amplia gama de campos, y la media aritmética desempeña un papel clave al proporcionar una referencia central para evaluar y entender los datos. A continuación, se detalla cómo la media aritmética facilita la toma de decisiones informadas en diversos contextos:

Economía y Finanzas: En el mundo de las inversiones y la economía, la media aritmética se utiliza para calcular índices y tasas de crecimiento. Por ejemplo, el cálculo del rendimiento promedio de una cartera de inversión a lo largo del tiempo proporciona información crítica para los inversores. La toma de decisiones informadas en cuanto a dónde asignar recursos financieros se basa en gran medida en estas medidas de rendimiento.

Medicina y Salud Pública: En la investigación médica, los ensayos clínicos y los estudios epidemiológicos, la media aritmética se utiliza para resumir datos sobre la eficacia de tratamientos, la prevalencia de enfermedades y otros indicadores de salud. Los médicos y los investigadores utilizan estas estadísticas para tomar decisiones informadas sobre tratamientos y políticas de salud pública.

Educación: En el ámbito educativo, la media aritmética se utiliza para evaluar el desempeño de los estudiantes y las escuelas. Los educadores y los responsables de la toma de decisiones utilizan estos datos para identificar áreas de mejora y diseñar estrategias educativas efectivas.

Planificación de Recursos: Tanto en la gestión de empresas como en la planificación de recursos naturales, la media aritmética se utiliza para asignar recursos de manera eficiente. Por ejemplo, en la logística empresarial, se puede utilizar la media de la demanda de productos para planificar inventarios y cadenas de suministro.

Política y Gobierno: En la formulación de políticas y la toma de decisiones gubernamentales, los datos recopilados y resumidos mediante la media aritmética pueden respaldar la implementación de políticas públicas. Por ejemplo, al calcular la media de los ingresos familiares, los gobiernos pueden tomar decisiones informadas sobre políticas fiscales y programas de asistencia social.

En todos estos casos y muchos otros, la media aritmética sirve como un punto de referencia esencial que permite a los profesionales y tomadores de decisiones comprender y analizar datos, lo que a su vez respalda la toma de decisiones informadas y estratégicas en una amplia variedad de campos.

En resumen, la media aritmética es una herramienta para resumir datos y comprender mejor su naturaleza. Ayuda a los analistas y tomadores de decisiones a sacar conclusiones, identificar patrones y comparar resultados, lo que es esencial en la toma de decisiones basadas en datos en una amplia gama de campos.

20.Medianas: El número del medio en un conjunto de números ordenados

La mediana es un valor estadístico que se utiliza para representar el número central en un conjunto de datos ordenados. Para calcular la mediana, primero debes ordenar los datos de menor a mayor o de mayor a menor. Luego, si tienes un número impar de datos, la mediana es el valor que ocupa la posición central en la secuencia ordenada. Si tienes un número par de datos, la mediana es el promedio de los dos valores centrales.

Cómo calcular la mediana:

Ordenar los datos: El primer paso para calcular la mediana es ordenar el conjunto de datos de forma ascendente o descendente, lo que facilita la identificación del valor central. Por ejemplo, si tienes el siguiente conjunto de datos: 7, 2, 1, 9, 5, deberás ordenarlos en orden ascendente: 1, 2, 5, 7, 9.

Número impar de datos: Si el conjunto de datos tiene un número impar de elementos (por ejemplo, 5), la mediana es simplemente el valor que ocupa la posición central en la secuencia ordenada. En este caso, el tercer valor (5) es la mediana, ya que divide los datos en dos mitades iguales, con dos valores menores y dos valores mayores.

Número par de datos: Si el conjunto de datos tiene un número par de elementos (por ejemplo, 6), la mediana se calcula promediando los dos valores centrales. En este caso, los dos valores centrales son el tercer y cuarto valor después de ordenarlos. Debes sumar estos dos valores y luego dividir la suma por 2 para obtener la mediana.

Por ejemplo, si tienes el conjunto de datos: 2, 4, 6, 8, la mediana se calcularía así:

Ordena los datos: 2, 4, 6, 8.

Como tienes un número par de datos, toma los dos valores centrales, que son 4 y 6.

Promedio de los valores centrales: $(4 + 6) / 2 = 5$.

Entonces, la mediana de este conjunto de datos es 5. La mediana es especialmente útil cuando se trabaja con datos que no siguen una distribución normal y puede ser menos sensible a valores atípicos en comparación con la media aritmética.

Debido a que la mediana se basa en la posición central de los datos ordenados, es menos sensible a los valores extremos o atípicos en el conjunto de datos en comparación con la media aritmética. Esto la convierte en una medida de tendencia central robusta en situaciones donde los valores extremos pueden sesgar la media.

La mediana es especialmente útil en los siguientes casos:

Cuando se trabaja con conjuntos de datos asimétricos o distribuciones sesgadas.Cuando se menciona un conjunto de datos asimétrico o una distribución sesgada, se hace referencia a situaciones en las que la frecuencia de los valores en los datos no se distribuye uniformemente a lo largo de una escala. En otras palabras, hay una acumulación de datos alrededor de ciertos valores o rangos, mientras que otros valores pueden ser menos comunes y, en ocasiones, extremadamente inusuales. Esto crea una asimetría en la distribución de los datos.

En tales casos, la mediana es útil porque no se ve afectada significativamente por los valores extremos o atípicos, que a menudo se encuentran en la cola de la distribución. Dado que la mediana se basa en la posición central de los datos ordenados, se centra en los valores que ocupan una posición intermedia en lugar de considerar el promedio de todos los valores, lo que podría estar sesgado por los valores extremos.

Por ejemplo, en una distribución sesgada hacia la derecha (donde la mayoría de los valores están en el extremo inferior), la media podría verse inflada por algunos valores extremadamente altos. En este caso, la mediana sería un indicador más representativo de la "tendencia central" porque se basa en los valores que ocupan una posición central en la secuencia ordenada, lo que lo hace menos susceptible a la influencia de los valores extremos.

En resumen, en situaciones con distribuciones sesgadas o asimétricas, la mediana se considera una medida de tendencia central más robusta y útil que la media aritmética.

Cuando los valores atípicos pueden tener un impacto significativo en la media y se desea una medida más resistente a estos valores extremos. la mediana es una medida resistente a los valores atípicos, y esto la hace especialmente valiosa en situaciones donde los valores extremos pueden afectar significativamente la media aritmética y distorsionar la interpretación de los datos.

Los valores atípicos o extremos son observaciones que se encuentran muy por encima o muy por debajo de la mayoría de los otros valores en un conjunto de datos. En la media aritmética, estos valores pueden tener un impacto desproporcionadamente grande, ya que se promedian con todos los demás valores. Esto puede distorsionar la medida de tendencia central y llevar a conclusiones erróneas sobre la naturaleza de los datos.

La mediana aborda este problema al centrarse en el valor que ocupa una posición central cuando los datos se ordenan. Dado que la mediana no tiene en cuenta todos los valores, sino solo aquellos en la posición central o los dos valores centrales (en el caso de un número par de datos), no se ve afectada significativamente por los valores atípicos. En cambio, refleja mejor la "tendencia central" de los datos, especialmente cuando estos datos contienen valores extremos que no son representativos de la mayoría de los datos.

En resumen, si se desea una medida de tendencia central que sea resistente a los valores atípicos y proporcione una representación más precisa de la "tendencia" de los datos en presencia de valores extremos, la mediana es una elección adecuada.

En situaciones en las que solo se dispone de datos ordinales o de intervalo, y no se pueden realizar operaciones matemáticas en los valores en sí mismos. La mediana es especialmente útil en situaciones en las que los datos se presentan en una escala ordinal o de intervalo, y donde las operaciones matemáticas, como la suma y la resta, no tienen sentido o no son apropiadas. Dado que la mediana se basa únicamente en la posición relativa de los valores en el conjunto de datos, no requiere ningún cálculo numérico en los valores en sí mismos. Esto la hace aplicable en una amplia gama de contextos donde los valores son solo comparables, pero no se pueden cuantificar en términos absolutos.

Por ejemplo, considera una encuesta en la que se pide a los participantes que califiquen su satisfacción con un producto en una escala ordinal, donde las opciones son "muy insatisfecho," "insatisfecho," "neutro," "satisfecho" y "muy satisfecho." En este caso, no puedes realizar cálculos matemáticos en las calificaciones, ya que no representan cantidades numéricas exactas. Sin embargo, puedes calcular la mediana de las calificaciones para obtener una medida de la calificación central que refleje cómo la mayoría de los encuestados se sintieron con respecto al producto.

En resumen, la mediana es una herramienta valiosa cuando se trabaja con datos ordinales o de intervalo y no se pueden realizar operaciones matemáticas en los valores subyacentes. Proporciona una medida de tendencia central que se basa únicamente en la posición relativa de los datos, lo que la hace aplicable en una variedad de contextos de investigación y análisis de datos.

Su aplicabilidad en una amplia gama de campos, desde la economía hasta la medicina y más allá, la convierte en una herramienta esencial para resumir y comprender la información contenida en conjuntos de datos de diversas naturalezas. La mediana es una medida de tendencia central versátil y ampliamente utilizada que se aplica en numerosos campos debido a su capacidad para resumir y comprender los datos de manera efectiva.

Su resistencia a los valores atípicos, su aplicabilidad a conjuntos de datos asimétricos o sesgados, y su capacidad para trabajar con datos ordinales e intervalo la convierten en una herramienta esencial en la investigación, el análisis de datos y la toma de decisiones en una variedad de disciplinas. Ya sea en la economía, la medicina, la educación, la investigación social o cualquier otro campo, la mediana proporciona información valiosa sobre la tendencia central de los datos, lo que facilita la comprensión de patrones y la toma de decisiones informadas.

Ya sea en la economía, la medicina, la educación, la investigación social o cualquier otro campo, la mediana proporciona información valiosa sobre la tendencia central de los datos, lo que facilita la comprensión de patrones y la toma de decisiones informadas.

La mediana es una herramienta fundamental en una amplia variedad de campos, ya que proporciona una medida de tendencia central que facilita la comprensión de patrones y la toma de decisiones informadas en base a datos. Al ser menos sensible a los valores atípicos en comparación con la media aritmética, la mediana se convierte en una opción valiosa cuando se trabaja con conjuntos de datos que pueden contener valores extremos. Esto la hace especialmente relevante en contextos donde la robustez de la medida de tendencia central es crucial para obtener una evaluación precisa de la situación. Ya sea en la evaluación de resultados económicos, la medición de la eficacia de tratamientos médicos o la comparación de rendimiento en la educación, la mediana desempeña un papel esencial en la comprensión y el análisis de datos.

La mediana es una herramienta esencial en la evaluación y el análisis de datos en una variedad de campos, incluyendo la economía, la medicina y la educación. Su capacidad para proporcionar una medida de tendencia central que no se ve afectada de manera significativa por valores atípicos la convierte en una elección valiosa cuando se trabaja con datos que pueden contener variabilidad o extremos. En la economía, se utiliza para comprender la distribución de ingresos y evaluar desigualdades. En medicina, se aplica para medir la eficacia de tratamientos y evaluar resultados de salud. En educación, se utiliza para comparar el rendimiento de estudiantes o escuelas. En todos estos contextos, la mediana brinda información importante que contribuye a una toma de decisiones más fundamentada.

21.Moda: El número que aparece con mayor frecuencia en un conjunto de números

La moda, en estadísticas, se refiere al número o valor que ocurre con mayor frecuencia en un conjunto de datos. Puede haber una moda (un valor que se repite con mayor frecuencia) o múltiples modas si varios valores tienen la misma frecuencia máxima. La moda es una medida de tendencia central que se utiliza para resumir datos y describir la distribución de valores en un conjunto de datos.

Para calcular la moda, se debe observar cuál es el valor o valores que aparecen con mayor frecuencia en el conjunto de datos. La moda es especialmente útil cuando se trabaja con datos categóricos o discretos, como categorías de productos, números enteros o categorías de calificaciones. Se aplica en diversos campos, como la estadística, la sociología, la epidemiología, la moda y la investigación de mercados, para identificar patrones y tendencias en los datos.

La moda es una medida estadística particularmente útil cuando se trata de datos que son categóricos o discretos, es decir, datos que se dividen en categorías o tienen un conjunto finito de valores posibles.

Categorías de Productos: En el ámbito de la moda y el comercio minorista, se utiliza la moda para identificar los productos más populares en un catálogo. Por ejemplo, determinar cuál es el color de ropa que se vende con mayor frecuencia en una tienda. En el ámbito de la moda y el comercio minorista, la moda desempeña un papel crucial para identificar tendencias y preferencias de los consumidores.

Selección de Inventario: Las tiendas minoristas utilizan la moda para determinar qué productos mantener en stock y cuáles pueden requerir promociones o eliminación del inventario. Por ejemplo, si se descubre que los jeans de color azul son la moda más popular en una tienda de ropa, la tienda podría optar por aumentar su inventario de jeans azules.

Planificación de Temporada: La moda también es esencial en la planificación de la temporada. Los minoristas deben anticipar qué colores, estilos o productos serán populares en una temporada específica, como el verano o el invierno, para satisfacer la demanda de los consumidores.

Diseño de Productos: Los diseñadores y fabricantes de moda utilizan datos de moda para crear productos que se alineen con las preferencias de los consumidores. Por ejemplo, si un cierto tipo de patrón o estampado es la moda más popular, las empresas de moda pueden incorporar ese diseño en su línea de productos.

Mercadotecnia y Publicidad: Los resultados de la moda a menudo se utilizan en campañas de marketing y publicidad. Si un color o estilo es muy popular, las marcas lo destacarán en sus anuncios para atraer a los compradores.

Predicción de Tendencias: La moda ayuda a los minoristas y diseñadores a prever las tendencias futuras en la industria de la moda. Esta información es valiosa para tomar decisiones sobre qué productos desarrollar y promover en el futuro.

En el mundo de la moda y el comercio minorista, la moda es una herramienta que contribuye a la toma de decisiones relacionadas con la producción, el inventario y la comercialización de productos. Esto permite a las empresas satisfacer las preferencias de los consumidores y mantenerse competitivas en el mercado.

Calificaciones o Calificaciones Escolares: En la educación, la moda puede usarse para identificar la calificación que los estudiantes obtienen con mayor frecuencia en un examen o en una clase, lo que proporciona información sobre el desempeño general.

Evaluación del Rendimiento: La moda de las calificaciones puede revelar cuál es el nivel de desempeño más común entre los estudiantes en una evaluación específica. Por ejemplo, si la calificación "B" es la moda en un examen, indica que la mayoría de los estudiantes obtuvieron una calificación de "B" en ese examen.

Identificación de Fortalezas y Debilidades: Los docentes y los educadores pueden utilizar la moda de las calificaciones para identificar áreas en las que los estudiantes están sobresaliendo y aquellas en las que pueden necesitar más apoyo. Si una calificación específica es la moda, podria indicar que esa es una de las áreas de fortaleza o debilidad común entre los estudiantes.

Evaluación de Contenido del Curso: La moda de las calificaciones también puede ayudar a los educadores a evaluar la efectividad de su enseñanza y el contenido del curso. Si una calificación específica es la moda y no refleja el contenido que se suponía que los estudiantes debían dominar, podría requerir una revisión del plan de estudios o de la metodología de enseñanza.

Detección de Tendencias a Largo Plazo: Al observar las modas de calificaciones a lo largo del tiempo, las instituciones educativas pueden identificar tendencias en el desempeño de los estudiantes. Esto puede ser útil para la toma de decisiones en áreas como la planificación del plan de estudios y la identificación de oportunidades de mejora.

Motivación y Retroalimentación: Mostrar la moda de las calificaciones a los estudiantes puede servir como retroalimentación sobre su desempeño. Los estudiantes pueden usar esta información para motivarse a mejorar y para entender cómo se comparan con sus compañeros.

La moda de las calificaciones es una herramienta que ayuda a los educadores y estudiantes a comprender mejor el rendimiento académico y a tomar decisiones educativas informadas.

Sociología: En estudios sociológicos, la moda se emplea para analizar datos categóricos como preferencias políticas, religión, ocupación o afiliaciones. Por ejemplo, puede ayudar a identificar la religión más común entre los habitantes de una región.

En la sociología, la moda se utiliza para analizar datos categóricos que están relacionados con la sociedad y la cultura.

Identificación de Tendencias Culturales: La moda se utiliza para identificar tendencias culturales en una población o región. Por ejemplo, se puede determinar cuál es la religión predominante en una comunidad o región geográfica. Esto puede ayudar a los sociólogos a comprender la diversidad religiosa en una sociedad.

Estudio de Preferencias Políticas: Los estudios sociológicos pueden utilizar la moda para analizar las preferencias políticas de una población. Por ejemplo, se podría determinar cuál es el partido político más popular entre los votantes de una región.

Análisis de Ocupaciones: La moda también se aplica para analizar las ocupaciones o profesiones más comunes en una sociedad. Esto puede ayudar a comprender la estructura laboral y económica de una región.

Afiliaciones y Pertenencias: En el ámbito de la sociología, la moda se emplea para estudiar la afiliación a grupos o asociaciones. Por ejemplo, se puede determinar a cuántos ciudadanos de una comunidad les gusta participar en organizaciones de voluntariado.

Cambios a lo largo del tiempo: La moda se puede analizar a lo largo de diferentes períodos de tiempo para identificar cambios en las preferencias, creencias o afiliaciones en una sociedad. Esto puede ayudar a comprender la evolución de la cultura y la sociedad.

En general, la moda es una herramienta útil para los sociólogos que desean comprender la diversidad y las tendencias culturales en diferentes comunidades y poblaciones. Ayuda a identificar patrones en datos categóricos que son relevantes para la sociología y la investigación social.

Epidemiología: En la salud pública y la epidemiología, la moda puede utilizarse para identificar los síntomas o enfermedades más frecuentes en un grupo de población, lo que es crucial para la detección y el control de enfermedades.

La moda es una herramienta útil en la epidemiología y la salud pública para identificar los síntomas o enfermedades más comunes en una población. Esto es importante para varios propósitos:

Detección de Brotes: La moda puede ayudar a identificar rápidamente los síntomas más frecuentes en una población, lo que es crucial para la detección temprana de brotes de enfermedades. Si un síntoma o enfermedad se vuelve notablemente más común de lo esperado, puede ser una señal de alerta para investigar y controlar la propagación de la enfermedad.

Planificación de Recursos de Salud: Identificar las enfermedades o síntomas más comunes permite a las autoridades de salud planificar recursos y servicios de atención médica. Por ejemplo, si se sabe que ciertos síntomas son predominantes en una región, se pueden asignar recursos adecuados para el diagnóstico y tratamiento.

Seguimiento de Tendencias de Salud: La moda puede utilizarse para rastrear las tendencias de salud en una población a lo largo del tiempo. Esto es útil para monitorear cambios en la prevalencia de ciertas enfermedades o síntomas y para evaluar la efectividad de las intervenciones de salud pública.

Identificación de Factores de Riesgo: Identificar los síntomas o enfermedades más comunes también puede ayudar a identificar factores de riesgo y determinar las causas subyacentes de los problemas de salud. Esto es fundamental para la investigación epidemiológica.

Evaluación de la Eficacia de Intervenciones: La moda se utiliza para evaluar si las intervenciones de salud pública están teniendo un impacto en la reducción de ciertos síntomas o enfermedades en una población.

 La Moda ayuda a los profesionales de la salud a detectar enfermedades emergentes, planificar la atención médica y evaluar el impacto de las intervenciones de salud pública.

Investigación de Mercados: En investigación de mercados y análisis del consumidor, se utiliza la moda para identificar las preferencias del consumidor. Por ejemplo, puede ayudar a determinar cuál es el sabor de helado más popular en una región. En investigación de mercados y análisis del consumidor, la moda se utiliza para identificar las preferencias del consumidor y tomar decisiones estratégicas. Al determinar cuál es el producto o la variante de un producto que es más popular o frecuentemente elegido por los consumidores, las empresas pueden:

Desarrollar Estrategias de Marketing: Conocer la moda permite a las empresas adaptar sus estrategias de marketing y publicidad para destacar los productos o características que son más populares entre los consumidores.

Planificación de Inventario: Las empresas pueden planificar su inventario en función de la moda, asegurándose de que tengan suficiente stock de los productos más demandados.

Desarrollo de Productos: La moda también puede guiar el desarrollo de nuevos productos. Si un sabor o variante específica es especialmente popular, una empresa podría optar por desarrollar más productos relacionados o expandir su línea de productos en esa dirección.

Tomar Decisiones de Producción: Conocer la moda puede ayudar a las empresas a tomar decisiones sobre la producción de bienes. Por ejemplo, si un cierto sabor de helado es muy popular, la empresa podría aumentar la producción de ese sabor.

Competencia y Diferenciación: Comprender la moda también permite a las empresas competir de manera más efectiva. Pueden diferenciarse de la competencia al ofrecer productos o características que son particularmente populares entre los consumidores.

La moda es una herramienta importante en la investigación de mercados y el análisis del consumidor, ya que permite a las empresas tomar decisiones informadas sobre sus productos, estrategias de marketing y planificación de inventario en función de las preferencias de los consumidores.

La moda permite identificar patrones y tendencias en los datos categóricos, lo que es valioso para la toma de decisiones y la comprensión de la distribución de frecuencias en una población o conjunto de datos.

22.Exponentes: Números pequeños escritos arriba y a la derecha de otros números, como 2^3, que significa 2 x 2 x 2.

Los exponentes, también conocidos como potencias, son una notación matemática utilizada para indicar el número de veces que un número, llamado "base", se multiplica por sí mismo. En la expresión "2^3," la base es 2 y el exponente es 3. Esto significa que 2 se multiplica por sí mismo tres veces, lo que se puede expresar como:

2^3 = 2 × 2 × 2 = 8

Entonces, 2^3 es igual a 8. Los exponentes son fundamentales en matemáticas y se utilizan en una amplia variedad de conceptos, desde la aritmética básica hasta cálculos más avanzados en álgebra, cálculo y teoría de números. Los exponentes tienen muchas aplicaciones en áreas como la física, la ingeniería, la informática y la ciencia en general, donde se utilizan para describir y comprender fenómenos que involucran crecimiento exponencial, tasas de cambio y más.

Los exponentes desempeñan un papel crucial en diversas disciplinas científicas y aplicaciones prácticas. Aquí hay una explicación más detallada de su importancia en varios campos:

Física: En física, los exponentes se utilizan para describir fenómenos de crecimiento exponencial, como la desintegración radiactiva, el decaimiento de partículas subatómicas y el crecimiento de poblaciones. Además, las leyes de la termodinámica y la teoría de la relatividad incluyen ecuaciones con exponentes que modelan relaciones fundamentales en el universo.

En física, los exponentes son esenciales para describir una variedad de fenómenos que involucran crecimiento exponencial, tasas de cambio y decaimiento.

Desintegración Radiactiva: La desintegración radiactiva de núcleos atómicos sigue una cinética exponencial. La cantidad de átomos radiactivos restantes en una muestra disminuye con el tiempo en una proporción constante. Los exponentes se utilizan para describir la tasa de desintegración y calcular la vida media de los núcleos radiactivos.

Crecimiento de Poblaciones: En la física de partículas y la astrofísica, los exponentes se emplean para modelar el crecimiento y la descomposición de partículas subatómicas, así como para entender cómo cambia la densidad de población de partículas en el universo.

Crecimiento Exponencial en Electrónica: En electrónica, la carga y la descarga de capacitores y la carga y descarga de circuitos de RC siguen curvas exponenciales. Los exponentes se utilizan para describir cómo cambian las corrientes y las tensiones con el tiempo.

Termodinámica: La termodinámica, una rama fundamental de la física, utiliza ecuaciones con exponentes para modelar las relaciones entre la temperatura, la presión y el volumen de los gases ideales, así como para predecir cambios en la energía interna y la entropía de sistemas termodinámicos.

Fenómenos Oscilatorios y Ondulatorios: En fenómenos ondulatorios y oscilatorios, como las oscilaciones de un péndulo simple, las ecuaciones pueden involucrar exponentes, especialmente en soluciones de ecuaciones diferenciales, para describir el movimiento a lo largo del tiempo.

Teoría de la Relatividad: La teoría de la relatividad de Einstein incluye ecuaciones que involucran exponentes. Por ejemplo, la ecuación que describe el tiempo dilatado debido a la velocidad se expresa con un exponente que depende de la velocidad relativa.

Fenómenos de Transporte de Calor: La difusión del calor a través de materiales se rige por ecuaciones diferenciales que involucran exponentes. Estas ecuaciones describen cómo la temperatura cambia con el tiempo y la posición.

Núcleos Estelares y Supernovas: La física de las estrellas y los procesos nucleares en núcleos estelares y supernovas implica ecuaciones con exponentes para modelar el decaimiento y la fusión de elementos nucleares.

En todos estos contextos, los exponentes se utilizan para comprender y predecir cómo cambian ciertas cantidades físicas en función del tiempo, la posición y otras variables. Son fundamentales para el modelado de fenómenos naturales y para la resolución de problemas en física teórica y aplicada.

Ingeniería: Los exponentes son vitales en la ingeniería para describir el comportamiento de sistemas físicos y eléctricos, como circuitos eléctricos, sistemas de control y la difusión de calor en materiales. También se aplican en ingeniería para modelar el crecimiento de estructuras, la propagación de ondas y el flujo de fluidos.

Los exponentes desempeñan un papel crucial en la ingeniería, ya que se utilizan para describir y predecir el comportamiento de sistemas físicos y eléctricos, así como para modelar una variedad de fenómenos y procesos.

Circuitos Eléctricos: En ingeniería eléctrica y electrónica, los exponentes se aplican en el análisis de circuitos eléctricos, especialmente en sistemas de carga y descarga de condensadores y en circuitos de corriente alterna.

Los exponentes ayudan a describir cómo cambian las corrientes y las tensiones en el tiempo.

Sistemas de Control: En ingeniería de control, los exponentes se utilizan en el modelado y análisis de sistemas de control, como sistemas de retroalimentación y control automático. Ayudan a predecir cómo evolucionan las variables de estado y cómo responde un sistema a cambios en las entradas.

Transferencia de Calor: La ingeniería mecánica y la ingeniería de materiales aplican los exponentes en la transferencia de calor y la difusión de temperatura a través de materiales. Las ecuaciones de difusión de calor involucran exponentes para describir cómo se propaga el calor en sólidos, líquidos y gases.

Estructuras y Materiales: Los ingenieros civiles y estructurales utilizan exponentes en el modelado del crecimiento de estructuras y en el análisis de tensiones y deformaciones. También se aplican para predecir la duración de vida útil de materiales sometidos a cargas cíclicas.

Propagación de Ondas: En telecomunicaciones y en el diseño de antenas, los exponentes se emplean para modelar la propagación de ondas electromagnéticas. En acústica, se utilizan para describir la propagación de ondas sonoras en diversos medios.

Dinámica de Fluidos: La ingeniería mecánica y la ingeniería aeroespacial aplican exponentes en la dinámica de fluidos para describir el flujo de líquidos y gases en conductos y a través de estructuras. Esto es crucial para el diseño de sistemas de tuberías, aviones, cohetes y vehículos espaciales.

Ingeniería Estructural y Geotécnica: La ingeniería civil involucra el uso de exponentes en el análisis de cimentaciones, la consolidación del suelo y la evaluación de riesgos sísmicos. Estos exponentes ayudan a entender cómo se propagan las cargas y las tensiones en estructuras y suelos.

Ingeniería de Sistemas: Los ingenieros de sistemas aplican exponentes en el análisis de sistemas complejos, como redes de comunicación y sistemas de transporte. Ayudan a predecir el rendimiento de sistemas en función del tiempo y las interacciones.

En resumen, los exponentes son una herramienta matemática esencial en la ingeniería que permite a los ingenieros modelar, analizar y comprender una amplia variedad de fenómenos y sistemas en campos tan diversos como la electrónica, la mecánica, la energía, la comunicación y la construcción. Estas aplicaciones son fundamentales para el diseño, el análisis y la optimización de sistemas y dispositivos en ingeniería.

Ciencias de la Computación: En informática y ciencias de la computación, los exponentes son fundamentales para analizar la complejidad algorítmica. Los algoritmos eficientes a menudo se expresan en términos de exponentes, lo que permite evaluar su eficacia en términos de tiempo y recursos.

En ciencias de la computación y en el campo de la informática, el uso de exponentes desempeña un papel crítico en la evaluación y el análisis de la complejidad algorítmica.

Notación de Exponente en Complejidad Algorítmica: La notación de exponente es una forma de expresar la complejidad temporal y espacial de los algoritmos. Por ejemplo, es común describir la complejidad temporal de un algoritmo utilizando notación "$O(n^x)$" donde "n" es el tamaño del conjunto de datos y "x" es un exponente que indica cómo crece el tiempo de ejecución en función del tamaño de los datos. Algunos ejemplos comunes incluyen "$O(n)$" (lineal), "$O(n \log n)$" (linealítmico), "$O(n^2)$" (cuadrático), y "$O(2^n)$" (exponencial).

Análisis de Eficiencia de Algoritmos: Los exponentes se utilizan para medir la eficiencia de los algoritmos. Cuanto menor sea el valor del exponente, más eficiente será el algoritmo. Esto es fundamental para el diseño de algoritmos que resuelvan problemas de manera rápida y eficiente, lo que es esencial en la informática.

Complejidad Espacial: Además de la complejidad temporal, los exponentes también se utilizan para describir la complejidad espacial de los algoritmos. Esto se refiere a la cantidad de memoria o recursos necesarios para ejecutar un algoritmo en función del tamaño de los datos de entrada. El análisis de la complejidad espacial ayuda a optimizar el uso de recursos en la computación.

Clases de Complejidad: Las clases de complejidad, como P, NP, NP-completo y NP-hard, se definen en términos de exponentes. Estas clases de complejidad son fundamentales en la teoría de la computación y se utilizan para clasificar problemas según su dificultad computacional.

Optimización de Algoritmos: Los exponentes también se aplican en la optimización de algoritmos. Los algoritmos que pueden reducir la complejidad de un problema a un exponente menor se consideran más eficientes y valiosos.

Planificación de Recursos y Tiempo: En el desarrollo de software y la planificación de proyectos de informática, el análisis de la complejidad algorítmica, que involucra exponentes, es fundamental para estimar el tiempo y los recursos necesarios para completar una tarea o proyecto.

Comparación de Algoritmos: Los exponentes permiten comparar la eficiencia de diferentes algoritmos para una tarea dada. Esto es esencial al seleccionar el algoritmo más adecuado para una aplicación específica.

En resumen, los exponentes son una herramienta esencial en ciencias de la computación para analizar, comparar y optimizar algoritmos. Proporcionan una forma cuantitativa de evaluar la eficiencia de los algoritmos en términos de tiempo y recursos, lo que es crucial en un campo donde la eficiencia es esencial para resolver problemas de manera rápida y efectiva.

Biología: En biología, los exponentes se utilizan para describir el crecimiento de poblaciones, la replicación de ADN y la propagación de enfermedades infecciosas. Los modelos exponenciales son comunes en la biología para entender cómo las poblaciones de organismos cambian con el tiempo.

En biología, los exponentes desempeñan un papel crucial para describir y modelar una amplia variedad de fenómenos y procesos.

Crecimiento de Poblaciones: Los exponentes se utilizan para describir el crecimiento de poblaciones de organismos. Un modelo común es el crecimiento exponencial, que se expresa como "N(t) = N0 * e^(rt)," donde "N(t)" es la población en un momento "t," "N0" es la población inicial, "e" es la base del logaritmo natural, "r" es la tasa de crecimiento y "t" es el tiempo. Este modelo es fundamental para comprender cómo cambian las poblaciones biológicas con el tiempo.

Replicación de ADN: En biología molecular, los exponentes se utilizan para describir la replicación del ADN. La replicación es un proceso exponencial en el que una cadena de ADN se duplica para formar dos cadenas idénticas. La notación exponencial se utiliza para representar la amplificación exponencial del material genético.

Propagación de Enfermedades Infecciosas: En epidemiología, se utilizan modelos exponenciales para describir la propagación de enfermedades infecciosas. Estos modelos consideran factores como la tasa de infección, el período de incubación y el número básico de reproducción (R0) para predecir cómo se propagará una enfermedad en una población.

Crecimiento Bacteriano: Los exponentes también se aplican para describir el crecimiento de bacterias y otros microorganismos. El crecimiento bacteriano sigue un modelo exponencial en condiciones ideales, lo que es fundamental para la microbiología y la biotecnología.

Mutaciones Genéticas: Las mutaciones genéticas se pueden modelar con exponentes. Las tasas de mutación se expresan como la probabilidad de que ocurra una mutación en un gen o locus genético en un tiempo determinado, lo que se puede representar mediante notación exponencial.

Evolución de Poblaciones: Los cambios en la frecuencia de alelos en una población a lo largo del tiempo se describen a menudo utilizando modelos basados en exponentes, como el modelo de Hardy-Weinberg. Este modelo ayuda a comprender cómo cambian las frecuencias de alelos en una población en equilibrio.

Ecología: Los exponentes se aplican en la ecología para modelar el crecimiento de especies, la dinámica de poblaciones y las interacciones entre organismos en un ecosistema. Los modelos exponenciales y logísticos son fundamentales para este campo.

Toxicología: En toxicología, se utilizan exponentes para describir cómo la concentración de una sustancia tóxica en un organismo cambia con el tiempo. Esto es relevante para comprender la cinética de eliminación de toxinas del cuerpo.

En resumen, los exponentes son una herramienta esencial en biología para modelar una variedad de procesos y fenómenos, desde el crecimiento de poblaciones hasta la replicación del ADN y la propagación de enfermedades. Estos modelos matemáticos son fundamentales para comprender y predecir eventos biológicos y para respaldar investigaciones y aplicaciones en campos relacionados con la biología.

Economía: La economía utiliza exponentes para modelar el crecimiento económico, la inflación, las tasas de interés y la inversión. Los conceptos de interés compuesto y el valor presente neto en finanzas involucran cálculos exponenciales.

En el campo de la economía y las finanzas, los exponentes son fundamentales para modelar una serie de conceptos y procesos clave. A continuación, se describen algunas de las aplicaciones más comunes de los exponentes en economía:

Crecimiento Económico: Los modelos de crecimiento económico a menudo se basan en funciones exponenciales o de crecimiento exponencial, que describen cómo la producción de una economía aumenta con el tiempo. Estos modelos son fundamentales para analizar el desarrollo económico y las proyecciones económicas a largo plazo.

Inflación: La inflación, que representa el aumento generalizado de los precios de bienes y servicios, se puede modelar mediante una tasa de inflación anual. Los exponentes son utilizados para calcular el valor futuro de una cantidad de dinero después de un período con inflación.

Tasas de Interés: Las tasas de interés compuestas desempeñan un papel crucial en las finanzas y la economía. Los exponentes se utilizan para calcular el valor futuro de una inversión o préstamo cuando se aplican tasas de interés compuestas. La fórmula del interés compuesto es $V = P(1 + r/n)^{(nt)}$, donde "P" es el principal, "r" es la tasa de interés anual, "n" es el número de veces que se compone el interés al año, "t" es el tiempo y "V" es el valor futuro.

Valor Presente Neto (VPN): En la toma de decisiones de inversión y proyectos, el VPN es una medida que evalúa la rentabilidad de una inversión a lo largo del tiempo. Esta medida involucra el descuento de flujos de efectivo futuros mediante tasas de descuento, que a menudo se expresan con exponentes.

Depreciación de Activos: En economía y contabilidad, los activos fijos, como maquinaria o vehículos, pueden depreciarse con el tiempo. Los exponentes se utilizan para calcular la depreciación anual de estos activos.

Crecimiento de Inversiones: En el campo de la inversión y la planificación financiera, se utilizan exponentes para evaluar el crecimiento potencial de inversiones a lo largo del tiempo. Esto es crucial para determinar estrategias de inversión y jubilación.

Teoría de Juegos: En la teoría de juegos, los exponentes se utilizan para modelar situaciones competitivas y estratégicas. Los modelos de juegos pueden implicar cálculos exponenciales para evaluar estrategias y resultados.

Valoración de Empresas: La valoración de empresas y activos, como acciones y bonos, involucra cálculos financieros con exponentes. Los analistas financieros utilizan modelos de valoración para determinar el valor intrínseco de los activos y las empresas.

Equilibrio en el Mercado de Bienes: En la macroeconomía, se utilizan exponentes en modelos que describen el equilibrio en el mercado de bienes. Estos modelos ayudan a comprender cómo la inversión y el ahorro pueden equilibrarse a nivel macroeconómico.

Toma de Decisiones Financieras: En situaciones de toma de decisiones financieras, como inversiones, préstamos y planificación de jubilación, los exponentes son fundamentales para calcular el valor futuro o el valor presente de flujos de efectivo futuros.

En resumen, los exponentes desempeñan un papel crítico en la economía y las finanzas, ya que se utilizan para modelar el crecimiento económico, calcular tasas de interés, evaluar inversiones y tomar decisiones financieras informadas. Estos conceptos matemáticos son esenciales para el análisis y la toma de decisiones en el ámbito económico y financiero.

Medio Ambiente y Ciencias de la Tierra: La geología y la climatología a menudo utilizan exponentes para analizar el crecimiento y la degradación de recursos naturales, el cambio climático y la erosión del suelo.

El uso de exponentes en el ámbito del medio ambiente y las ciencias de la Tierra es fundamental para analizar diversos procesos naturales y fenómenos relacionados con la geología y la climatología.

Crecimiento de Poblaciones Naturales: En ecología y biología, se utilizan exponentes para describir el crecimiento de poblaciones de organismos en ecosistemas. Los modelos de crecimiento exponencial se emplean para comprender cómo las poblaciones de plantas y animales aumentan a lo largo del tiempo, lo que es crucial para la conservación y la gestión de recursos naturales.

Erosión del Suelo: La erosión del suelo es un proceso que implica la pérdida gradual de la capa superior del suelo debido a factores como la lluvia y el viento. Los científicos utilizan modelos exponenciales para estimar la tasa de erosión del suelo y su impacto en la agricultura y el medio ambiente.

Desgaste de Recursos Naturales: En geología, los exponentes se aplican para estudiar la degradación de recursos naturales, como la disminución de reservas minerales o la erosión de costas. Estos modelos son fundamentales para evaluar la sostenibilidad de la explotación de recursos naturales.

Cambio Climático: En climatología y ciencias ambientales, los exponentes se utilizan para modelar el cambio climático y el aumento de la concentración de gases de efecto invernadero en la atmósfera. Los modelos exponenciales ayudan a prever el impacto del cambio climático en términos de temperatura, nivel del mar y fenómenos climáticos extremos.

Recuperación de Ecosistemas: Cuando se abordan esfuerzos de restauración y recuperación de ecosistemas degradados, los exponentes se utilizan para predecir el tiempo necesario para que un ecosistema se recupere a un estado natural o saludable.

Dinámica de Placas Tectónicas: En geología, los exponentes pueden describir la velocidad de movimiento de las placas tectónicas y la generación de terremotos y actividad volcánica. Estos modelos son relevantes para comprender la dinámica de la Tierra y sus procesos geológicos.

Retroceso de Glaciares: Los científicos estudian el retroceso de glaciares utilizando modelos exponenciales para estimar la velocidad a la que los glaciares se están reduciendo debido al cambio climático.

Erosión Costera: En zonas costeras, la erosión costera es un problema importante. Los modelos exponenciales se utilizan para predecir la pérdida de tierra costera y para desarrollar estrategias de gestión costera.

En conjunto, los exponentes son una herramienta valiosa en la investigación y el análisis de procesos naturales y fenómenos ambientales. Ayudan a los científicos a comprender mejor cómo la Tierra y su medio ambiente están cambiando con el tiempo y a tomar medidas para preservar y proteger nuestros recursos naturales.

Estadísticas: En estadísticas, los exponentes se aplican en distribuciones de probabilidad, especialmente en distribuciones exponenciales y de Poisson. Estos modelos estadísticos se utilizan para describir eventos aleatorios, como el tiempo entre llegadas de clientes a un servicio.

Distribuciones Exponenciales: Las distribuciones exponenciales son ampliamente utilizadas en estadísticas para modelar la probabilidad de que ocurra un evento en un período de tiempo específico. Los exponentes están presentes en la función de densidad de probabilidad de la distribución exponencial. Esta distribución se utiliza en problemas como el tiempo entre llegadas de clientes a un servicio (proceso de Poisson) y la vida útil de dispositivos electrónicos.

Distribución de Poisson: La distribución de Poisson es otra distribución estadística que se relaciona con eventos aleatorios. Los exponentes se utilizan en la función de probabilidad de la distribución de Poisson para modelar la ocurrencia de eventos en intervalos de tiempo o espacio específicos. Ejemplos de aplicaciones incluyen la frecuencia de llamadas telefónicas a un centro de atención al cliente o la tasa de incidencia de accidentes de tráfico en una región.

Tiempo de Espera y Filas: En problemas de teoría de colas, que se aplican a sistemas de espera como líneas de atención al cliente y procesos de servicio, los exponentes se utilizan para modelar el tiempo que los clientes esperan en una fila antes de ser atendidos. Esto es crucial en la optimización de procesos de servicio y la gestión de recursos.

Fiabilidad y Mantenimiento: Los exponentes también se aplican en el análisis de la fiabilidad y el mantenimiento de sistemas. Ayudan a modelar el tiempo hasta que un sistema falle o requiera mantenimiento y a tomar decisiones informadas sobre cuándo llevar a cabo tareas de mantenimiento preventivo.

Estadísticas de Supervivencia: En el análisis de supervivencia, se utilizan modelos exponenciales para estudiar la duración de la vida de objetos, pacientes o cualquier entidad que pueda experimentar un evento de interés (como la falla de un producto o la muerte de un paciente). Los exponentes son parte integral de los modelos de riesgo proporcional y se utilizan para estimar la función de supervivencia.

En resumen, los exponentes juegan un papel crucial en el análisis de eventos aleatorios y procesos estocásticos en estadísticas. Estos modelos son esenciales para describir y predecir el tiempo entre eventos y proporcionan una base sólida para la toma de decisiones en una variedad de campos, desde el servicio al cliente hasta la investigación médica y la planificación logística.

Matemáticas: En matemáticas, los exponentes son un componente esencial del álgebra y el cálculo. Las funciones exponenciales y logarítmicas son fundamentales en análisis matemático y en la resolución de ecuaciones diferenciales.

Álgebra: Los exponentes se utilizan para expresar operaciones de potenciación. Por ejemplo, en la expresión "2^3," el exponente 3 indica que 2 se multiplica por sí mismo tres veces. Esto es fundamental en la aritmética y el álgebra básica.

Propiedades de los Exponentes: En álgebra, se estudian las propiedades de los exponentes, que incluyen la multiplicación de potencias de la misma base (como a^m * a^n = a^(m+n)) y la división de potencias de la misma base (como a^m / a^n = a^(m-n)). Estas propiedades son esenciales en la simplificación de expresiones algebraicas y la resolución de ecuaciones.

Funciones Exponenciales: Las funciones exponenciales, como $f(x) = a^x$, son un tema fundamental en álgebra y cálculo. Estas funciones representan el crecimiento exponencial y se utilizan para modelar fenómenos en ciencias naturales, economía y más. Los exponentes en estas funciones determinan cómo cambian las cantidades a medida que x varía.

Logaritmos: Los logaritmos son inversos de las funciones exponenciales y son cruciales en álgebra y cálculo. Ayudan a resolver ecuaciones exponenciales y a simplificar expresiones. Los exponentes se utilizan en la definición de logaritmos como $\log_a(b) = x$, donde "a" es la base, "b" es el valor, y "x" es el exponente.

Cálculo: Los exponentes se encuentran en el cálculo en el contexto de las derivadas y las integrales. Las derivadas de funciones exponenciales e hiperbólicas, así como sus propiedades, involucran exponentes. También se utilizan exponentes al resolver ecuaciones diferenciales que modelan fenómenos físicos y naturales.

Notación Científica: La notación científica, que implica el uso de exponentes, es fundamental en matemáticas y ciencias. Ayuda a expresar números muy grandes o muy pequeños de manera más compacta y manejable.

En resumen, los exponentes son una parte esencial de las matemáticas y se aplican en una variedad de contextos, desde operaciones aritméticas básicas hasta funciones exponenciales y logaritmos en cálculo. Su comprensión y manejo son fundamentales para avanzar en álgebra y matemáticas avanzadas.

Finanzas: En finanzas, se utilizan exponentes para calcular el crecimiento de inversiones y el rendimiento de carteras de inversión. Las tasas de crecimiento anualizado se expresan comúnmente mediante exponentes.

Tienes razón, en finanzas, los exponentes son esenciales para calcular y comprender el crecimiento de inversiones y el rendimiento de carteras de inversión.

Crecimiento de Inversiones: Los exponentes son fundamentales en la fórmula del interés compuesto. Cuando inviertes dinero en una cuenta de interés compuesto, tus ganancias o el saldo de la cuenta crecen exponencialmente con el tiempo. La fórmula general para el cálculo del interés compuesto es A = P(1 + r/n)^(nt), donde "A" es el saldo final, "P" es el principal (cantidad inicial), "r" es la tasa de interés anual, "n" es el número de veces que se capitaliza el interés por año, y "t" es el tiempo en años. Aquí, los exponentes (n y nt) expresan el crecimiento exponencial.

Rendimiento de Carteras: Los inversores suelen utilizar tasas de rendimiento anualizado o tasas de crecimiento compuestas para evaluar el rendimiento de sus carteras de inversión a lo largo del tiempo. Estas tasas se expresan en términos de exponentes y ayudan a determinar cuánto ha crecido o disminuido el valor de una inversión en un período dado.

Valor Presente y Futuro: Los exponentes también se aplican en el cálculo del valor presente neto (VPN), que es una métrica utilizada para evaluar la viabilidad de proyectos de inversión. El VPN implica descuentos de flujos de efectivo futuros utilizando tasas de descuento, que a menudo se expresan en forma exponencial.

Tasas de Crecimiento y Rendimiento: En finanzas, las tasas de crecimiento, como la tasa de crecimiento de las ventas o la tasa de crecimiento de los ingresos, se expresan en términos de exponentes para indicar el aumento exponencial de una métrica financiera con el tiempo. Esto es importante para evaluar la salud financiera de una empresa y su potencial de crecimiento.

Comprensión de Rendimiento: Los exponentes ayudan a los inversores y analistas financieros a comprender y comparar el rendimiento de diferentes inversiones o activos a lo largo del tiempo. El uso de tasas exponenciales permite capturar el efecto acumulativo de las ganancias o pérdidas.

En resumen, los exponentes son una herramienta fundamental en finanzas para calcular y expresar el crecimiento, el rendimiento y el valor presente de las inversiones y proyectos. Estas aplicaciones exponenciales son cruciales para tomar decisiones informadas en el mundo de las finanzas e inversiones.

Tecnología: Los circuitos electrónicos digitales se basan en las operaciones con exponentes binarios. En tecnologías emergentes, como la informática cuántica, las operaciones en qubits también involucran cálculos exponenciales.

los exponentes tienen aplicaciones importantes en el campo de la tecnología, especialmente en áreas como la electrónica digital y las tecnologías emergentes, como la informática cuántica. Aquí hay más detalles sobre cómo se aplican los exponentes en estos contextos:

Circuitos Electrónicos Digitales: Los sistemas electrónicos digitales utilizan representaciones binarias, donde los datos se almacenan y se procesan en forma de bits (0 y 1). Las operaciones aritméticas, como la multiplicación y la exponenciación, son fundamentales en las operaciones de la unidad de aritmética lógica (ALU) de un procesador. Las operaciones con exponentes binarios son esenciales para el cálculo de potencias y para ejecutar algoritmos que involucran operaciones exponenciales.

Informática Cuántica: En la informática cuántica, los cálculos se realizan utilizando qubits en lugar de bits clásicos. Los qubits tienen la propiedad de estar en múltiples estados a la vez, lo que permite realizar cálculos exponenciales de manera mucho más eficiente que en las computadoras clásicas. Algunos algoritmos cuánticos, como el algoritmo de Shor, se destacan por su capacidad para factorizar números grandes, una tarea que sería extremadamente lenta en una computadora convencional.

Criptografía Cuántica: La criptografía cuántica es un campo que se basa en los principios de la informática cuántica para desarrollar sistemas de seguridad altamente robustos. Los algoritmos de criptografía cuántica utilizan cálculos exponenciales y propiedades cuánticas para garantizar la seguridad en las comunicaciones y las transacciones.

Procesamiento de Señales: En aplicaciones de procesamiento de señales, como la compresión de datos y el procesamiento de imágenes y audio, los exponentes se utilizan en algoritmos de transformación rápida de Fourier (FFT) y de transformación discreta de coseno (DCT). Estos algoritmos son fundamentales para el procesamiento de señales digitales y se aplican en una amplia gama de aplicaciones tecnológicas, desde la compresión de archivos multimedia hasta la comunicación de datos.

Machine Learning y Redes Neuronales: En el campo del aprendizaje automático (machine learning), los algoritmos de redes neuronales profundas (deep learning) a menudo involucran cálculos exponenciales. Estos modelos son esenciales para tareas como el reconocimiento de patrones, el procesamiento de lenguaje natural y la visión por computadora.

Los exponentes son esenciales para una variedad de aplicaciones tecnológicas, desde la electrónica digital clásica hasta las tecnologías emergentes como la informática cuántica. Estas aplicaciones exponenciales permiten realizar cálculos complejos y resolver problemas en tecnología de manera eficiente y efectiva. Son una herramienta matemática fundamental para modelar y comprender una amplia gama de fenómenos en ciencias naturales, sociales y aplicaciones tecnológicas. Permiten describir crecimiento, tasas de cambio, probabilidades, dinámicas de sistemas y mucho más, lo que los convierte en un concepto fundamental en la resolución de problemas en numerosos campos.

23.Raíces cuadradas: Encontrar el número que, cuando se multiplica por sí mismo, da como resultado otro número.

La raíz cuadrada es una operación matemática que consiste en encontrar un número que, cuando se multiplica por sí mismo, produce un número dado. Este número se llama "raíz cuadrada" y se representa con el símbolo "$\sqrt{}$". Algunas características importantes de las raíces cuadradas incluyen:

Notación: La raíz cuadrada de un número "x" se denota como $\sqrt{x}$. Por ejemplo, la raíz cuadrada de 9 se escribe como $\sqrt{9}$ y es igual a 3, ya que 3 x 3 = 9.

La notación para la raíz cuadrada de un número "x" es el símbolo "$\sqrt{}$" seguido del número. En tu ejemplo, la raíz cuadrada de 9 se escribe como "$\sqrt{9}$" y es igual a 3, ya que 3 multiplicado por sí mismo (3 x 3) es igual a 9. Esto ilustra que la raíz cuadrada de un número es el valor que, al elevarse al cuadrado, produce el número original. Es una operación inversa a la elevación al cuadrado.

Esta notación es ampliamente utilizada en matemáticas y ciencias para indicar la operación de raíz cuadrada y expresar la relación entre un número y su raíz cuadrada. Por ejemplo:

$\sqrt{16}$ = 4, porque 4 x 4 = 16.

$\sqrt{25}$ = 5, ya que 5 x 5 = 25.

La notación de la raíz cuadrada es fundamental para comprender y trabajar con este concepto en diversas aplicaciones matemáticas y científicas.

Raíz Cuadrada Positiva y Negativa: En la mayoría de los contextos, cuando se menciona la "raíz cuadrada" de un número, se hace referencia a la raíz cuadrada positiva. Sin embargo, cada número tiene dos raíces cuadradas, una positiva y una negativa. Por ejemplo, la raíz cuadrada de 9 es 3 y -3, ya que tanto 3 x 3 como -3 x -3 son iguales a 9.

la "raíz cuadrada" generalmente se refiere a la raíz cuadrada positiva en la mayoría de los contextos. Sin embargo, es importante destacar que, como mencionaste, cada número tiene dos raíces cuadradas, una positiva y una negativa.

Por ejemplo, en el caso de la raíz cuadrada de 9, tienes tanto la raíz cuadrada positiva, que es 3 (porque 3 x 3 = 9), como la raíz cuadrada negativa, que es -3 (porque -3 x -3 = 9). Ambas raíces cuadradas son matemáticamente válidas y satisfacen la propiedad de que, cuando se multiplican por sí mismas, producen el número original.

En ciertos contextos, especialmente en matemáticas y ecuaciones, es importante considerar tanto la raíz cuadrada positiva como la negativa, ya que ambas pueden ser soluciones válidas. Por ejemplo, al resolver una ecuación cuadrática, es común encontrar dos soluciones, una positiva y una negativa, que corresponden a las dos raíces cuadradas del discriminante.

Es importante tener en cuenta este aspecto al trabajar con raíces cuadradas en diversas aplicaciones matemáticas y científicas.

Notación de Raíz Cuadrada Negativa: Para representar específicamente la raíz cuadrada negativa de un número, se coloca un signo negativo antes del símbolo de la raíz cuadrada, como en $-\sqrt{x}$. Para denotar específicamente la raíz cuadrada negativa de un número, se coloca un signo negativo delante del símbolo de la raíz cuadrada, como en $-\sqrt{x}$. Esto indica claramente que estás considerando la raíz cuadrada negativa, que es el valor negativo que, cuando se multiplica por sí mismo, produce el número "x". En matemáticas, esta notación es importante cuando trabajas con ecuaciones o contextos en los que se requieren ambas raíces cuadradas, tanto la positiva como la negativa, como mencioné anteriormente.

Números Reales y Complejos: Mientras que las raíces cuadradas de números positivos son números reales, los números negativos no tienen raíces cuadradas reales, ya que no existe un número real que, al elevarse al cuadrado, produzca un número negativo. En cambio, las raíces cuadradas de números negativos son números complejos.en matemáticas, las raíces cuadradas de números positivos son números reales, lo que significa que puedes encontrar un número real que, al elevarse al cuadrado, produce el número positivo. Sin embargo, los números negativos no tienen raíces cuadradas reales, ya que no existe un número real que, al elevarse al cuadrado, produzca un número negativo. En su lugar, las raíces cuadradas de números negativos son números complejos.

Los números complejos son una extensión de los números reales que incluyen componentes imaginarias. La raíz cuadrada de un número negativo se representa en forma de número complejo y generalmente se expresa con una parte real y una parte imaginaria. Por ejemplo, la raíz cuadrada de -9 es 3i, donde "i" representa la unidad imaginaria. Esto significa que 3i es la raíz cuadrada de -9, ya que $(3i)^2$ = -9. Los números complejos desempeñan un papel importante en las matemáticas y en diversas aplicaciones, incluyendo la física y la ingeniería.

Propiedad de la Raíz Cuadrada: La raíz cuadrada de un número "x" es un número "y" tal que $y^2 = x$. Por lo tanto, para encontrar la raíz cuadrada de un número, se busca el número que, al elevarse al cuadrado, produce el valor original. Cuando se busca la raíz cuadrada de un número "x," se está buscando un número "y" tal que "y^2" sea igual a "x." En otras palabras, la raíz cuadrada es el número que, cuando se eleva al cuadrado, da como resultado el número original.

Por ejemplo, para encontrar la raíz cuadrada de 9, buscas un número "y" tal que "y^2" sea igual a 9. En este caso, "y" es igual a 3, ya que 3^2 es igual a 9, lo que cumple con la propiedad de la raíz cuadrada.

Esta propiedad es esencial en matemáticas y se utiliza en numerosos contextos, como en la geometría para encontrar la longitud de un lado de un cuadrado dado su área, o en la física para determinar la velocidad de un objeto basándose en su energía cinética. La raíz cuadrada también es una operación inversa de la elevación al cuadrado, lo que la hace útil para deshacer operaciones de cuadrado.

Raíces Cuadradas Perfectas: Algunos números tienen raíces cuadradas exactas que son números enteros. Por ejemplo, la raíz cuadrada de 4 es 2, la raíz cuadrada de 25 es 5, y la raíz cuadrada de 100 es 10. Estos números son considerados "raíces cuadradas perfectas".

Correcto, los números que tienen raíces cuadradas exactas que son números enteros se llaman "raíces cuadradas perfectas". Esto significa que cuando calculas la raíz cuadrada de un número como 4, 25 o 100, obtienes un número entero como resultado.

Por ejemplo:

La raíz cuadrada de 4 es 2, ya que 2 * 2 = 4.

La raíz cuadrada de 25 es 5, ya que 5 * 5 = 25.

La raíz cuadrada de 100 es 10, ya que 10 * 10 = 100.

Estas raíces cuadradas perfectas son útiles en matemáticas y en diversas aplicaciones, ya que simplifican cálculos y permiten representar números de manera más sencilla. Sin embargo, la mayoría de los números no son raíces cuadradas perfectas y, en esos casos, la raíz cuadrada se representa mediante números decimales o fraccionarios. las raíces cuadradas perfectas son útiles porque proporcionan valores enteros que simplifican cálculos y hacen que la representación de ciertos números sea más manejable. Por ejemplo, si necesitas calcular la longitud de un lado de un cuadrado cuya área es 25 unidades cuadradas, sabes que la raíz cuadrada de 25 es 5, por lo que la longitud del lado del cuadrado es 5 unidades.

Sin embargo, en la mayoría de los casos, los números no son raíces cuadradas perfectas, lo que significa que sus raíces cuadradas son números decimales o fraccionarios. En tales situaciones, se utilizan aproximaciones numéricas, como redondear a un número decimal específico o representar la raíz cuadrada como una fracción. Esto es común en matemáticas, física, ingeniería y otras disciplinas donde se requieren cálculos precisos.

Calculadoras y Software: En la práctica, las raíces cuadradas se calculan comúnmente utilizando calculadoras, software de matemáticas o funciones matemáticas incorporadas en hojas de cálculo y lenguajes de programación. Las calculadoras y el software matemático han simplificado en gran medida el cálculo de raíces cuadradas, especialmente cuando se trata de números con muchas cifras decimales o fracciones complejas. La mayoría de las calculadoras científicas y aplicaciones de software matemático permiten calcular raíces cuadradas con facilidad, y algunos incluso ofrecen la opción de trabajar con números complejos cuando la raíz cuadrada es de un número negativo. Esto facilita el manejo de una amplia gama de cálculos matemáticos y científicos.

Las raíces cuadradas son una parte fundamental de las matemáticas y se aplican en diversas áreas, desde la geometría hasta la física y la ingeniería, para calcular longitudes, áreas y volúmenes. También son útiles en campos como el álgebra y el cálculo para resolver ecuaciones y problemas matemáticos. Las raíces cuadradas son un concepto esencial en matemáticas y ciencias debido a su versatilidad y aplicabilidad en una amplia variedad de campos. En física, se utilizan para describir magnitudes como la velocidad y la aceleración, así como para calcular la longitud de lados en figuras geométricas. En ingeniería, son fundamentales para el diseño y análisis de estructuras, sistemas eléctricos y mecánicos. En estadísticas, se emplean para calcular desviaciones estándar y para entender la variabilidad en los datos. Su utilidad se extiende a la economía, la biología, la química y muchas otras disciplinas, lo que las convierte en un recurso valioso para la resolución de problemas y la comprensión de fenómenos del mundo real.

24.Probabilidad: La posibilidad de que algo suceda, generalmente expresada como una fracción o porcentaje.

La probabilidad se refiere a la medida de la posibilidad de que un evento o resultado particular ocurra. Se expresa comúnmente como una fracción o un porcentaje, donde 0 representa la imposibilidad de que ocurra el evento y 1 (o 100% en términos porcentuales) representa la certeza de que ocurrirá. El cálculo de la probabilidad implica considerar el número de resultados favorables (casos en los que el evento ocurre) en relación con el número total de resultados posibles.

Por ejemplo, si estás lanzando un dado justo de seis caras, la probabilidad de obtener un "6" es de 1/6 o aproximadamente un 16.67% (1/6 * 100%).

La teoría de la probabilidad es una rama importante de las matemáticas que se utiliza en una amplia gama de aplicaciones, desde juegos de azar hasta la toma de decisiones en ciencia, negocios y muchas otras áreas. Ayuda a cuantificar la incertidumbre y a tomar decisiones basadas en el conocimiento de las posibilidades y riesgos involucrados en un evento o situación.

La probabilidad se refiere a la posibilidad de que un evento ocurra y se suele expresar como una fracción o un porcentaje. Es una medida que varía entre 0 (indicando que el evento es imposible) y 1 (indicando que el evento es seguro o cierto), o en términos porcentuales, entre 0% y 100%. La probabilidad es una parte fundamental de la teoría de la probabilidad y se utiliza en una amplia variedad de campos, como estadísticas, matemáticas, ciencia, negocios y toma de decisiones, para evaluar y gestionar la incertidumbre.

la probabilidad es una herramienta fundamental en la teoría de la probabilidad y desempeña un papel crucial en la evaluación y gestión de la incertidumbre en una amplia variedad de contextos y disciplinas. Algunos ejemplos de áreas en las que la probabilidad se aplica de manera significativa incluyen:

Estadísticas: La probabilidad se utiliza para analizar datos y realizar inferencias sobre poblaciones a partir de muestras.

en estadísticas, la probabilidad desempeña un papel fundamental al analizar datos y realizar inferencias sobre poblaciones a partir de muestras.

Distribuciones de probabilidad: Se utilizan para describir cómo se distribuyen los valores posibles de una variable aleatoria. Ejemplos incluyen la distribución normal, la distribución binomial y la distribución de Poisson.

Teorema del límite central: Este teorema establece que, bajo ciertas condiciones, la distribución de la media de una muestra aleatoria de una población se aproxima a una distribución normal, independientemente de la forma de la distribución original.

Inferencia estadística: La probabilidad se utiliza en inferencia estadística para hacer afirmaciones sobre una población basadas en datos de una muestra. Esto incluye la estimación de parámetros poblacionales y la realización de pruebas de hipótesis.

Intervalos de confianza: Los intervalos de confianza se basan en la probabilidad y se utilizan para estimar un rango plausible de valores para un parámetro poblacional.

Pruebas de hipótesis: Las pruebas de hipótesis se basan en la probabilidad y se utilizan para determinar si hay evidencia suficiente en los datos para rechazar o no rechazar una hipótesis nula.

Muestreo aleatorio: La probabilidad se utiliza para garantizar que la selección de muestras sea imparcial y representativa de la población, lo que es esencial para realizar inferencias válidas.

En resumen, la probabilidad es un componente esencial de la estadística y se emplea para comprender y cuantificar la incertidumbre en los datos y para tomar decisiones informadas sobre poblaciones a partir de muestras limitadas.

Juegos de azar: En casinos y juegos de apuestas, la probabilidad se utiliza para calcular las probabilidades de ganar o perder en diversos juegos. La probabilidad juega un papel fundamental en los juegos de azar, como en los casinos y otros juegos de apuestas. En estos entornos, la probabilidad se utiliza para calcular las probabilidades de ganar o perder en diversos juegos, lo que ayuda a los jugadores a tomar decisiones informadas y a los establecimientos a gestionar el riesgo.

Ruleta: En la ruleta, se utilizan distribuciones de probabilidad para calcular las probabilidades de que una bola caiga en un número o color particular. Los jugadores pueden utilizar estas probabilidades para tomar decisiones sobre sus apuestas.

Blackjack: En el blackjack, se emplea la probabilidad para determinar cuándo es más probable que se dé una carta alta o baja, lo que puede influir en las decisiones de los jugadores sobre cuándo pedir otra carta o plantarse.

Póker: En el póker, la probabilidad se utiliza para calcular las probabilidades de obtener ciertas manos (como una escalera o un color) en función de las cartas repartidas. Los jugadores pueden utilizar esta información para tomar decisiones estratégicas durante el juego.

Máquinas tragamonedas: Las máquinas tragamonedas se diseñan con algoritmos que utilizan probabilidades para determinar cuándo se generarán combinaciones ganadoras y cuánto se pagará a los jugadores.

Apuestas deportivas: En las apuestas deportivas, la probabilidad se utiliza para calcular las probabilidades de que un equipo gane un partido, lo que influye en las cuotas ofrecidas a los apostadores.

La comprensión de la probabilidad en los juegos de azar es esencial tanto para los jugadores como para los operadores, ya que permite evaluar el riesgo y la ventaja en un juego en particular. Los jugadores pueden tomar decisiones más informadas sobre cómo y cuándo apostar, y los casinos pueden establecer márgenes de beneficio y gestionar sus operaciones de manera más efectiva.

Ciencias naturales: En física, química y biología, se emplea la probabilidad para describir fenómenos aleatorios y modelar sistemas complejos. La probabilidad se utiliza de manera significativa en las ciencias naturales, incluyendo la física, química y biología, para describir fenómenos aleatorios y modelar sistemas complejos.

Física: En la física cuántica, la probabilidad es esencial para describir el comportamiento de partículas subatómicas, como electrones y fotones. La mecánica cuántica utiliza funciones de onda que representan la probabilidad de encontrar una partícula en una ubicación particular. Además, la termodinámica se basa en la probabilidad para describir el comportamiento estadístico de partículas en sistemas macroscópicos, como los gases.

Química: En química, la probabilidad se utiliza para modelar la distribución de electrones en los átomos y para predecir la probabilidad de que ocurran ciertas reacciones químicas. La cinética química también se basa en modelos probabilísticos para describir cómo cambian las concentraciones de reactivos y productos con el tiempo.

Biología: La biología utiliza la probabilidad en una amplia variedad de aplicaciones. Por ejemplo, en genética, se emplea para predecir la probabilidad de heredar ciertos rasgos genéticos. En ecología, se utilizan modelos probabilísticos para entender las dinámicas de las poblaciones y las interacciones en los ecosistemas. En epidemiología, la probabilidad se utiliza para modelar la propagación de enfermedades.

La probabilidad también se utiliza en muchas otras ramas de las ciencias naturales para abordar la incertidumbre inherente a los sistemas y fenómenos complejos. Ayuda a los científicos a cuantificar la aleatoriedad y a tomar decisiones informadas sobre cómo modelar y comprender el mundo natural.

Finanzas: La probabilidad se utiliza en la gestión de riesgos, inversiones y evaluación de activos financieros. En el campo de las finanzas, la probabilidad desempeña un papel fundamental en la gestión de riesgos, inversiones y la evaluación de activos financieros.

Evaluación de Riesgos: La probabilidad se utiliza para cuantificar y evaluar el riesgo en las decisiones financieras. Esto incluye el cálculo de la probabilidad de ocurrencia de eventos adversos, como pérdidas en inversiones o incumplimientos de deudas, lo que es esencial para la gestión de riesgos financieros.

Modelos de Valor en Riesgo (VaR): En finanzas, el VaR es una medida que utiliza la probabilidad para estimar cuánto podría perder una cartera de inversiones en un período específico con un nivel de confianza dado. Los inversores y gestores de activos utilizan el VaR para evaluar la exposición al riesgo.

Inversiones: Los inversores utilizan la probabilidad para tomar decisiones de inversión. Evalúan las probabilidades de ganancias o pérdidas en activos financieros, como acciones, bonos, fondos y otros instrumentos de inversión, antes de tomar decisiones de compra o venta.

Evaluación de Opciones y Derivados: La probabilidad se utiliza para evaluar el valor y el riesgo asociado con opciones y otros derivados financieros. Los modelos como el modelo de Black-Scholes emplean la probabilidad para calcular los precios y las probabilidades de ejercicio de las opciones.

Planificación Financiera y Seguros: En la planificación financiera personal y empresarial, se utilizan modelos de probabilidad para estimar el futuro financiero y para determinar la cantidad de seguro necesaria para cubrir riesgos financieros, como salud, propiedad y vida.

Análisis de Portafolio: Los gestores de fondos y los inversores utilizan técnicas de probabilidad para construir y evaluar carteras de inversiones diversificadas y para estimar el rendimiento y el riesgo de dichas carteras.

La probabilidad es una herramienta crítica en el mundo de las finanzas para evaluar riesgos, tomar decisiones de inversión informadas y gestionar activos financieros de manera eficiente. Ayuda a los profesionales financieros a entender y cuantificar la incertidumbre en los mercados y a tomar decisiones basadas en datos y análisis probabilísticos.

Toma de decisiones: En negocios y administración, la probabilidad se utiliza para tomar decisiones informadas al considerar diferentes escenarios y sus probabilidades. En el ámbito de la toma de decisiones en negocios y administración, la probabilidad desempeña un papel crucial al ayudar a los líderes y gerentes a tomar decisiones informadas al considerar diferentes escenarios y las probabilidades asociadas a esos escenarios. Algunas de las formas en que se aplica la probabilidad en la toma de decisiones en negocios incluyen:

Evaluación de riesgos: La probabilidad se utiliza para evaluar los riesgos asociados con diversas decisiones empresariales, como inversiones, lanzamientos de productos, expansión geográfica, etc. Esto permite a las empresas identificar y mitigar posibles amenazas.

Planificación estratégica: En la planificación estratégica, las organizaciones pueden utilizar análisis de escenarios que involucran diferentes situaciones posibles. La probabilidad se utiliza para asignar probabilidades a estos escenarios y evaluar su impacto en los objetivos y metas estratégicas.

Gestión de la cadena de suministro: Las empresas utilizan la probabilidad para prever la demanda de productos, evaluar los tiempos de entrega y gestionar el inventario de manera eficiente.

Evaluación de proyectos: La probabilidad se emplea en la evaluación de proyectos, calculando el valor presente neto (VPN) y otros indicadores financieros que dependen de flujos de efectivo futuros y sus probabilidades asociadas.

Decisiones de marketing: Las estrategias de marketing a menudo involucran la evaluación de probabilidades de éxito en campañas publicitarias, lanzamientos de productos y estrategias de segmentación de mercado.

Recursos humanos: La probabilidad se utiliza en la gestión de recursos humanos para predecir la probabilidad de éxito de los candidatos en procesos de selección y para calcular el riesgo asociado con decisiones de contratación, promoción y retención de empleados.

La aplicación de la probabilidad en la toma de decisiones en negocios y administración ayuda a reducir la incertidumbre al proporcionar una base cuantitativa para evaluar opciones y considerar diferentes resultados posibles. Esto permite a las organizaciones tomar decisiones más informadas y estratégicas, optimizando recursos y minimizando riesgos.

Ingeniería: En ingeniería, se aplica la probabilidad para evaluar la confiabilidad de sistemas y diseñar soluciones robustas.

en el campo de la ingeniería, la probabilidad se aplica de diversas maneras, especialmente para evaluar la confiabilidad de sistemas y diseñar soluciones robustas.

Confiabilidad de sistemas: La probabilidad se utiliza para evaluar la confiabilidad de sistemas y componentes. Los ingenieros pueden calcular la probabilidad de fallo de diferentes partes de un sistema y utilizar esta información para diseñar sistemas más resistentes y para implementar estrategias de mantenimiento preventivo.

Análisis de riesgos: En proyectos de ingeniería, se realizan análisis de riesgos para evaluar las probabilidades y las consecuencias de eventos no deseados, como fallas estructurales o accidentes. Esto es crucial en la industria de la construcción, la ingeniería civil y la aeroespacial, entre otras.

Diseño de experimentos: En ingeniería, a menudo se utilizan experimentos para probar y validar diseños. La probabilidad se utiliza para diseñar experimentos que sean estadísticamente sólidos, lo que permite obtener resultados significativos con un número mínimo de pruebas.

Control de calidad: La probabilidad es fundamental en el control de calidad, donde se utiliza para evaluar la probabilidad de que un producto cumpla con ciertas especificaciones. Las cartas de control y los límites de control se basan en técnicas probabilísticas.

Fiabilidad de software: En ingeniería de software, se utiliza la probabilidad para evaluar la confiabilidad y la seguridad de sistemas y aplicaciones informáticas. Esto es esencial para garantizar que el software funcione correctamente y sea resistente a fallos.

Ingeniería de tráfico y transporte: La probabilidad se emplea para modelar el flujo de tráfico, evaluar la capacidad de carreteras y sistemas de transporte, y predecir la congestión y los tiempos de viaje.

La aplicación de la probabilidad en ingeniería contribuye a la toma de decisiones basadas en datos, a la mejora de la confiabilidad de los sistemas y a la reducción de riesgos. Ayuda a los ingenieros a diseñar soluciones más eficaces y seguras, así como a optimizar el rendimiento y la vida útil de productos y sistemas.

Ciencias sociales: En sociología y ciencias políticas, la probabilidad se utiliza para realizar encuestas y estudios de opinión pública. En ciencias sociales, incluyendo áreas como la sociología y las ciencias políticas, la probabilidad se emplea para llevar a cabo encuestas y estudios de opinión pública.

Encuestas de Opinión: La probabilidad se utiliza para diseñar encuestas representativas de la población. Esto implica seleccionar aleatoriamente a individuos o grupos para formar muestras que sean estadísticamente significativas y que reflejen de manera precisa las opiniones y actitudes de la población en general.

Muestreo Probabilístico: En la realización de encuestas, se utiliza el muestreo probabilístico para asegurarse de que cada miembro de la población tenga una oportunidad conocida de ser seleccionado en la muestra. Esto ayuda a evitar sesgos y a garantizar la validez de los resultados.

Modelos Estadísticos: La probabilidad se utiliza en la construcción de modelos estadísticos para analizar datos de encuestas y otros estudios. Esto incluye la estimación de intervalos de confianza para resultados, la identificación de relaciones entre variables y la evaluación de la significación estadística.

Predicciones Electorales: En ciencias políticas, la probabilidad se emplea para predecir los resultados de elecciones y encuestas electorales. Los modelos probabilísticos pueden considerar datos de encuestas, tendencias históricas y otros factores para pronosticar el resultado de una elección.

Investigación Social: La probabilidad también se aplica en investigaciones más amplias en ciencias sociales para evaluar la probabilidad de que ocurran ciertos eventos o comportamientos sociales, y para analizar la incertidumbre en relación con las teorías y conceptos sociales.

El uso de la probabilidad en sociología y ciencias políticas es esencial para garantizar que los datos recopilados sean representativos y que las conclusiones derivadas de los estudios sean confiables y válidas. Esto permite a los investigadores y encuestadores comprender mejor la opinión pública, los comportamientos sociales y los procesos políticos, y tomar decisiones basadas en datos más sólidos.

La probabilidad es una herramienta esencial que nos ayuda a comprender y cuantificar la incertidumbre en una amplia gama de campos, lo que permite tomar decisiones más informadas y realizar análisis más precisos en situaciones donde el resultado es incierto o aleatorio.

25.Estadísticas: La recopilación y el análisis de datos.

La estadística se centra en la recopilación, el análisis y la interpretación de datos. Es una disciplina fundamental en muchas áreas de la ciencia, la investigación y la toma de decisiones, y desempeña un papel crucial en la comprensión de patrones, tendencias y relaciones en los datos. Aquí hay un desglose de las principales actividades relacionadas con la estadística:

Recopilación de datos: El proceso de estadísticas comienza con la recopilación de datos. Esto implica la recolección de información relevante de fuentes diversas, que pueden ser encuestas, experimentos, observaciones, registros históricos u otras fuentes de datos.

Selección de fuentes de datos: Para llevar a cabo una investigación estadística, es importante determinar las fuentes de datos apropiadas. Estas fuentes pueden variar según el contexto y el propósito de la investigación. Pueden incluir encuestas, experimentos, observaciones, registros históricos, bases de datos existentes, sensores, cuestionarios, entrevistas, entre otros.

Diseño de la recopilación de datos: Una vez seleccionada la fuente de datos, se debe diseñar el proceso de recopilación. Esto implica determinar cómo se obtendrán los datos, qué variables se medirán y cómo se registrarán. El diseño de la recopilación de datos debe ser lo más riguroso y representativo posible para garantizar la validez de los resultados.

Recopilación de datos: Esta etapa implica la ejecución del plan de recopilación de datos. Los investigadores o encuestadores pueden llevar a cabo encuestas, realizar experimentos, recopilar datos de registros existentes, observar eventos o llevar a cabo otras actividades según el diseño previamente establecido.

Registro y almacenamiento de datos: Los datos recopilados se registran y almacenan de manera organizada y segura. Esto puede implicar la entrada de datos en bases de datos, hojas de cálculo o sistemas de gestión de datos.

Validación de datos: Se lleva a cabo un proceso de validación para asegurarse de que los datos recopilados sean precisos y confiables. Esto puede incluir la revisión de datos en busca de errores, la verificación de la consistencia de los registros y la corrección de cualquier problema identificado.

La recopilación de datos es una fase crítica en el proceso estadístico, ya que la calidad y la integridad de los datos son fundamentales para la precisión y la validez de los análisis posteriores. Cualquier error en esta etapa puede tener un impacto significativo en los resultados finales, por lo que se requiere una cuidadosa planificación y ejecución.

Organización de datos: Una vez que se recopilan los datos, se organizan y registran de manera estructurada. Esto puede incluir la creación de tablas, gráficos, bases de datos u otras representaciones para facilitar el análisis posterior. La organización de datos es un paso fundamental después de la recopilación de datos en el proceso estadístico.

Estructuración de datos: Los datos recopilados a menudo provienen de diversas fuentes y pueden estar en diferentes formatos. En esta etapa, se organizan de manera coherente y estructurada para que sean más manejables y se puedan analizar eficazmente. Esto puede implicar la conversión de datos en un formato estándar.

Creación de bases de datos: En muchos casos, los datos se almacenan en bases de datos, que permiten el acceso, la gestión y el análisis eficiente de los datos. Las bases de datos pueden ser herramientas poderosas para organizar grandes conjuntos de datos.

Tabulación de datos: Se crean tablas para representar los datos, especialmente cuando se trata de datos categóricos o datos con múltiples variables. Las tablas pueden ayudar a visualizar la información de manera clara y estructurada.

Gráficos y visualizaciones: Además de las tablas, se utilizan gráficos y visualizaciones para representar los datos de manera más visual y comprensible. Esto puede incluir gráficos de barras, gráficos circulares, diagramas de dispersión y otros tipos de gráficos.

Ordenación de datos: En algunos casos, se ordenan los datos de acuerdo con ciertas variables, lo que puede ser útil para identificar patrones y tendencias más fácilmente.

Creación de variables derivadas: En ocasiones, se generan nuevas variables a partir de los datos originales, lo que puede ser útil para realizar análisis específicos. Estas variables derivadas pueden incluir tasas, proporciones, promedios, entre otras.

La organización de datos es fundamental para facilitar el análisis y la interpretación de los datos. Una presentación estructurada y ordenada de los datos permite a los investigadores y analistas comprender mejor la información, identificar patrones, realizar cálculos estadísticos y tomar decisiones basadas en datos.

Resumen de datos: La estadística implica resumir datos de manera concisa utilizando medidas de tendencia central (como la media, la mediana y la moda) y medidas de dispersión (como la desviación estándar y el rango intercuartílico) para describir características clave de los datos. El resumen de datos es una parte esencial del análisis estadístico que se utiliza para describir y comprender conjuntos de datos.

Medidas de tendencia central:

Media: La media aritmética es el promedio de los valores en un conjunto de datos. Se calcula sumando todos los valores y dividiendo por el número de observaciones.

Mediana: La mediana es el valor que se encuentra en el centro de un conjunto de datos ordenado. Divide los datos en dos mitades iguales.

Moda: La moda es el valor que aparece con mayor frecuencia en un conjunto de datos. Puede haber una moda (datos unimodales) o múltiples modas (datos bimodales o multimodales).

Medidas de dispersión:

Desviación estándar: La desviación estándar mide la dispersión de los datos con respecto a la media. Indica cuánto tienden a variar los datos con respecto al valor promedio.

Rango intercuartílico: El rango intercuartílico es la diferencia entre el tercer cuartil (Q3) y el primer cuartil (Q1). Ayuda a evaluar la variabilidad en la parte central de los datos, excluyendo los valores extremos.

Percentiles: Los percentiles dividen un conjunto de datos en cien partes iguales. El percentil 50 es la mediana, el percentil 25 es el primer cuartil y el percentil 75 es el tercer cuartil. Los percentiles son útiles para comprender la distribución de los datos y para identificar valores atípicos.

Histogramas: Los histogramas son gráficos que representan la distribución de datos en intervalos. Ayudan a visualizar la forma de la distribución y la concentración de datos en diferentes rangos.

Diagramas de caja (box plots): Los diagramas de caja son gráficos que muestran la distribución de los datos mediante la representación de los cuartiles, los valores atípicos y la mediana. Son útiles para comparar distribuciones y detectar valores extremos.

El resumen de datos es esencial para comprender la estructura y las características clave de un conjunto de datos. Estas medidas y técnicas proporcionan una descripción concisa que ayuda a los analistas y tomadores de decisiones a identificar patrones, tendencias y valores atípicos en los datos.

Análisis de datos: En esta etapa, se aplican técnicas estadísticas para examinar los datos con mayor detalle. Esto puede incluir pruebas de hipótesis, análisis de regresión, análisis de varianza, entre otros métodos, dependiendo de los objetivos de la investigación. El análisis de datos es una fase crítica en el proceso estadístico, donde se aplican diversas técnicas estadísticas para obtener una comprensión más profunda y significativa de los datos recopilados.

Pruebas de hipótesis: Las pruebas de hipótesis se utilizan para evaluar afirmaciones o suposiciones sobre los datos. Por ejemplo, se pueden realizar pruebas para determinar si existe una diferencia significativa entre dos grupos o para verificar si una relación observada es estadísticamente significativa.

Análisis de regresión: El análisis de regresión se utiliza para examinar la relación entre una variable dependiente y una o más variables independientes. Puede ser simple (una variable independiente) o múltiple (varias variables independientes) y permite predecir valores de la variable dependiente basados en las variables independientes.

Análisis de varianza (ANOVA): ANOVA se utiliza para comparar las medias de tres o más grupos para determinar si existen diferencias significativas entre ellos. Puede ayudar a identificar cuál o cuáles grupos son diferentes de los demás.

Análisis de series temporales: El análisis de series temporales se aplica cuando los datos se recopilan a lo largo del tiempo. Se utilizan técnicas estadísticas para identificar patrones, tendencias y estacionalidades en los datos de series temporales.

Análisis de componentes principales: Esta técnica se usa para reducir la dimensionalidad de los datos al identificar las variables más importantes en un conjunto de datos multivariado. Ayuda a simplificar la interpretación de datos complejos.

Análisis de clúster: El análisis de clúster se utiliza para agrupar observaciones similares en conjuntos o clústeres. Es útil en la segmentación de datos y la identificación de patrones de agrupamiento.

Análisis de correlación: El análisis de correlación se usa para medir la relación entre dos variables. El coeficiente de correlación indica la fuerza y la dirección de la relación entre las variables.

Análisis de supervivencia: En ciertos estudios, como los de investigación médica, se utiliza el análisis de supervivencia para evaluar la probabilidad de que un evento ocurra en un período específico de tiempo.

El análisis de datos es esencial para obtener información significativa a partir de los datos recopilados y para responder preguntas específicas de investigación. Las técnicas estadísticas adecuadas se seleccionan según los objetivos de la investigación y la naturaleza de los datos. Además, el análisis estadístico ayuda a tomar decisiones basadas en datos y a generar conclusiones respaldadas por evidencia estadística.

Interpretación de datos: Los resultados del análisis se interpretan para extraer conclusiones significativas. Se busca comprender las relaciones, patrones o diferencias que pueden surgir de los datos y determinar su relevancia para el problema en cuestión.

La interpretación de datos es la fase final del proceso estadístico, donde se extraen conclusiones significativas a partir de los resultados del análisis de datos. Aquí se describen los aspectos clave de la interpretación de datos:

Comprensión de los resultados: Antes de realizar interpretaciones, es fundamental comprender en detalle los resultados del análisis. Esto implica revisar las salidas estadísticas, los gráficos y las medidas de resumen para identificar patrones, tendencias y relaciones en los datos.

Relación con los objetivos de la investigación: La interpretación de datos debe estar alineada con los objetivos de la investigación. Se deben identificar las conclusiones que son relevantes para responder a las preguntas de investigación o para abordar el problema en cuestión.

Identificación de relaciones y patrones: Se busca identificar relaciones significativas entre variables y patrones en los datos. Esto puede incluir relaciones de causa y efecto, correlaciones, tendencias a lo largo del tiempo o diferencias entre grupos.

Evaluación de significancia estadística: Es importante determinar si las relaciones y diferencias observadas son estadísticamente significativas. Esto se hace mediante pruebas de hipótesis u otras técnicas estadísticas apropiadas.

Presentación de hallazgos: Los resultados interpretados se presentan de manera clara y efectiva a través de informes, presentaciones o visualizaciones de datos. La comunicación de los hallazgos es esencial para que otras personas puedan comprender y utilizar la información.

Generación de conclusiones y recomendaciones: La interpretación de datos debe llevar a la generación de conclusiones basadas en evidencia. Estas conclusiones pueden respaldar recomendaciones para la toma de decisiones o acciones específicas.

Consideración de la incertidumbre: La interpretación debe considerar la incertidumbre inherente a los datos y al análisis estadístico. Es importante reconocer los límites de los resultados y comunicar la confiabilidad de las conclusiones.

Aplicación práctica: Las conclusiones derivadas de la interpretación de datos deben traducirse en acciones o decisiones prácticas. Esto puede implicar la implementación de cambios, la formulación de políticas, la realización de investigaciones adicionales o la toma de medidas correctivas.

La interpretación de datos es el puente entre los resultados del análisis y la toma de decisiones informadas. Es una etapa crítica en la que se extraen conocimientos valiosos a partir de los datos y se determina su relevancia para resolver problemas, avanzar en la investigación o mejorar procesos.

Presentación de resultados: Los resultados se comunican a través de informes, gráficos, tablas y presentaciones. La presentación efectiva de los hallazgos es esencial para que las personas interesadas puedan tomar decisiones informadas.

La presentación de resultados es una parte crucial del proceso estadístico, ya que los hallazgos deben comunicarse de manera efectiva para que las personas interesadas puedan comprenderlos y tomar decisiones informadas.

Elección de formatos: Los resultados pueden presentarse en varios formatos, que incluyen informes escritos, gráficos, tablas, presentaciones orales o en línea, visualizaciones interactivas, entre otros. La elección del formato depende del público objetivo y de los objetivos de comunicación.

Claridad y concisión: La presentación de resultados debe ser clara y concisa. Evitar jerga técnica innecesaria y utilizar un lenguaje comprensible para el público. Los conceptos estadísticos complejos deben explicarse de manera sencilla.

Visualizaciones efectivas: Los gráficos y las tablas desempeñan un papel fundamental en la presentación de resultados. Deben ser diseñados de manera efectiva, utilizando colores, etiquetas y títulos adecuados para resaltar la información clave.

Historias de datos: En lugar de simplemente presentar números o resultados aislados, es útil contar una "historia de datos" que explique el contexto, los hallazgos y las implicaciones. Esto ayuda a dar sentido a los resultados.

Resumen de conclusiones: Es importante resumir las principales conclusiones y hallazgos al comienzo de la presentación para que el público tenga una comprensión rápida de lo más relevante.

Evidencia y respaldo: Asegurarse de que los resultados presentados estén respaldados por evidencia sólida, incluyendo datos específicos y análisis estadísticos relevantes.

Audiencia objetiva: Considerar quiénes serán los destinatarios de la presentación y adaptar el contenido y el tono en función de sus necesidades y nivel de conocimiento.

Interacción: Si es posible, permitir la interacción con los resultados. Esto puede incluir la exploración de visualizaciones interactivas o la posibilidad de hacer preguntas en tiempo real durante una presentación oral.

Recursos visuales: Utilizar recursos visuales, como gráficos, imágenes y ejemplos concretos, para ayudar a ilustrar y respaldar los puntos clave.

Ética y privacidad: Asegurarse de cumplir con normas éticas y de privacidad al presentar datos, especialmente si involucran información personal o sensible.

La presentación de resultados efectiva es esencial para que los tomadores de decisiones, colegas y otras partes interesadas comprendan los hallazgos y tomen medidas basadas en datos. Una buena presentación no solo informa, sino que también persuade y motiva a la acción.

Toma de decisiones: Los resultados estadísticos se utilizan para respaldar la toma de decisiones en una amplia variedad de campos, desde negocios y gobierno hasta investigación científica y planificación.

La toma de decisiones respaldada por resultados estadísticos es un proceso fundamental en una amplia variedad de campos y se utiliza para abordar problemas, mejorar procesos y orientar acciones.

Negocios y Empresas:

Gestión estratégica: Las empresas utilizan análisis estadísticos para evaluar tendencias del mercado, competencia y factores económicos, lo que les permite tomar decisiones estratégicas, como la expansión, la diversificación de productos o la entrada en nuevos mercados.

Gestión de recursos: La gestión de recursos humanos, financieros y de operaciones se beneficia de análisis estadísticos para tomar decisiones sobre contratación, asignación de recursos y presupuestos.

Optimización de procesos: Las empresas utilizan estadísticas para identificar ineficiencias en los procesos de producción y operativos y tomar medidas para optimizarlos.

Gobierno y Política:

Formulación de políticas: Los gobiernos utilizan datos estadísticos para comprender las necesidades de la población y diseñar políticas públicas efectivas en áreas como salud, educación, seguridad y medio ambiente.

Planificación urbana: La planificación de ciudades y regiones se basa en datos estadísticos para tomar decisiones sobre desarrollo, transporte y uso de la tierra.

Elecciones y votación: Los resultados de encuestas y análisis estadísticos influyen en las decisiones políticas y estrategias de campaña.

Investigación Científica:

Validación de hipótesis: Los resultados estadísticos se utilizan para validar o refutar hipótesis científicas. Los científicos toman decisiones sobre la aceptación o rechazo de sus hipótesis basadas en la evidencia estadística.

Diseño de experimentos: La planificación y realización de experimentos científicos involucra la toma de decisiones sobre variables a medir, tamaños de muestra y métodos estadísticos.

Salud y Medicina:

Diagnóstico y tratamiento: Los médicos y profesionales de la salud utilizan datos estadísticos para tomar decisiones sobre diagnóstico y tratamiento, así como para evaluar la eficacia de terapias y tratamientos.

Investigación clínica: Los ensayos clínicos y estudios de investigación médica se basan en análisis estadísticos para determinar la seguridad y eficacia de nuevos medicamentos y tratamientos.

Educación:

Evaluación del rendimiento: Las escuelas y universidades utilizan datos estadísticos para evaluar el rendimiento de estudiantes y profesores, lo que influye en decisiones sobre programas académicos y recursos.

Planificación educativa: Las políticas educativas se basan en datos estadísticos para tomar decisiones sobre la asignación de recursos, la planificación curricular y la evaluación de sistemas educativos.

Medio Ambiente y Sostenibilidad:

Gestión de recursos naturales: Los datos estadísticos se utilizan para tomar decisiones sobre la gestión de recursos naturales, como el agua, la energía y los bosques, para garantizar la sostenibilidad a largo plazo.

Finanzas:

Inversiones: Los inversores utilizan análisis estadísticos para tomar decisiones sobre la asignación de activos y la selección de inversiones.

Gestión de riesgos: Las empresas y las instituciones financieras utilizan análisis de riesgos estadísticos para tomar decisiones sobre seguros, préstamos y cobertura de riesgos.

Los resultados estadísticos proporcionan evidencia objetiva y cuantitativa que respalda la toma de decisiones en todos estos campos y muchos más. Permiten a los tomadores de decisiones considerar múltiples escenarios, evaluar riesgos y oportunidades, y seleccionar la opción más informada y beneficiosa.

La estadística es una herramienta poderosa para comprender el mundo y responder preguntas a partir de datos. Ayuda a identificar tendencias, evaluar la significación de resultados, estimar poblaciones a partir de muestras y respaldar la toma de decisiones basadas en evidencia. Es una disciplina esencial en la era de la información.

26.Ángulos: Medidas de apertura entre dos líneas en un punto común.

Los ángulos son medidas de apertura entre dos líneas que se intersectan en un punto común, denominado vértice del ángulo. Los ángulos son fundamentales en la geometría y se utilizan para describir relaciones espaciales y direcciones. Aquí hay algunos conceptos clave relacionados con los ángulos:

Vértice: El punto común en el que se encuentran las dos líneas que forman un ángulo se llama el vértice del ángulo.

Lados: Las dos líneas que se extienden desde el vértice son los lados del ángulo. Cada lado se extiende en una dirección diferente desde el vértice.

Amplitud: La amplitud de un ángulo es la medida de su apertura, que generalmente se expresa en grados (°), minutos ('), y segundos ("). Un ángulo completo equivale a 360 grados.

Clasificación de ángulos:

Ángulo agudo: Un ángulo con una amplitud menor de 90 grados.

Ángulo recto: Un ángulo con una amplitud de exactamente 90 grados.

Ángulo obtuso: Un ángulo con una amplitud mayor de 90 grados pero menor de 180 grados.

Ángulo llano: Un ángulo con una amplitud de 180 grados, que es un ángulo completamente plano.

Ángulo completo: Un ángulo con una amplitud de 360 grados, que es equivalente a un círculo completo.

Ángulos complementarios: Dos ángulos se llaman complementarios si la suma de sus amplitudes es igual a 90 grados. Por ejemplo, un ángulo de 30 grados y otro de 60 grados son complementarios.los ángulos complementarios son dos ángulos cuyas amplitudes suman 90 grados. Esta propiedad es fundamental en la geometría y en la resolución de problemas relacionados con ángulos. En otras palabras, si tienes dos ángulos complementarios, uno de ellos será agudo (con una amplitud menor de 90 grados) y el otro será obtuso (con una amplitud mayor de 90 grados).

Por ejemplo, si tienes un ángulo de 30 grados y otro de 60 grados y los sumas, obtendrás:

30 grados + 60 grados = 90 grados

Esto demuestra que son ángulos complementarios, ya que su suma es igual a 90 grados. Esta propiedad se utiliza en muchos problemas geométricos y matemáticos para determinar ángulos desconocidos cuando se conoce la relación de complementariedad.

Ángulos suplementarios: Dos ángulos se llaman suplementarios si la suma de sus amplitudes es igual a 180 grados. Por ejemplo, un ángulo de 120 grados y otro de 60 grados son suplementarios.los ángulos suplementarios son dos ángulos cuyas amplitudes suman 180 grados. Esta propiedad es otro concepto fundamental en la geometría y es opuesta a la idea de ángulos complementarios. En otras palabras, si tienes dos ángulos suplementarios, uno será agudo (con una amplitud menor de 90 grados) y el otro será obtuso (con una amplitud mayor de 90 grados).

Por ejemplo, si tienes un ángulo de 120 grados y otro de 60 grados y los sumas, obtendrás:

120 grados + 60 grados = 180 grados

Esto demuestra que son ángulos suplementarios, ya que su suma es igual a 180 grados. Al igual que con los ángulos complementarios, esta propiedad se utiliza en la resolución de problemas geométricos y matemáticos para determinar ángulos desconocidos cuando se conoce la relación de suplementariedad.

Ángulos opuestos por el vértice: Cuando dos líneas se cruzan, los ángulos opuestos por el vértice son iguales. Esto significa que si dos ángulos tienen el mismo vértice y comparten un lado, sus amplitudes son iguales. Los ángulos opuestos por el vértice son un concepto importante en la geometría. Cuando dos líneas se cruzan (formando una intersección), se crean cuatro ángulos en el punto de intersección. Los ángulos opuestos por el vértice son aquellos que se encuentran en lados opuestos de la intersección y comparten el mismo vértice. La propiedad clave de los ángulos opuestos por el vértice es que tienen la misma amplitud.

Esta propiedad se conoce como el "Teorema de los Ángulos Opuestos por el Vértice" y se expresa de la siguiente manera: "Los ángulos opuestos por el vértice son iguales." En términos matemáticos, si α y β son dos ángulos opuestos por el vértice, entonces:

$$\alpha = \beta$$

Esta propiedad es útil en la resolución de problemas geométricos y en la demostración de teoremas en geometría. También se aplica en situaciones en las que se necesita determinar la medida de un ángulo desconocido al aprovechar la igualdad de los ángulos opuestos por el vértice con ángulos conocidos.

Ángulos adyacentes: Los ángulos adyacentes son aquellos que comparten un lado y un vértice. La suma de sus amplitudes es igual a la amplitud del ángulo formado por su otro lado común. Los ángulos adyacentes son dos ángulos que comparten un lado y un vértice. La propiedad clave de los ángulos adyacentes es que la suma de sus amplitudes es igual a la amplitud del ángulo formado por su otro lado común. Esta propiedad se utiliza comúnmente en la geometría y en la resolución de problemas relacionados con ángulos.

En términos matemáticos, si α y β son dos ángulos adyacentes, y comparten el mismo vértice y el mismo lado, entonces:

$\alpha + \beta = \gamma$

Donde γ es el ángulo formado por el lado común de α y β.

Esta propiedad es útil para calcular la amplitud de ángulos desconocidos cuando se conoce la relación de adyacencia entre ángulos conocidos. También se utiliza en la demostración de teoremas y en la resolución de problemas geométricos donde se involucran múltiples ángulos en una figura geométrica.

Los ángulos son conceptos fundamentales en matemáticas y ciencias y se utilizan en diversos campos, desde la geometría y la trigonometría hasta la física y la ingeniería para describir relaciones espaciales y resolver problemas geométricos.

Geometría: En geometría, se estudian las propiedades y las relaciones de los ángulos, lo que incluye conceptos como ángulos opuestos por el vértice, ángulos adyacentes y ángulos complementarios. La geometría también utiliza ángulos para analizar las formas, calcular áreas y perímetros, y resolver problemas relacionados con la ubicación y la posición. Los ángulos son un componente fundamental en la geometría y desempeñan un papel clave en la descripción de figuras geométricas, así como en el análisis de sus propiedades y relaciones. Aquí hay algunas aplicaciones más detalladas de los ángulos en geometría:

Ángulos en Polígonos: En la geometría de polígonos, se utilizan los conceptos de ángulos para describir las medidas de los ángulos internos y externos de polígonos regulares e irregulares. Esto es esencial para calcular áreas y perímetros de polígonos.

Teorema de los Ángulos Internos de un Triángulo: Uno de los teoremas más importantes de la geometría establece que la suma de los ángulos internos de un triángulo siempre es igual a 180 grados. Este teorema se basa en la propiedad de los ángulos internos de un triángulo.

Congruencia de Triángulos: En la congruencia de triángulos, los ángulos juegan un papel central. Dos triángulos se consideran congruentes si sus lados y ángulos correspondientes son iguales.

Teorema de Pitágoras: En el teorema de Pitágoras, que es fundamental en la geometría, se trabaja con ángulos rectos (de 90 grados) en triángulos rectángulos. Este teorema relaciona las longitudes de los lados de un triángulo rectángulo.

Ángulos en el Plano Cartesiano: En el plano cartesiano, se utilizan ángulos para describir la orientación de líneas y segmentos, lo que es importante en la geometría analítica y en la representación gráfica de funciones.

Ángulos en las Transformaciones Geométricas: Los ángulos son críticos en el estudio de transformaciones geométricas, como las rotaciones, reflexiones y traslaciones. Determinar cómo los ángulos cambian durante estas transformaciones es esencial para entender sus efectos en figuras geométricas.

Los ángulos son un componente fundamental de la geometría que se utiliza para describir y analizar figuras geométricas, calcular medidas, demostrar teoremas y comprender propiedades geométricas en profundidad. Su estudio es esencial en matemáticas y ciencias, y tiene aplicaciones prácticas en una variedad de campos, desde la arquitectura hasta la ingeniería y la cartografía.

Trigonometría: La trigonometría se enfoca en las relaciones entre ángulos y lados de triángulos. Los ángulos juegan un papel central en las funciones trigonométricas, como el seno, el coseno y la tangente, que se utilizan para resolver problemas relacionados con medidas de ángulos y distancias. La trigonometría es una rama de las matemáticas que se enfoca en el estudio de las relaciones entre ángulos y lados de triángulos, y los ángulos son fundamentales en las funciones trigonométricas.

Triángulos y Ángulos: Los triángulos son figuras geométricas que involucran ángulos y lados. En trigonometría, los ángulos en triángulos desempeñan un papel central, especialmente en triángulos rectángulos, donde uno de los ángulos es un ángulo recto de 90 grados.

Funciones Trigonométricas Básicas: Las tres funciones trigonométricas básicas son el seno (sin), el coseno (cos) y la tangente (tan). Estas funciones se definen en términos de los lados y ángulos de un triángulo y se utilizan para relacionar las medidas de ángulos y distancias en problemas de trigonometría.

Resolución de Triángulos: La trigonometría se utiliza para resolver triángulos, lo que significa que puedes encontrar medidas de ángulos y lados desconocidos si conoces ciertas relaciones entre ellos. Esto es útil en una variedad de aplicaciones, como la navegación, la física y la ingeniería.

Funciones Trigonométricas Inversas: Además de las funciones trigonométricas básicas, la trigonometría incluye funciones trigonométricas inversas, como el arcoseno (asin), el arcocoseno (acos), y el arcotangente (atan). Estas funciones se utilizan para encontrar ángulos a partir de relaciones trigonométricas.

Identidades Trigonométricas: Las identidades trigonométricas son ecuaciones que relacionan las funciones trigonométricas entre sí. Estas identidades son útiles para simplificar expresiones trigonométricas y resolver ecuaciones trigonométricas.

Representación de Ángulos: En trigonometría, los ángulos generalmente se miden en radianes, una medida angular que es fundamental en cálculos más avanzados. Un radián es la medida del ángulo central de un círculo que subtendería un arco igual a su radio.

En resumen, los ángulos desempeñan un papel esencial en la trigonometría, que es una herramienta matemática valiosa para resolver problemas relacionados con medidas de ángulos, distancias y relaciones en triángulos y círculos. La trigonometría tiene aplicaciones en campos que van desde la navegación hasta la física teórica y se utiliza para modelar y resolver una amplia gama de fenómenos en la ciencia y la ingeniería.

Física: En física, los ángulos son esenciales para describir movimientos, direcciones y relaciones espaciales. Los conceptos de ángulos se aplican en campos como la cinemática, la mecánica y la óptica para analizar trayectorias, fuerzas y la reflexión y refracción de la luz. En física, los ángulos son fundamentales para describir y analizar una variedad de fenómenos y conceptos relacionados con el movimiento, la dirección y las relaciones espaciales.

Cinemática: En la cinemática, que es la rama de la física que se ocupa del movimiento de los objetos, los ángulos se utilizan para describir las trayectorias y velocidades de los objetos en movimiento. La velocidad y la aceleración angular son medidas en radianes por segundo, y los ángulos son esenciales para describir la dirección de movimiento.

Mecánica: En la mecánica, que estudia el comportamiento de los objetos en respuesta a las fuerzas, los ángulos se utilizan para describir la orientación de fuerzas y momentos. Los conceptos de ángulos son fundamentales para entender cómo las fuerzas influyen en la rotación y el equilibrio de los objetos.

Óptica: En la óptica, que se ocupa del estudio de la luz y su comportamiento, los ángulos son cruciales para describir la reflexión y la refracción de la luz en superficies y medios diversos. Los ángulos de incidencia y refracción son fundamentales para comprender cómo la luz se comporta al pasar de un medio a otro.

Termodinámica: En termodinámica, que se centra en el estudio de la energía y el calor, los ángulos pueden estar relacionados con la orientación de sistemas térmicos y dispositivos como motores. Los conceptos de ángulos también se utilizan en el contexto de sistemas termodinámicos rotativos.

Electromagnetismo: En el electromagnetismo, que se ocupa del estudio de las interacciones entre cargas eléctricas y campos magnéticos, los ángulos se utilizan para describir la dirección y orientación de campos eléctricos y magnéticos en el espacio.

Mecánica Cuántica: En la mecánica cuántica, que es la teoría fundamental que describe el comportamiento de partículas subatómicas, los conceptos de ángulos son fundamentales para la descripción de momentos angulares y propiedades de partículas como electrones y átomos.

En todas estas áreas de la física, los ángulos desempeñan un papel esencial al proporcionar una forma de describir y medir propiedades espaciales y direccionales, lo que permite una comprensión más profunda de los fenómenos físicos y la resolución de problemas relacionados con el movimiento, las fuerzas y la interacción de la luz y la materia.

Ingeniería: En ingeniería, se utilizan medidas de ángulos para diseñar y analizar estructuras, sistemas mecánicos y circuitos eléctricos. La precisión en la medición de ángulos es crítica para garantizar que los componentes y sistemas funcionen correctamente. en ingeniería, la precisión en la medición y el uso de medidas de ángulos son críticos para el diseño, análisis y funcionamiento efectivo de una amplia gama de componentes y sistemas. Aquí hay algunas aplicaciones clave de las medidas de ángulos en ingeniería:

Diseño de Estructuras: En la ingeniería civil y estructural, se utilizan medidas de ángulos para diseñar y analizar la integridad de estructuras como puentes, edificios, presas y torres. La determinación precisa de ángulos es fundamental para garantizar la estabilidad y seguridad de estas estructuras.

Mecánica e Ingeniería de Máquinas: La medición y el control de ángulos son esenciales en la mecánica para el diseño de componentes mecánicos como engranajes, levas, ejes y sistemas de transmisión de movimiento. Los sistemas mecánicos requieren una alineación precisa de ángulos para un funcionamiento eficiente.

Electrónica y Circuitos Eléctricos: En la ingeniería eléctrica y electrónica, las medidas de ángulos son importantes para el diseño de circuitos y dispositivos. En la fabricación de circuitos integrados y componentes electrónicos, la precisión en la alineación de ángulos es crítica para el funcionamiento de dispositivos como microchips y sensores.

Ingeniería Aeroespacial: La ingeniería aeroespacial utiliza medidas de ángulos en el diseño y control de vehículos espaciales, aeronaves y sistemas de navegación. La precisión en la medición de ángulos es vital para el control de vuelo y la navegación espacial.

Robótica: En la robótica, la medición precisa de ángulos es fundamental para el control de robots y brazos robóticos. Los sensores de ángulo y los sistemas de control de movimiento se utilizan para garantizar que los robots se muevan y operen con precisión.

Ingeniería de Fabricación: En la fabricación, se requieren medidas de ángulos precisas para la alineación y el ensamblaje de componentes mecánicos, electrónicos y estructurales. La precisión en la alineación de ángulos garantiza que los productos fabricados cumplan con las especificaciones.

Ingeniería Naval: En la construcción de barcos y embarcaciones, la medición de ángulos es fundamental para garantizar la estabilidad y la eficiencia en la navegación.

La medición precisa de ángulos y su aplicación en ingeniería son esenciales para garantizar la calidad, la seguridad y el rendimiento de productos y sistemas en una variedad de campos. Los ingenieros dependen de medidas de ángulos confiables y precisas para llevar a cabo proyectos de diseño y construcción con éxito.

Topografía y Cartografía: En topografía y cartografía, los ángulos se utilizan para medir y representar la ubicación de puntos en la Tierra. Esto es esencial para la creación de mapas y la planificación de proyectos de construcción y desarrollo de la tierra. En topografía y cartografía, los ángulos desempeñan un papel crítico en la medición y representación precisa de la ubicación de puntos en la Tierra.

Levantamientos Topográficos: Los topógrafos utilizan instrumentos como teodolitos y estaciones totales para medir ángulos horizontales y verticales entre puntos en el terreno. Estos ángulos se utilizan para determinar las coordenadas y elevaciones de los puntos, lo que es esencial para la creación de mapas topográficos detallados.

Ángulos de Azimut: En topografía, el azimut se refiere al ángulo horizontal entre una dirección de referencia (generalmente el norte) y una línea de observación. Los ángulos de azimut se utilizan para determinar la dirección de líneas y características en el terreno.

Coordenadas Polares: En algunos sistemas de topografía, se utilizan coordenadas polares que incluyen distancias y ángulos para describir la ubicación de puntos en relación con un punto de referencia o una línea base.

Cartografía Digital: En la era moderna, los sistemas de información geográfica (SIG) y la cartografía digital utilizan datos de ángulos y distancias para crear mapas precisos y sistemas de navegación. Los sistemas GPS (Sistema de Posicionamiento Global) se basan en mediciones de ángulos para determinar la ubicación exacta de un receptor en la Tierra.

Dibujo de Mapas: Los cartógrafos utilizan ángulos para trazar líneas de latitud y longitud en mapas. También utilizan ángulos para representar características geográficas y para crear proyecciones cartográficas que permitan representar la superficie curva de la Tierra en un plano.

Planificación de Proyectos de Construcción: Los ingenieros civiles y los arquitectos utilizan medidas de ángulos en topografía para planificar proyectos de construcción. Esto incluye la determinación de la ubicación y la orientación de edificios, carreteras y otras infraestructuras.

Mapeo Geodésico: La geodesia es la ciencia que se ocupa de medir y modelar la forma de la Tierra. Los geodestas utilizan mediciones precisas de ángulos para determinar la forma y el tamaño de la Tierra, así como para realizar mediciones geodésicas de alta precisión.

La topografía y la cartografía son disciplinas que dependen en gran medida de las mediciones angulares y las coordenadas geográficas para representar y analizar la superficie terrestre. La precisión en la medición de ángulos es esencial para garantizar que los mapas y los datos geoespaciales sean confiables y útiles en una variedad de aplicaciones, desde la planificación de proyectos de construcción hasta la navegación y la gestión del territorio.

Astronomía: La astronomía utiliza ángulos para medir la posición y el movimiento de cuerpos celestes en el cielo. Los ángulos se utilizan para determinar la ubicación de estrellas, planetas, cometas y otros objetos astronómicos. en astronomía, los ángulos desempeñan un papel crucial en la medición y la descripción de la posición y el movimiento de los cuerpos celestes en el cielo.

Coordenadas Celestes: Las coordenadas celestes, que incluyen la ascensión recta y la declinación, se utilizan para especificar la posición de objetos celestes en el cielo. Estas coordenadas se basan en mediciones de ángulos y proporcionan una forma estandarizada de ubicar estrellas, planetas y otros objetos en la esfera celeste.

Determinación de la Hora Local: Los ángulos del cielo se utilizan para determinar la hora local basándose en la posición aparente del Sol o las estrellas. Esto es esencial para la navegación astronómica y la sincronización de relojes.

Observaciones y Telescopios: Los astrónomos utilizan telescopios equipados con monturas altacimutales o ecuatoriales para seguir y apuntar a objetos celestes con precisión. Estos telescopios se mueven en ángulos para seguir la rotación de la Tierra y apuntar a objetos en el cielo.

Medición de Distancias: Los ángulos se utilizan en combinación con la paralaje estelar y otros métodos para medir distancias a estrellas y otros objetos astronómicos. Esto es fundamental para determinar la escala de distancias en el universo.

Estudio de Movimientos Planetarios: La observación de los ángulos y las posiciones de los planetas a lo largo del tiempo ha sido esencial para comprender sus órbitas y movimientos en el sistema solar.

Navegación Espacial: Las misiones espaciales, como sondas y telescopios espaciales, utilizan mediciones angulares precisas para apuntar con precisión y observar objetos y regiones específicas en el espacio.

Astrofotografía: La astrofotografía implica la captura de imágenes de objetos celestes utilizando cámaras y telescopios. Los ángulos son esenciales para apuntar y enmarcar las imágenes.

La astronomía es una ciencia que se basa en mediciones angulares precisas para observar, documentar y comprender el universo. La precisión en la medición de ángulos es fundamental para rastrear objetos celestes y realizar investigaciones astronómicas avanzadas, como la determinación de la posición y el movimiento de estrellas, planetas, galaxias y otros objetos distantes en el espacio.

Navegación: La navegación, ya sea en la tierra o en el mar, implica la medición y el cálculo de ángulos para determinar la ubicación y la dirección. Los ángulos son esenciales en la brújula, el GPS y otros instrumentos de navegación.

La navegación, tanto en tierra como en el mar, depende en gran medida de la medición y el cálculo de ángulos para determinar la ubicación y la dirección. Los ángulos desempeñan un papel fundamental en la orientación y el posicionamiento en la navegación.

Brújula: La brújula es un instrumento de navegación que utiliza un puntero magnético para indicar la dirección norte. Los navegantes utilizan la brújula para medir ángulos con respecto al norte magnético y determinar la dirección en la que se están moviendo.

GPS (Sistema de Posicionamiento Global): El GPS se basa en una red de satélites que transmiten señales a receptores en la Tierra. Los receptores GPS calculan su ubicación exacta mediante la medición de los ángulos de llegada de las señales de múltiples satélites. Estos ángulos se utilizan para determinar las coordenadas geográficas (latitud y longitud) de un receptor.

Sextante: El sextante es un instrumento utilizado en la navegación marítima para medir la altura de cuerpos celestes, como el Sol y las estrellas, por encima del horizonte. Estas mediciones angulares se utilizan para calcular la latitud y la longitud de una embarcación en el mar.

Cartas Náuticas: Las cartas náuticas son mapas detallados diseñados para la navegación marítima. Estas cartas a menudo incluyen líneas de rumbo, que son líneas que muestran la dirección de un punto de referencia en relación con la embarcación en un ángulo determinado.

Estima Muerta: La estima muerta es un método de navegación que implica el seguimiento de la dirección y la velocidad de una embarcación a lo largo del tiempo utilizando registros de navegación. Esto incluye la medición de ángulos para calcular el curso y la derrota.

Pilotaje: En la navegación costera, los navegantes pueden utilizar referencias visuales, como faros y boyas, para tomar rumbos y ángulos de referencia con el fin de evitar obstáculos y mantenerse en un curso seguro.

Navegación Terrestre: En la navegación terrestre, como la orientación en senderismo o la planificación de rutas en la navegación aérea, los ángulos se utilizan para determinar la dirección y la ubicación.

La medición y el cálculo de ángulos son esenciales en la navegación para determinar la dirección, la ubicación y el seguimiento de rutas con precisión. La navegación se ha beneficiado enormemente de avances tecnológicos como el GPS, pero los conceptos angulares siguen siendo fundamentales para comprender y utilizar las herramientas de navegación modernas.

Los conceptos de ángulos son fundamentales en una amplia gama de disciplinas y se aplican para describir relaciones espaciales, medir direcciones y resolver problemas geométricos. Su comprensión y uso son esenciales en matemáticas y ciencias, así como en aplicaciones prácticas en la vida cotidiana y en diversos campos profesionales.

27.Coordenadas: Puntos en un plano representados por pares ordenados (x, y).

Las coordenadas se utilizan para representar puntos en un plano, y generalmente se expresan como pares ordenados (x, y). Las coordenadas son fundamentales en matemáticas, física, geometría y muchas otras disciplinas para describir y ubicar puntos en un espacio bidimensional.

Geometría: En geometría, las coordenadas se utilizan para describir la ubicación de puntos, trazar líneas y segmentos, calcular áreas y perímetros de figuras, y resolver problemas relacionados con formas geométricas en un plano cartesiano.

Representación de Puntos: Las coordenadas cartesianas se utilizan para representar la ubicación de puntos en el plano. Un punto se representa como un par ordenado (x, y), donde "x" es la coordenada en el eje horizontal (abscisa) y "y" es la coordenada en el eje vertical (ordenada).

Trayectorias y Segmentos: Las coordenadas se utilizan para trazar líneas rectas y segmentos de línea entre dos puntos en el plano cartesiano. Esto es fundamental para describir las relaciones de distancia y dirección entre puntos.

Cálculo de Distancias: Las coordenadas se utilizan para calcular la distancia entre dos puntos en el plano, aplicando el teorema de Pitágoras u otras fórmulas de distancia, dependiendo de la situación.

Áreas de Figuras: Las coordenadas se emplean para calcular áreas de figuras geométricas, como triángulos, cuadriláteros y polígonos irregulares. Esto se logra dividiendo la figura en segmentos y calculando áreas de regiones individuales.

Perímetros de Figuras: Las coordenadas se utilizan para calcular perímetros de figuras mediante la suma de las longitudes de los lados. Esto es importante en el diseño y la construcción de estructuras y objetos.

Transformaciones Geométricas: Las coordenadas también se utilizan en transformaciones geométricas, como traslaciones, rotaciones, simetrías y reflexiones. Estas transformaciones cambian las coordenadas de los puntos, lo que es fundamental en geometría.

Ecuaciones de Líneas y Curvas: Las ecuaciones en el plano cartesiano se utilizan para representar líneas rectas, curvas y circunferencias. Estas ecuaciones permiten describir y analizar la geometría de estas formas.

Resolución de Problemas Geométricos: Las coordenadas se utilizan para resolver una amplia variedad de problemas geométricos, desde la determinación de intersecciones y puntos de tangencia hasta el cálculo de áreas sombreadas en figuras complejas.

Las coordenadas cartesianas son una herramienta esencial en geometría para describir y analizar figuras geométricas, calcular distancias y áreas, y resolver problemas relacionados con las formas y las propiedades geométricas en un plano bidimensional. Además, las coordenadas se utilizan en geometría analítica para llevar a cabo investigaciones más avanzadas.

Física: En la física, las coordenadas se utilizan para describir la posición y el movimiento de objetos en un espacio bidimensional. Esto es fundamental en la cinemática y en el estudio de la mecánica de partículas.

Cinemática: La cinemática se centra en el estudio del movimiento de los objetos sin considerar las causas del movimiento. Las coordenadas son utilizadas para describir la posición de un objeto en función del tiempo. Las coordenadas bidimensionales (como (x, y)) se utilizan para representar la trayectoria de un objeto en el plano.

Mecánica Clásica: La mecánica clásica, que incluye la mecánica newtoniana, se basa en el uso de coordenadas para describir el movimiento de partículas y sistemas de partículas. Las ecuaciones de movimiento, como las ecuaciones de Newton y las ecuaciones de movimiento parabólico, se expresan en función de coordenadas espaciales.

Estudio de Trayectorias: Las coordenadas se utilizan para estudiar las trayectorias de objetos en movimiento. Esto es esencial para comprender la forma en que los objetos se desplazan en el espacio y cómo interactúan entre sí.

Física de la Partícula: En la física de partículas, las coordenadas se utilizan para describir la posición y la dirección de partículas subatómicas en aceleradores de partículas y experimentos de alta energía.

Análisis de Movimiento de Proyectiles: Las coordenadas se utilizan para analizar el movimiento de proyectiles, como los lanzamientos de objetos en un campo gravitatorio. Esto es esencial en aplicaciones como balística y astronáutica.

Dinámica de Cuerpos en Rotación: En el estudio de objetos que rotan, como ruedas y engranajes, las coordenadas angulares (ángulos) se utilizan para describir la posición y la velocidad angular de estos objetos.

Ondas y Óptica: En el estudio de ondas y fenómenos ópticos, las coordenadas se utilizan para describir la propagación de ondas y la interacción de la luz con objetos y superficies.

Navegación Espacial: En la navegación espacial y aeroespacial, las coordenadas se utilizan para describir la posición y el movimiento de naves espaciales y satélites en el espacio.

Mecánica Celeste: La mecánica celeste se ocupa del estudio del movimiento de cuerpos celestes en el espacio. Las coordenadas son esenciales para describir las órbitas de planetas, estrellas y otros objetos celestes.

Las coordenadas desempeñan un papel fundamental en la física al permitir la descripción y el análisis del movimiento y la posición de objetos en el espacio bidimensional. Estas coordenadas son esenciales para formular ecuaciones de movimiento, resolver problemas de física y comprender una amplia gama de fenómenos físicos en el mundo real.

Sistemas de Coordenadas: Diferentes sistemas de coordenadas, como las coordenadas cartesianas, las coordenadas polares y las coordenadas esféricas, se utilizan para describir puntos en el espacio en función de sus propias características y relaciones angulares.

Los sistemas de coordenadas son herramientas fundamentales en matemáticas y ciencias para describir la posición y las relaciones espaciales entre puntos en un espacio tridimensional. Cada sistema de coordenadas tiene sus propias características y se utiliza en función de la simplicidad y la aplicabilidad de la situación.

Coordenadas Cartesianas (Rectangulares): Este es el sistema de coordenadas más común y se basa en ejes perpendiculares entre sí. En un sistema de coordenadas cartesianas tridimensionales, se utilizan tres ejes ortogonales: el eje x, el eje y y el eje z. Las coordenadas de un punto se representan como un triple ordenado (x, y, z), donde "x" es la coordenada en el eje x, "y" es la coordenada en el eje y y "z" es la coordenada en el eje z. Este sistema es ampliamente utilizado en geometría euclidiana y en una variedad de aplicaciones en física y matemáticas.

Coordenadas Polares: En coordenadas polares, la posición de un punto se describe en función de su distancia desde un origen (r) y el ángulo (θ) que forma con respecto a un eje de referencia. Este sistema se utiliza a menudo en situaciones donde la distancia y el ángulo son más relevantes que las coordenadas cartesianas. Es común en aplicaciones como la representación de movimientos circulares y cónicos.

Coordenadas Esféricas: Las coordenadas esféricas se utilizan para describir la posición de un punto en función de su distancia radial (r), su ángulo de polar (θ) y su ángulo azimutal (φ). Este sistema se usa comúnmente para describir ubicaciones en el espacio tridimensional, y es particularmente útil en aplicaciones como la mecánica celeste y la física de partículas, donde los ángulos esféricos simplifican la descripción de la dirección de objetos en el espacio.

Cada uno de estos sistemas de coordenadas tiene sus propias ventajas y se utiliza en situaciones específicas según lo que sea más conveniente para la representación de los objetos o fenómenos en estudio. La elección del sistema de coordenadas adecuado depende de la naturaleza del problema y la simplicidad con la que permite describir las relaciones espaciales entre puntos.

Geografía: En la geografía, las coordenadas geográficas (latitud y longitud) se utilizan para representar la ubicación de lugares en la Tierra. Esto es esencial para la navegación y la cartografía.

En geografía, las coordenadas geográficas son fundamentales para representar la ubicación precisa de lugares en la Tierra. Las coordenadas geográficas, que incluyen la latitud y la longitud, permiten a los geógrafos y cartógrafos describir y localizar cualquier punto en la superficie terrestre.

Latitud: La latitud se refiere a las líneas imaginarias que corren de este a oeste alrededor de la Tierra. Se mide en grados, minutos y segundos hacia el norte (latitud norte) o hacia el sur (latitud sur) del ecuador, que es la línea de latitud 0°. La latitud varía de 0° en el ecuador hasta 90° en los polos norte y sur.

Longitud: La longitud se refiere a las líneas imaginarias que corren de norte a sur alrededor de la Tierra. Se mide en grados, minutos y segundos hacia el este (longitud este) o hacia el oeste (longitud oeste) del meridiano de Greenwich, que es la línea de longitud 0°. La longitud varía de -180° a +180°.

Las coordenadas geográficas se expresan en grados, minutos y segundos, lo que permite una representación precisa de la ubicación de cualquier punto en la Tierra. Por ejemplo, la ciudad de Nueva York se encuentra a aproximadamente 40° 42' de latitud norte y 74° 0' de longitud oeste.

Las aplicaciones de las coordenadas geográficas en geografía incluyen:

Navegación: Las coordenadas geográficas son fundamentales para la navegación terrestre y marítima. Los dispositivos de navegación utilizan la latitud y la longitud para determinar la ubicación exacta de un lugar y trazar rutas.

Cartografía: Los mapas y cartas topográficas utilizan coordenadas geográficas para representar con precisión la ubicación de características geográficas, ciudades, carreteras y más.

Sistemas de Información Geográfica (SIG): Los SIG son herramientas poderosas que utilizan coordenadas geográficas para gestionar y analizar datos geoespaciales, lo que es esencial en la planificación urbana, la gestión de recursos y muchas otras aplicaciones.

Estudios Climáticos y Geológicos: La ubicación precisa de estaciones meteorológicas, observatorios y eventos geológicos se describe utilizando coordenadas geográficas.

Localización de Recursos Naturales: Las coordenadas geográficas se utilizan para ubicar y gestionar recursos naturales como minas, pozos petroleros y áreas de conservación.

Estudios de la Tierra y del Medio Ambiente: Los geógrafos utilizan coordenadas geográficas para realizar investigaciones sobre el cambio climático, la biodiversidad y los efectos ambientales.

Turismo y Viajes: Las coordenadas geográficas son útiles para la planificación de viajes, la identificación de destinos y la orientación en entornos desconocidos.

Las coordenadas geográficas son una herramienta esencial en la geografía y desempeñan un papel crítico en la representación y la localización de lugares en la Tierra, lo que facilita la navegación, la cartografía y una amplia gama de estudios geoespaciales.

Navegación: En la navegación, se utilizan coordenadas para determinar la posición de una embarcación, un avión o un vehículo en un mapa o un sistema de navegación.

En la navegación, las coordenadas se utilizan para determinar la posición exacta de una embarcación, un avión o cualquier otro vehículo en un mapa o sistema de navegación. La determinación precisa de la ubicación es esencial para la navegación segura y efectiva.

Navegación Marítima: Los marineros utilizan las coordenadas geográficas, como la latitud y la longitud, para determinar la posición de un barco en el océano. Los sistemas de posicionamiento, como el GPS, proporcionan coordenadas precisas que permiten a los navegantes saber exactamente dónde se encuentra su embarcación en el mar.

Navegación Aérea: En la aviación, las coordenadas geográficas son esenciales para trazar rutas de vuelo, identificar puntos de referencia y mantener un control preciso de la posición de una aeronave en el cielo. Los sistemas de navegación aérea, como el sistema de posicionamiento global (GPS) y sistemas de navegación inercial, proporcionan coordenadas precisas para la navegación aérea.

Navegación Terrestre: En la navegación terrestre, ya sea en vehículos terrestres, como automóviles y trenes, o en actividades al aire libre como el senderismo, las coordenadas se utilizan para determinar la ubicación y planificar rutas. Los dispositivos GPS y aplicaciones de mapas en teléfonos inteligentes son herramientas comunes para la navegación terrestre.

Instrumentos de Navegación: En todas las formas de navegación, se utilizan instrumentos de navegación, como brújulas, sextantes, GPS y cartas de navegación, que permiten a los navegantes calcular y registrar las coordenadas de su posición.

Planificación de Rutas: La planificación de rutas implica el uso de coordenadas para diseñar y trazar rutas óptimas, evitando obstáculos y peligros en la navegación. Esto es esencial en la planificación de viajes y en la navegación de embarcaciones y aeronaves.

Navegación de Emergencia: En situaciones de emergencia, como rescates en el mar o aterrizajes de emergencia, las coordenadas son vitales para que los servicios de rescate puedan ubicar con precisión a las personas necesitadas y proporcionar asistencia.

Las coordenadas desempeñan un papel esencial en la navegación, ya sea en el mar, en el aire o en tierra. Proporcionan a los navegantes la capacidad de conocer su posición exacta y trazar rutas seguras y eficientes, lo que es crítico para la seguridad y la eficacia de la navegación en todas sus formas.

Dibujo Técnico e Ingeniería: En dibujo técnico y en ingeniería, las coordenadas se utilizan para representar y especificar la ubicación de objetos y componentes en planos y diseños.

En el dibujo técnico y la ingeniería, el uso de coordenadas es fundamental para representar y especificar la ubicación precisa de objetos, componentes y características en planos y diseños. Esto es esencial para la comunicación efectiva en la creación, fabricación y construcción de productos, edificios y sistemas.

Sistemas de Coordenadas: Los planos y dibujos técnicos se basan en sistemas de coordenadas que establecen una referencia común para todos los elementos del diseño. Los sistemas de coordenadas cartesianas, como el sistema de coordenadas XYZ, son comunes en el dibujo técnico tridimensional.

Ubicación de Puntos y Líneas: Las coordenadas se utilizan para especificar la ubicación de puntos de interés en un plano, así como la posición de líneas y segmentos que definen formas y estructuras.

Dimensionamiento: Las dimensiones se expresan en términos de coordenadas para indicar el tamaño y la posición de objetos y componentes en un dibujo. Esto permite que los fabricantes comprendan con precisión las medidas requeridas.

Referencia a Coordenadas de Origen: Los planos suelen incluir un punto de origen con coordenadas conocidas a partir del cual se miden todas las demás ubicaciones y dimensiones en el dibujo.

Especificaciones de Tolerancia: Las coordenadas también se utilizan en especificaciones de tolerancia, donde se indican las variaciones permitidas en las dimensiones y la posición de elementos.

Diseño de Ingeniería Asistido por Computadora (CAD): Los programas de CAD utilizan sistemas de coordenadas y herramientas de dibujo que permiten a los diseñadores y ingenieros crear y modificar diseños de manera precisa y eficiente.

Georreferenciación: En aplicaciones como el diseño de sistemas de información geográfica (SIG) y la planificación urbana, se utilizan coordenadas geográficas para ubicar características en la superficie de la Tierra.

Modelado Tridimensional: En el modelado 3D, se utilizan sistemas de coordenadas tridimensionales para representar objetos en un espacio tridimensional. Esto es relevante en campos como la impresión 3D y la ingeniería de productos.

Representación de Estructuras: Las coordenadas se utilizan para representar la ubicación y la orientación de componentes en estructuras, como edificios y máquinas.

Documentación Técnica: Los planos y dibujos técnicos son una forma de documentación técnica que utiliza coordenadas para proporcionar información clara y detallada sobre la construcción, montaje o funcionamiento de un producto o sistema.

El uso de coordenadas en el dibujo técnico y la ingeniería permite una comunicación precisa y universal en la representación de objetos y sistemas. Esto es fundamental para garantizar que los diseños se puedan fabricar o construir con precisión y que cumplan con las especificaciones requeridas.

Matemáticas: Las coordenadas se utilizan en una variedad de campos matemáticos, como el álgebra lineal, el cálculo y la geometría analítica, para resolver ecuaciones y realizar cálculos.

Las coordenadas son una herramienta fundamental en las matemáticas y se utilizan en diversos campos matemáticos para realizar cálculos, resolver ecuaciones y estudiar relaciones y propiedades geométricas.

Álgebra Lineal: En el álgebra lineal, las coordenadas se utilizan para representar vectores y matrices. Los vectores se pueden describir en términos de coordenadas en un espacio vectorial. Las operaciones con vectores, como la suma y la multiplicación por escalares, se realizan utilizando coordenadas. Las matrices también se representan mediante coordenadas y se utilizan para resolver sistemas de ecuaciones lineales.

Geometría Analítica: La geometría analítica combina la geometría con técnicas algebraicas y utiliza coordenadas para estudiar propiedades geométricas y relaciones espaciales. Las coordenadas cartesianas son comunes en la geometría analítica, donde los puntos en un plano se representan como pares ordenados (x, y). Esto permite la representación y el estudio de líneas, curvas y figuras geométricas mediante ecuaciones y cálculos.

Cálculo: En el cálculo, las coordenadas se utilizan para describir y analizar funciones matemáticas. Las funciones se pueden representar mediante ecuaciones en función de coordenadas, como $f(x) = y$, donde "x" e "y" son las coordenadas. El cálculo permite calcular derivadas e integrales de funciones utilizando técnicas basadas en coordenadas.

Geometría Diferencial: La geometría diferencial es un campo matemático que se centra en el estudio de curvas y superficies en espacios tridimensionales. Las coordenadas se utilizan para describir y analizar estas estructuras, y las derivadas parciales y otros conceptos matemáticos se aplican en este contexto.

Álgebra Multilineal: En álgebra multilineal, se utilizan coordenadas para trabajar con espacios vectoriales de más de tres dimensiones. Este campo se relaciona con el estudio de tensores y formas diferenciales, y las coordenadas son fundamentales para expresar y manipular estas entidades matemáticas.

Geometría Proyectiva: La geometría proyectiva es un campo que se enfoca en el estudio de las propiedades que se mantienen bajo transformaciones proyectivas. En este contexto, las coordenadas homogéneas se utilizan para describir puntos y rectas, lo que permite una representación elegante y uniforme de la geometría proyectiva.

Geometría Fractal: En la geometría fractal, las coordenadas se utilizan para definir y estudiar conjuntos fractales, que son estructuras geométricas altamente irregulares y autosemejantes. Las coordenadas son esenciales para la construcción y el análisis de fractales.

Topología: En topología, las coordenadas se utilizan para describir y analizar espacios topológicos y aplicar conceptos topológicos como la continuidad y la convergencia.

Las coordenadas son una herramienta versátil y poderosa en las matemáticas, utilizada en una amplia gama de campos matemáticos para representar objetos, funciones y estructuras, lo que facilita la resolución de ecuaciones, el estudio de propiedades geométricas y el análisis de relaciones matemáticas en diversas dimensiones y contextos.

Programación de Computadoras: En programación, las coordenadas se utilizan para definir la posición de elementos gráficos en la pantalla de una computadora. Esto es importante en el desarrollo de juegos, aplicaciones gráficas y interfaces de usuario.

En la programación de computadoras, especialmente en el desarrollo de software que involucra elementos gráficos, las coordenadas son esenciales para definir la posición y la disposición de objetos en la pantalla de una computadora. Esto es fundamental en la creación de juegos, aplicaciones gráficas y interfaces de usuario.

Gráficos en 2D: En el desarrollo de juegos, aplicaciones de dibujo y otros programas que trabajan en dos dimensiones, las coordenadas se utilizan para especificar la ubicación de elementos gráficos, como personajes, objetos, botones y texto. Las coordenadas cartesianas (x, y) se utilizan comúnmente para representar la posición en el plano 2D.

Gráficos en 3D: En entornos tridimensionales, como videojuegos y aplicaciones de modelado 3D, se utilizan sistemas de coordenadas tridimensionales (x, y, z) para definir la posición y la orientación de objetos en el espacio 3D. Las coordenadas 3D permiten la creación de mundos virtuales y la simulación de entornos tridimensionales realistas.

Interfaces de Usuario (UI): En el diseño de interfaces de usuario, las coordenadas se utilizan para ubicar elementos de la interfaz, como botones, ventanas, menús desplegables y cuadros de diálogo. Esto asegura que los elementos se muestren correctamente en la pantalla y sean interactivos.

Eventos de Ratón y Táctil: En la programación de interfaces de usuario, las coordenadas se utilizan para detectar y responder a eventos de entrada del usuario, como clics de ratón o toques en una pantalla táctil. Las coordenadas del puntero del ratón o del toque se utilizan para determinar la ubicación del evento.

Animación: Las coordenadas son esenciales en la animación de elementos gráficos. Mediante la modificación de las coordenadas a lo largo del tiempo, se puede lograr la animación de objetos en la pantalla, como movimientos suaves, transiciones y efectos visuales.

Colisiones: En juegos y simulaciones, las coordenadas se utilizan para detectar colisiones entre objetos. Al comparar las coordenadas de diferentes objetos, se puede determinar si han colisionado y tomar medidas en consecuencia.

Coordenadas de Pantalla y del Mundo: A menudo, se utilizan sistemas de coordenadas de pantalla y del mundo. Las coordenadas de pantalla son las que se utilizan para dibujar objetos en la pantalla, mientras que las coordenadas del mundo representan la posición real de los objetos en el contexto del programa.

Desarrollo de Gráficos en 2D/3D: En entornos de desarrollo de juegos y gráficos, se proporcionan bibliotecas y marcos de trabajo que simplifican el manejo de coordenadas, la representación de objetos y la manipulación gráfica.

Las coordenadas desempeñan un papel crucial en la programación de computadoras cuando se trata de la creación de elementos gráficos, interfaces de usuario y juegos. La correcta manipulación de coordenadas permite a los desarrolladores controlar la posición y la interacción de objetos en la pantalla, lo que es esencial para crear aplicaciones visuales y experiencias interactivas.

Ya sean en forma de pares ordenados (x, y) en un plano bidimensional o en sistemas de coordenadas más complejos en espacios tridimensionales, son una herramienta fundamental para la representación, el análisis y la descripción de posiciones y relaciones espaciales en una amplia variedad de disciplinas y aplicaciones.

28.Patrones: Secuencias lógicas de números o figuras.

Los patrones se refieren a secuencias lógicas de números, figuras, objetos o eventos que siguen una regla o estructura predecible. Estos patrones pueden ser visuales, numéricos o conceptuales y se pueden encontrar en una variedad de contextos. Los patrones son fundamentales en matemáticas, ciencia, diseño y muchas otras disciplinas.

Patrones Numéricos: En matemáticas, los patrones numéricos son secuencias de números que siguen una regla específica. Por ejemplo, la secuencia 2, 4, 6, 8, 10 sigue un patrón aritmético en el que cada número es 2 unidades mayor que el anterior. Los números primos son otro ejemplo de patrón numérico, ya que siguen una regla específica en términos de divisibilidad.

Los patrones numéricos son secuencias de números que siguen reglas específicas y predecibles. Estos patrones pueden tomar varias formas y ser de diferentes tipos, y son fundamentales en matemáticas para comprender y predecir secuencias numéricas.

Patrón Aritmético: En un patrón aritmético, cada número en la secuencia se obtiene sumando (o restando) una cantidad fija llamada "diferencia" al número anterior. Por ejemplo, la secuencia 3, 6, 9, 12 sigue un patrón aritmético con una diferencia de 3.

Patrón Geométrico: En un patrón geométrico, cada número en la secuencia se obtiene multiplicando (o dividiendo) el número anterior por una cantidad fija llamada "razón." Por ejemplo, la secuencia 2, 4, 8, 16 sigue un patrón geométrico con una razón de 2.

Patrón de Cuadrados Perfectos: Los cuadrados perfectos, como 1, 4, 9, 16, 25, siguen un patrón específico. Cada número es el cuadrado del número natural correspondiente (1^2, 2^2, 3^2, 4^2, 5^2).

Patrón de Números Pares/Impares: Las secuencias de números pares (2, 4, 6, 8, ...) y números impares (1, 3, 5, 7, ...) son patrones numéricos comunes. Los números pares son múltiplos de 2, mientras que los impares no son divisibles por 2.

Serie Fibonacci: La serie de Fibonacci es un patrón numérico en el que cada número es la suma de los dos números anteriores en la secuencia: 0, 1, 1, 2, 3, 5, 8, 13, 21, 34, ...

Números Triangulares: Los números triangulares siguen un patrón en el que cada número es la suma de los números naturales consecutivos. Por ejemplo, 1, 3, 6, 10 son números triangulares.

Secuencia de Potencias de 2: La secuencia de potencias de 2 sigue un patrón numérico en el que cada número es 2 elevado a una potencia creciente: 1, 2, 4, 8, 16, 32, …

Números Primos: Los números primos son un tipo especial de patrón numérico en el que cada número es divisible solo por 1 y por sí mismo. Ejemplos de números primos incluyen 2, 3, 5, 7, 11, 13, 17, 19, 23, …

El reconocimiento de patrones numéricos es una habilidad importante en matemáticas y puede ayudar a predecir valores futuros, encontrar soluciones a problemas matemáticos y comprender las relaciones entre los números. Estos patrones son fundamentales en muchas áreas de las matemáticas y tienen aplicaciones en la ciencia, la ingeniería y la informática, entre otros campos.

Patrones Geométricos: En geometría y diseño, los patrones geométricos son secuencias de figuras o formas que siguen una estructura predecible. Por ejemplo, un patrón geométrico podría consistir en una serie de círculos concéntricos de diferentes tamaños o en una secuencia de triángulos equiláteros alternados con cuadrados.

los patrones geométricos son secuencias de figuras o formas que siguen una estructura predecible y se utilizan en geometría, diseño y diversas aplicaciones creativas para crear composiciones visuales interesantes y atractivas. Estos patrones pueden ser simples o complejos y se basan en la repetición o variación de elementos geométricos.

Mosaicos Geométricos: Los mosaicos geométricos son patrones que se crean mediante la repetición de formas geométricas, como cuadrados, triángulos o hexágonos, de manera que llenan una superficie de manera uniforme y forman un diseño armónico.

Fractales: Los fractales son patrones geométricos que se repiten a diferentes escalas. Un ejemplo famoso es el conjunto de Mandelbrot, que se genera mediante iteraciones de ecuaciones matemáticas simples y crea patrones fractales altamente detallados.

Patrones de Azulejos: En arquitectura y diseño de interiores, se utilizan patrones geométricos de azulejos para crear diseños en pisos, paredes y techos. Estos patrones pueden variar desde diseños simples de cuadrados y rectángulos hasta diseños más intrincados con formas geométricas complejas.

Diseño Textil: Los patrones geométricos se utilizan en textiles, como telas y alfombras, para crear diseños atractivos. Los patrones pueden incluir repeticiones de círculos, rombos, líneas y otros elementos geométricos.

Diseño de Papel Tapiz: En diseño de interiores, los patrones geométricos se utilizan en papel tapiz para agregar interés visual a las paredes. Estos patrones pueden variar desde simples rayas y cuadros hasta patrones más intrincados y abstractos.

Diseño de Logotipos: Los logotipos y marcas a menudo incorporan patrones geométricos para crear una identidad visual distintiva. Los patrones pueden ser una parte importante de la estética y el reconocimiento de una marca.

Arte Abstacto: Los artistas utilizan patrones geométricos en el arte abstracto para crear composiciones visuales únicas. Estos patrones pueden variar desde formas simples y repetitivas hasta patrones más complejos y abstractos.

Diseño de Juegos: En el diseño de videojuegos y juegos de mesa, los patrones geométricos se utilizan para crear mapas, tableros y elementos visuales que son atractivos y funcionales.

Los patrones geométricos son una forma efectiva de crear diseños visuales atractivos y coherentes. Pueden transmitir una sensación de orden, simetría y equilibrio, o pueden utilizarse para crear diseños más dinámicos y abstractos. La geometría y los patrones geométricos son una parte integral de la creatividad en una variedad de campos artísticos y de diseño.

Patrones de Secuencia: Los patrones de secuencia se encuentran en muchos campos, incluida la música, donde una secuencia de notas puede seguir un patrón melódico o rítmico predecible. En informática, las secuencias de comandos siguen patrones de ejecución lógicos que determinan el flujo de un programa.

Los patrones de secuencia son secuencias lógicas de eventos, elementos o acciones que siguen una estructura predecible y se encuentran en diversos campos, incluyendo la música, la informática y otros. Estos patrones son esenciales para la creación de música, programación de computadoras y en muchos otros contextos.

Música: En la música, los patrones de secuencia son fundamentales para componer piezas melódicas y rítmicas. Los patrones melódicos pueden incluir secuencias de notas o acordes que se repiten de manera coherente a lo largo de una canción. Los patrones rítmicos determinan la duración y el ritmo de las notas y se utilizan para crear la estructura rítmica de una composición musical.

Informática y Programación: En informática, los patrones de secuencia son cruciales para programar la lógica de un software. Los scripts y programas siguen patrones de ejecución lógicos que incluyen la secuencia de instrucciones, la toma de decisiones (mediante estructuras de control condicional) y la repetición (mediante bucles). La programación utiliza patrones para definir la estructura y el comportamiento de aplicaciones y sistemas.

Secuencias Genéticas: En biología, las secuencias genéticas siguen patrones específicos. Por ejemplo, el ADN contiene secuencias de nucleótidos que determinan la información genética y la estructura de los genes. Identificar patrones en secuencias genéticas es crucial para la investigación en genómica y biología molecular.

Procesamiento de Señales: En el procesamiento de señales, como en telecomunicaciones, las señales de audio y video siguen patrones de secuencia. La detección de patrones en señales es importante para la transmisión y recepción de información.

Lingüística y Lenguaje Natural: En lingüística y procesamiento de lenguaje natural, se utilizan patrones de secuencia para analizar y comprender el lenguaje humano. Los patrones lingüísticos pueden incluir secuencias de palabras o gramática que siguen reglas predecibles.

Control de Procesos: En la automatización y el control de procesos industriales, se utilizan patrones de secuencia para definir y supervisar las operaciones de maquinaria y sistemas. Los patrones de secuencia son esenciales para garantizar la eficiencia y la seguridad en la producción industrial.

Economía y Finanzas: En economía y finanzas, se pueden identificar patrones de secuencia en los movimientos del mercado, las tendencias económicas y los datos financieros. Estos patrones ayudan a tomar decisiones en inversiones y predicciones económicas.

Navegación y Rutas: En sistemas de navegación, como GPS, se utilizan patrones de secuencia para determinar rutas y direcciones. Los patrones de secuencia de calles, carreteras o coordenadas geográficas son fundamentales para la navegación precisa.

En resumen, los patrones de secuencia se encuentran en una amplia variedad de campos y disciplinas, y son esenciales para la organización, la predicción y el control de eventos y procesos. La identificación y comprensión de estos patrones son fundamentales para el avance en muchas áreas de estudio y aplicación.

Patrones Naturales: Los patrones se encuentran en la naturaleza, como la secuencia de crecimiento de las hojas en una planta o la disposición de las escamas en la piel de un reptil. Estos patrones naturales a menudo siguen reglas matemáticas y geométricas.

Los patrones naturales son secuencias y estructuras que se encuentran en la naturaleza y que siguen reglas matemáticas y geométricas. Estos patrones se pueden observar en una amplia variedad de fenómenos y organismos en la naturaleza. A menudo, estos patrones naturales han sido un área de interés para científicos, matemáticos y artistas debido a su belleza y complejidad.

Fibonacci en la Naturaleza: La secuencia de Fibonacci (1, 1, 2, 3, 5, 8, 13, 21, 34, ...) se encuentra en muchos aspectos de la naturaleza. Por ejemplo, las espirales en las conchas de caracoles y en la disposición de las hojas en una planta suelen seguir patrones basados en la secuencia de Fibonacci.

Fractales en la Naturaleza: Los fractales, patrones geométricos que se repiten a diferentes escalas, se pueden encontrar en la naturaleza. Por cjcmplo, los patrones de ramificación de los árboles y arbustos a menudo siguen una estructura fractal.

Piel de Animales: La disposición de las escamas en la piel de reptiles, como las serpientes, sigue patrones geométricos específicos. Además, los patrones en la piel de animales, como leopardos o cebras, se han estudiado por su capacidad de camuflaje.

Patrones en Cristales: Los cristales tienen estructuras atómicas altamente ordenadas que siguen patrones matemáticos y geométricos. La forma en que se agrupan los átomos en cristales puede dar lugar a patrones de fractales o simetrías específicas.

Patrones en Corrientes de Agua: Las corrientes de agua, como ríos y arroyos, a menudo siguen patrones de meandros y bifurcaciones que siguen reglas geométricas y dinámicas.

Formaciones en la Playa: Los patrones creados por las olas del mar en la arena de la playa a menudo siguen patrones geométricos específicos, como ondas concéntricas.

Simetría en Organismos: La simetría se encuentra en muchos organismos, desde la simetría bilateral en animales como peces y humanos hasta la simetría radial en organismos como estrellas de mar.

Patrones en Crecimiento de Plantas: El crecimiento de las plantas sigue patrones específicos, como la disposición de hojas en espiral que se ajustan a la secuencia de Fibonacci o la formación de fractales en las raíces y las ramas.

Patrones en el Cielo: Los patrones naturales también se encuentran en el cielo, como la disposición de estrellas en constelaciones y la formación de galaxias que siguen leyes de física y matemáticas.

Estos ejemplos ilustran cómo los patrones matemáticos y geométricos se manifiestan en la naturaleza de maneras sorprendentes. El estudio de estos patrones no solo es fascinante desde el punto de vista científico, sino que también ha inspirado a artistas y diseñadores a lo largo de la historia.

Patrones de Color y Diseño: En el diseño gráfico y la moda, se utilizan patrones de colores y formas para crear diseños visuales atractivos. Los patrones pueden ser simétricos, asimétricos, repetitivos o aleatorios, según la intención del diseñador.

Los patrones de color y diseño son elementos fundamentales en el mundo del diseño gráfico, la moda y otras disciplinas creativas. Estos patrones se crean mediante la repetición o variación de colores, formas y texturas con el objetivo de lograr diseños visuales atractivos y coherentes.

Diseño Gráfico: En diseño gráfico, los patrones de color y diseño se utilizan para crear fondos, ilustraciones, logotipos y otros elementos visuales en proyectos como sitios web, impresiones, publicidad y material promocional. Los patrones pueden ser simétricos, asimétricos o repetitivos, según el estilo y la intención del diseño.

Moda: En la moda, los patrones de diseño se aplican a telas y prendas de vestir para crear diseños de ropa únicos y atractivos. Estos patrones pueden incluir diseños geométricos, florales, abstractos y más. Los diseñadores de moda consideran la escala, la repetición y la armonía de los patrones de color para lograr un aspecto deseado.

Diseño de Interiores: En el diseño de interiores, los patrones se utilizan en papel tapiz, telas, alfombras y otros elementos decorativos para agregar textura y estilo a un espacio. Los patrones pueden influir en la atmósfera de una habitación y reflejar la personalidad del propietario.

Diseño de Productos: Los patrones de diseño se aplican a productos, desde vajillas y textiles hasta productos electrónicos y envases. Los patrones pueden ser una parte importante de la identidad visual de un producto y su atractivo estético.

Arte y Ilustración: Los artistas y ilustradores utilizan patrones de color y diseño en sus obras para crear composiciones visuales impactantes. Estos patrones pueden ser parte del estilo distintivo de un artista.

Diseño de Papelería: Los patrones se utilizan en la creación de papelería, tarjetas de felicitación, papel de regalo y otros productos relacionados. Los patrones pueden ser estacionales, temáticos o abstractos.

Diseño de Sitios Web y Aplicaciones: En diseño web y de aplicaciones, los patrones de color y diseño se aplican a elementos como botones, fondos y diseños de páginas. Los patrones ayudan a mantener la coherencia visual y a guiar la interacción del usuario.

Diseño Textil y Estampado: En la industria textil, se crean patrones de tejido y estampado que se aplican a telas para la confección de prendas de vestir, cortinas y ropa de cama. Los patrones pueden variar en escala y estilo, desde rayas y cuadros hasta diseños más elaborados.

La elección de patrones de color y diseño es una decisión creativa y estratégica que puede influir en cómo se percibe un diseño o un producto. Los diseñadores consideran cuidadosamente cómo los patrones interactúan con otros elementos visuales, como tipografía e imágenes, para lograr un resultado visualmente atractivo y efectivo.

Patrones de Comportamiento: En psicología y sociología, se pueden identificar patrones de comportamiento humano en situaciones sociales o individuales. Estos patrones a veces se utilizan para predecir comportamientos futuros o comprender la dinámica social.

Los patrones de comportamiento son observaciones sistemáticas de cómo las personas se comportan en situaciones sociales o individuales a lo largo del tiempo. Estos patrones son de interés en campos como la psicología, la sociología y otras disciplinas relacionadas con las ciencias sociales. Identificar y comprender los patrones de comportamiento humano es fundamental para predecir comportamientos futuros, tomar decisiones informadas y comprender la dinámica social. Aquí hay ejemplos de cómo se aplican los patrones de comportamiento en diversas áreas:

Psicología: En psicología, se estudian patrones de comportamiento para comprender cómo las personas responden a estímulos, situaciones y eventos. Se investigan patrones de comportamiento en áreas como el desarrollo infantil, la psicología clínica, la psicología cognitiva y la psicología social. Estos patrones pueden ayudar a identificar trastornos psicológicos, evaluar el efecto de intervenciones terapéuticas y comprender la toma de decisiones.

Sociología: La sociología se centra en el estudio de la sociedad y el comportamiento humano en contextos sociales más amplios. Los sociólogos investigan patrones de comportamiento en grupos sociales, comunidades y culturas para comprender cuestiones como la estratificación social, la dinámica de grupos, los movimientos sociales y los cambios culturales.

Economía del Comportamiento: En la economía del comportamiento, se analizan patrones de toma de decisiones económicas. Se estudian comportamientos relacionados con el gasto, el ahorro, la inversión y la elección del consumidor para comprender por qué las personas toman ciertas decisiones financieras.

Marketing y Publicidad: En marketing y publicidad, se utilizan patrones de comportamiento del consumidor para desarrollar estrategias efectivas. El análisis de datos de comportamiento del consumidor en línea, como el seguimiento de clics y compras, se utiliza para adaptar campañas publicitarias y estrategias de marketing.

Educación: En el campo de la educación, se observan patrones de comportamiento de los estudiantes para evaluar el rendimiento académico y diseñar métodos de enseñanza más efectivos. Se pueden utilizar datos sobre el comportamiento de los estudiantes, como las tasas de asistencia y el rendimiento en exámenes, para identificar áreas de mejora.

Seguridad y Política Pública: Los patrones de comportamiento también son importantes en la formulación de políticas públicas y en la seguridad. Se pueden utilizar para analizar tendencias delictivas, patrones de consumo de drogas, comportamientos de tráfico, entre otros, para tomar decisiones informadas y mejorar la seguridad pública.

Tecnología y Ciencia de Datos: En la era digital, se recopilan grandes cantidades de datos sobre el comportamiento humano en línea. Los científicos de datos y analistas utilizan estos datos para identificar patrones de comportamiento, como preferencias de búsqueda, interacciones en redes sociales y patrones de compra en línea.

Recursos Humanos: En la gestión de recursos humanos, se observan patrones de comportamiento de los empleados para evaluar el desempeño, la satisfacción laboral y la dinámica de equipos. Estos patrones pueden guiar la toma de decisiones relacionadas con la contratación, la formación y el desarrollo profesional.

Los patrones de comportamiento humano son fundamentales en una variedad de campos, y su análisis y comprensión tienen un impacto significativo en la toma de decisiones, la formulación de políticas y la mejora de la calidad de vida en la sociedad. La investigación y el análisis de estos patrones son esenciales para avanzar en el entendimiento de la mente humana y de las dinámicas sociales.

Patrones en Datos: En análisis de datos, se buscan patrones en conjuntos de datos para identificar tendencias, relaciones o anomalías. Esto es fundamental en la ciencia de datos y la toma de decisiones basada en datos.

El análisis de patrones en datos es un componente esencial en la ciencia de datos y la toma de decisiones basada en datos. Consiste en identificar, interpretar y comprender patrones, tendencias, relaciones y anomalías en conjuntos de datos. Esta práctica es fundamental en diversas áreas, desde el análisis de negocios hasta la investigación científica.

Análisis de Negocios: Las empresas utilizan el análisis de patrones en datos para comprender el comportamiento del cliente, identificar tendencias de mercado, optimizar procesos internos y tomar decisiones estratégicas. Esto puede incluir el análisis de ventas, la segmentación de clientes, la detección de fraudes y la previsión de demanda.

Ciencia de Datos: En la ciencia de datos, los profesionales exploran datos para descubrir patrones que pueden ser la base de modelos predictivos. Esto incluye técnicas como el aprendizaje automático y la minería de datos para identificar relaciones y patrones en grandes conjuntos de datos.

Medicina: En la investigación médica, se analizan datos de pacientes para identificar patrones que pueden ayudar a prevenir, diagnosticar y tratar enfermedades. Esto incluye el análisis de datos clínicos, imágenes médicas y datos genéticos.

Finanzas: En el sector financiero, se utilizan patrones en datos para la detección de fraudes, el análisis de riesgos crediticios, la predicción de movimientos del mercado y la gestión de carteras de inversión.

Meteorología: Los científicos del clima analizan datos meteorológicos para identificar patrones que ayuden a predecir el clima y eventos climáticos extremos, como huracanes y tornados.

Investigación Científica: En diversas disciplinas científicas, desde la física hasta la biología, se analizan datos experimentales para identificar patrones que respalden las teorías científicas y permitan hacer nuevas investigaciones.

Educación: En el campo de la educación, se analizan datos de rendimiento estudiantil para identificar patrones que indiquen áreas de mejora en la enseñanza y el aprendizaje.

Gobierno: Las agencias gubernamentales utilizan el análisis de patrones en datos para comprender tendencias demográficas, tomar decisiones de políticas públicas y gestionar recursos de manera eficiente.

Seguridad: En seguridad, se analizan datos de video, audio y redes para identificar patrones que puedan indicar amenazas o comportamientos anómalos.

Marketing Digital: En marketing digital, se analizan datos de comportamiento en línea de usuarios, como clics y compras, para personalizar campañas y mejorar la experiencia del usuario.

El análisis de patrones en datos involucra el uso de herramientas y técnicas estadísticas, matemáticas y computacionales para revelar información valiosa. Ayuda a las organizaciones y profesionales a tomar decisiones más informadas, a prever eventos futuros y a identificar áreas de enfoque y mejora. Además, es una parte esencial de la ciencia de datos y la toma de decisiones basada en datos en la era digital.

Los patrones son una forma importante de simplificar y comprender la información en una variedad de campos. Permiten la identificación de reglas, la predicción de resultados y la creación de diseños visualmente atractivos. La capacidad de reconocer y trabajar con patrones es una habilidad valiosa en matemáticas, ciencia, diseño y muchas otras disciplinas.

29.Lógica: Razonamiento basado en reglas y relaciones para llegar a conclusiones.

La lógica es una disciplina fundamental que se enfoca en el razonamiento basado en reglas y relaciones con el propósito de llegar a conclusiones válidas. En esencia, la lógica se preocupa por la coherencia y la validez en el proceso de pensamiento. Aquí hay algunas características clave de la lógica:

Reglas y Principios: La lógica se basa en un conjunto de reglas, principios y estructuras que guían el razonamiento. Estas reglas son esenciales para determinar si un argumento es válido o no.

Las reglas y principios son fundamentales en el estudio de la lógica. Establecen las pautas para un razonamiento válido y coherente.

Principio de Identidad: Este principio establece que cualquier cosa es idéntica a sí misma. En términos simbólicos, A es igual a A. Por lo tanto, si algo es cierto, es cierto.

Principio de No Contradicción: Este principio establece que una proposición no puede ser tanto verdadera como falsa al mismo tiempo en el mismo contexto. No se pueden sostener dos declaraciones opuestas al mismo tiempo.

Principio del Tercer Excluido: Este principio afirma que una proposición debe ser verdadera o falsa, no hay una tercera opción. En otras palabras, no existe un punto intermedio entre la verdad y la falsedad.

Principio de Razón Suficiente: Este principio sostiene que para cada evento o proposición, debe haber una razón o causa suficiente que explique por qué es así y no de otra manera. Se utiliza para argumentar que cada cosa tiene una explicación.

Reglas de Inferencia: Estas son reglas lógicas que se aplican para derivar conclusiones válidas a partir de premisas. Ejemplos de reglas de inferencia incluyen el modus ponens, el modus tollens y la eliminación de la conjunción.

Ley Distributiva: Esta ley se aplica a los operadores lógicos como "y" y "o" y establece cómo se relacionan en expresiones lógicas. Por ejemplo, la ley distributiva establece que A y (B o C) es equivalente a (A y B) o (A y C).

Ley de Exclusión: Esta ley establece que A o (no A) es siempre verdadero. En otras palabras, una proposición o su negación siempre es verdadera.

Reglas de De Morgan: Estas reglas se aplican a las negaciones de conjunciones y disyunciones. Ayudan a simplificar expresiones lógicas complejas. Por ejemplo, la negación de (A y B) es equivalente a (no A o no B).

Leyes de la Implicación: Estas leyes rigen la relación entre una proposición y su negación, así como entre una proposición y su inversa. Ejemplos de leyes de implicación incluyen la ley de la negación y la ley de la contraposición.

Estas reglas y principios forman la base de la lógica y se utilizan para evaluar la validez de argumentos y expresiones lógicas. Siguiendo estas reglas, es posible determinar si un razonamiento es lógicamente sólido y si las conclusiones son coherentes con las premisas. La lógica es una herramienta esencial en el pensamiento crítico y en la toma de decisiones informadas.

Argumentos Válidos: Un argumento válido en lógica es aquel en el que, si las premisas son verdaderas, la conclusión debe ser verdadera. La lógica se utiliza para evaluar la validez de los argumentos y garantizar que las conclusiones se sigan lógicamente de las premisas.

La noción de argumentos válidos es fundamental en la lógica. Un argumento válido es aquel en el que, si todas las premisas son verdaderas, entonces la conclusión debe ser verdadera. En otras palabras, un argumento válido tiene una estructura lógica de tal manera que si aceptamos que todas las premisas son verdaderas, no podemos evitar concluir que la conclusión también es verdadera. Esto garantiza una relación lógica sólida entre las premisas y la conclusión.

Un ejemplo clásico de un argumento válido es el modus ponens, que sigue esta estructura:

Si A es verdadero, entonces B es verdadero.

A es verdadero.

Con estas premisas, podemos concluir válidamente:

Por lo tanto, B es verdadero.

En este caso, si aceptamos que la premisa 1 y la premisa 2 son verdaderas, la conclusión 3 debe ser verdadera, de acuerdo con las reglas de la lógica. Este es un ejemplo de argumento válido.

Sin embargo, es importante destacar que la validez de un argumento no garantiza que las premisas sean verdaderas en la realidad. La validez se refiere a la relación lógica entre las premisas y la conclusión, pero las premisas mismas deben ser verificadas en función de la evidencia y la verdad factual.

Los argumentos válidos son un componente esencial en el pensamiento crítico y la argumentación efectiva, ya que permiten construir razonamientos sólidos y coherentes. Al evaluar argumentos en la lógica, se busca determinar si son válidos y, en caso afirmativo, si las premisas son verdaderas o plausibles. Esto es crucial en la toma de decisiones informadas y en la evaluación de afirmaciones y argumentos en diversos contextos.

Proposiciones y Conectores Lógicos: En lógica, se trabajan con proposiciones, que son afirmaciones o declaraciones que pueden ser verdaderas o falsas. Los conectores lógicos, como "y", "o" y "si... entonces", se utilizan para combinar proposiciones y construir argumentos.

En lógica, las proposiciones y los conectores lógicos son elementos fundamentales que se utilizan para construir argumentos y expresiones lógicas.

Proposiciones:

Proposición: Una proposición es una afirmación o declaración que puede ser evaluada como verdadera o falsa, pero no ambas al mismo tiempo. Por ejemplo, "El cielo es azul" es una proposición, ya que puede ser verdadera (durante el día) o falsa (en la noche).

Validez de las Proposiciones: En lógica, las proposiciones se consideran como unidades básicas de información. Pueden ser simples (una sola afirmación) o compuestas (combinaciones de proposiciones simples utilizando conectores lógicos).

Conectores Lógicos:

"Y" (Conjunción): El conector "y" se utiliza para combinar dos proposiciones, y la proposición compuesta es verdadera solo si ambas proposiciones simples son verdaderas. Por ejemplo, "Llueve y hace frío" es verdadero solo si ambas afirmaciones son verdaderas.

"O" (Disyunción): El conector "o" se utiliza para combinar dos proposiciones, y la proposición compuesta es verdadera si al menos una de las proposiciones simples es verdadera. Por ejemplo, "Estudiaré matemáticas o inglés" es verdadero si planeo estudiar al menos una de esas materias.

"Si... Entonces..." (Implicación): La implicación se usa para expresar una relación condicional entre dos proposiciones. La proposición compuesta es verdadera a menos que la primera proposición sea verdadera y la segunda sea falsa. Por ejemplo, "Si llueve, entonces llevaré un paraguas" es verdadero a menos que llueva y no lleve un paraguas.

"Si y solo si" (Bicondicional): Este conector se utiliza para indicar que dos proposiciones son verdaderas o falsas juntas. La proposición compuesta es verdadera si ambas proposiciones son iguales (ambas verdaderas o ambas falsas). Por ejemplo, "Tendré éxito si y solo si trabajo duro" es verdadero solo si ambas afirmaciones son verdaderas o ambas son falsas.

"No" (Negación): La negación se utiliza para expresar lo contrario de una proposición simple. Por ejemplo, "No es cierto que el sol sea azul" niega la afirmación de que el sol es azul.

Estos conectores lógicos son esenciales para construir argumentos, expresiones lógicas y reglas en lógica y matemáticas. Se utilizan para combinar proposiciones y construir estructuras lógicas que permiten el razonamiento y la evaluación de argumentos en función de principios lógicos sólidos. La lógica se utiliza en una amplia gama de aplicaciones, desde matemáticas y filosofía hasta programación y toma de decisiones en el mundo real.

Deducción e Inducción: La lógica incluye tanto el razonamiento deductivo como el inductivo. El razonamiento deductivo se basa en reglas para llegar a conclusiones necesariamente verdaderas, mientras que el razonamiento inductivo se basa en la probabilidad y la generalización a partir de ejemplos.

La lógica comprende dos tipos fundamentales de razonamiento: el razonamiento deductivo y el razonamiento inductivo. Cada uno tiene sus propias características y aplicaciones:

Razonamiento Deductivo:

El razonamiento deductivo se basa en reglas y principios lógicos para llegar a conclusiones necesariamente verdaderas a partir de premisas dadas.

En el razonamiento deductivo, si las premisas son verdaderas y la estructura del argumento es válida, la conclusión debe ser verdadera. Esto se conoce como "verdad necesaria".

Ejemplo: Todos los hombres son mortales (premisa 1), Sócrates es un hombre (premisa 2), por lo tanto, Sócrates es mortal (conclusión).

Razonamiento Inductivo:

El razonamiento inductivo se basa en la observación de ejemplos y la generalización a partir de ellos. Las conclusiones en el razonamiento inductivo no son necesariamente verdaderas, pero son probables o razonables en función de la evidencia disponible.

En el razonamiento inductivo, se infieren patrones o tendencias a partir de ejemplos observados y se extienden a conclusiones generales.

Ejemplo: Observo que cada vez que lanzo una moneda, sale cara. Por lo tanto, puedo concluir inductivamente que la moneda es injusta y siempre caerá cara.

Ambos tipos de razonamiento son importantes y tienen aplicaciones en diferentes contextos:

El razonamiento deductivo se utiliza para establecer conclusiones basadas en reglas lógicas sólidas. Es esencial en matemáticas, filosofía y argumentación legal, donde la validez lógica es crítica.

El razonamiento inductivo se utiliza para inferir generalizaciones basadas en observaciones y experiencia. A menudo se aplica en la ciencia, la investigación social y la toma de decisiones en la vida cotidiana. Sin embargo, las conclusiones inductivas siempre tienen cierto grado de incertidumbre debido a su naturaleza probabilística.

Ambos tipos de razonamiento tienen sus ventajas y limitaciones. El razonamiento deductivo proporciona conclusiones sólidas y ciertas, pero depende de la validez de las premisas. El razonamiento inductivo permite sacar conclusiones útiles basadas en la experiencia, pero puede llevar a errores si no se basa en una muestra representativa o si las observaciones son sesgadas. Ambos tipos de razonamiento son herramientas esenciales en la lógica y en la toma de decisiones racionales.

Formas Lógicas: Las formas lógicas son patrones de razonamiento que siguen reglas lógicas específicas. Identificar la forma lógica de un argumento es útil para evaluar su validez independientemente del contenido específico.

Las formas lógicas son patrones de razonamiento abstractos que siguen reglas lógicas específicas y permiten evaluar la validez de un argumento independientemente de su contenido concreto. Identificar la forma lógica de un argumento es una técnica valiosa en la lógica y el pensamiento crítico, ya que permite determinar si la estructura del razonamiento es sólida y coherente.

Modus Ponens: Esta forma lógica sigue la siguiente estructura:

Si A, entonces B.

A.

Por lo tanto, B.

Modus Tollens: Otra forma lógica que sigue esta estructura:

Si A, entonces B.

No B.

Por lo tanto, no A.

Silogismo: Un silogismo es una forma lógica que consta de tres proposiciones: dos premisas y una conclusión. Hay diferentes tipos de silogismos, como el silogismo categórico o el silogismo hipotético. Un ejemplo de un silogismo categórico sería:

Todas las personas son mortales (Premisa 1).

Sócrates es una persona (Premisa 2).

Por lo tanto, Sócrates es mortal (Conclusión).

Disyunción Inclusiva: Esta forma lógica sigue la estructura:

A o B.

No es el caso de que A y B sean falsos.

Por lo tanto, al menos una de las dos proposiciones es verdadera.

Reducción al Absurdo (Modus Tollendo Ponens): Una técnica en la que se asume la negación de la conclusión y se deriva una contradicción, lo que demuestra que la negación de la conclusión es falsa. Esto, a su vez, demuestra que la conclusión original es verdadera.

Condicional: Esta forma lógica sigue la estructura:

Si A, entonces B.

B es falso.

Por lo tanto, A es falso.

Identificar la forma lógica de un argumento es útil para evaluar su validez y detectar posibles falacias. A menudo, se utiliza en la lógica formal y en el análisis de argumentos en filosofía, matemáticas y otros campos donde la validez del razonamiento es esencial. El enfoque en la forma lógica permite simplificar la evaluación de argumentos al separar la estructura lógica de su contenido concreto, lo que facilita la identificación de argumentos válidos e inválidos.

Silogismos: Los silogismos son argumentos lógicos que constan de dos premisas y una conclusión. La lógica se utiliza para evaluar la validez de los silogismos.

Los silogismos son argumentos lógicos que siguen una estructura específica compuesta por dos premisas y una conclusión. Esta forma de razonamiento se utiliza para llegar a una conclusión basada en la relación entre las premisas. Los silogismos son un elemento importante en la lógica y se utilizan para evaluar su validez.

Un silogismo típico consta de las siguientes partes:

Premisa Mayor: La primera premisa en un silogismo, a menudo es una afirmación general o universal.

Premisa Menor: La segunda premisa, que proporciona información específica o una afirmación sobre un caso individual.

Conclusión: La afirmación que se deriva de las dos premisas.

Los silogismos se clasifican en diferentes tipos basados en la forma de sus premisas y conclusiones. Algunos ejemplos de categorías de silogismos incluyen:

Silogismo Categórico: Utiliza proposiciones categóricas para formar argumentos. Ejemplo: Premisa Mayor: Todos los hombres son mortales. Premisa Menor: Sócrates es un hombre. Conclusión: Sócrates es mortal.

Silogismo Hipotético: Utiliza proposiciones condicionales o hipotéticas en sus premisas. Ejemplo: Premisa Mayor: Si estudias, entonces aprenderás. Premisa Menor: Estás estudiando. Conclusión: Aprenderás.

Silogismo Disyuntivo: Se basa en proposiciones disyuntivas (alternativas). Ejemplo: Premisa Mayor: El examen será de matemáticas o de historia. Premisa Menor: No será de matemáticas. Conclusión: El examen será de historia.

La lógica se utiliza para evaluar la validez de los silogismos. Un silogismo válido es aquel en el que la conclusión se sigue necesariamente de las premisas. Sin embargo, un silogismo puede ser válido pero no necesariamente verdadero si alguna de las premisas es falsa. Por lo tanto, además de evaluar la validez, también es importante verificar la verdad de las premisas en el contexto de la argumentación.

Los silogismos son herramientas útiles en la argumentación, la filosofía, la retórica y la toma de decisiones, ya que permiten razonar de manera estructurada y evaluar la fuerza de los argumentos.

Aplicación en Matemáticas y Filosofía: La lógica desempeña un papel crucial en las matemáticas y la filosofía. En matemáticas, se utiliza para demostrar teoremas y probar proposiciones matemáticas. En filosofía, se utiliza para analizar argumentos y conceptos.

La lógica es una herramienta fundamental tanto en las matemáticas como en la filosofía:

Matemáticas:

Demostraciones Matemáticas: En matemáticas, la lógica desempeña un papel esencial en la formulación de demostraciones matemáticas rigurosas. Los matemáticos utilizan la lógica para construir argumentos lógicos que demuestran la verdad o falsedad de teoremas y proposiciones matemáticas. Estas demostraciones se basan en principios lógicos sólidos y estructuras argumentativas coherentes.

Teoría de Conjuntos: La lógica también se utiliza en la teoría de conjuntos, donde las operaciones lógicas, como la unión, la intersección y la diferencia, se aplican a conjuntos para analizar sus relaciones y propiedades.

Álgebra Booleana: En informática y en el diseño de circuitos lógicos, se utiliza el álgebra booleana, que es una rama de la lógica, para manipular y analizar expresiones lógicas y crear sistemas de lógica booleana.

Filosofía:

Análisis de Argumentos: En filosofía, la lógica se utiliza para analizar y evaluar argumentos. La lógica formal se aplica para determinar si un argumento es válido o inválido, y si sus premisas respaldan lógicamente su conclusión.

Filosofía de la Lógica: La filosofía de la lógica es una rama de la filosofía que se centra en cuestiones relacionadas con la naturaleza de la lógica, su validez, su aplicabilidad y sus limitaciones. Los filósofos de la lógica exploran preguntas fundamentales sobre la estructura de los argumentos válidos y las implicaciones filosóficas de la lógica.

Epistemología: La lógica también es relevante en la epistemología, que es la rama de la filosofía que se ocupa del conocimiento y la creencia. La lógica se utiliza para analizar las bases del conocimiento y la justificación de creencias.

Tanto en matemáticas como en filosofía, la lógica proporciona una base sólida para el razonamiento y la argumentación. Facilita la claridad en el pensamiento, la identificación de falacias y la construcción de argumentos válidos. La lógica es una herramienta esencial en la búsqueda de la verdad, la resolución de problemas y el análisis crítico en estos campos.

Resolución de Problemas: La lógica es esencial en la resolución de problemas. Se aplica para descomponer problemas en partes más manejables, identificar relaciones y encontrar soluciones coherentes.

La lógica es, sin duda, una herramienta fundamental en la resolución de problemas en una amplia variedad de campos y situaciones.

Descomposición de Problemas: La lógica se utiliza para dividir un problema complejo en partes más pequeñas y manejables. Esto implica analizar el problema, identificar sus componentes esenciales y entender cómo se relacionan entre sí.

Identificación de Relaciones: La lógica es fundamental para identificar relaciones y conexiones entre los elementos del problema. Esto puede implicar el reconocimiento de patrones, la identificación de causas y efectos, o la determinación de reglas y restricciones que gobiernan el problema.

Análisis y Evaluación de Opciones: La lógica se aplica para evaluar diversas opciones o enfoques para abordar un problema. Los principios lógicos ayudan a determinar cuáles son las soluciones más coherentes y efectivas.

Detección de Falacias: La lógica es esencial para identificar falacias o errores de razonamiento que pueden surgir durante la resolución de problemas. Al ser consciente de las falacias, se pueden evitar trampas de pensamiento y llegar a soluciones más precisas.

Construcción de Argumentos Sólidos: En la resolución de problemas, a menudo es necesario presentar argumentos sólidos para respaldar una solución propuesta. La lógica se utiliza para construir argumentos sólidos y persuasivos que defiendan una determinada solución.

Toma de Decisiones: La lógica es esencial en el proceso de toma de decisiones. Ayuda a evaluar las opciones disponibles, sopesar los pros y los contras, y seleccionar la opción que mejor se ajusta a los objetivos y restricciones del problema.

Pensamiento Crítico: El pensamiento crítico, que se basa en la lógica, es una habilidad crucial en la resolución de problemas. Permite cuestionar, analizar y evaluar información de manera rigurosa y objetiva.

Optimización: En la resolución de problemas, la lógica también se aplica para encontrar soluciones óptimas o eficientes, es decir, aquellas que logran el mejor resultado en función de ciertos criterios.

La lógica es una herramienta que se utiliza en la mayoría de los campos de estudio y disciplinas, ya sea en matemáticas, ciencia, ingeniería, negocios, derecho, filosofía, informática y muchos otros. Facilita la toma de decisiones informadas y la búsqueda de soluciones efectivas para problemas complejos.

Programación y Computación: En programación, la lógica se utiliza para crear algoritmos y estructuras de control en la toma de decisiones. La lógica de programación es fundamental en el desarrollo de software y la automatización de tareas.

ilizan para resolver problemas computacionales. La lógica se utiliza para diseñar algoritmos eficientes que resuelvan problemas de manera efectiva.

Estructuras de Control: Las estructuras de control en programación, como las sentencias condicionales (if/else) y los bucles (for, while), se basan en la lógica para tomar decisiones y controlar el flujo del programa. La lógica se utiliza para definir las condiciones bajo las cuales se ejecutan ciertas partes del código.

Programación Lógica: En lenguajes de programación como Prolog, se utiliza la programación lógica para resolver problemas que involucran reglas y relaciones lógicas. Estos lenguajes permiten expresar relaciones lógicas directamente en el código.

Resolución de Problemas: La programación implica la resolución de problemas, y la lógica es esencial para analizar y abordar esos problemas. Los programadores utilizan la lógica para descomponer problemas, identificar soluciones y diseñar algoritmos que resuelvan problemas específicos.

Diseño de Bases de Datos: En la administración de bases de datos, se utiliza la lógica para diseñar esquemas de bases de datos, definir relaciones entre tablas y establecer restricciones de integridad lógica.

Razonamiento Automatizado: En campos como la inteligencia artificial y el aprendizaje automático, la lógica se utiliza para desarrollar sistemas que pueden razonar lógicamente y tomar decisiones basadas en datos y reglas lógicas.

Lenguajes de Programación Formales: Los lenguajes de programación formales, como el cálculo lambda y la lógica de primer orden, se utilizan en la teoría de la programación para modelar y analizar comportamientos de programas y propiedades lógicas.

Verificación de Programas: La verificación formal es un campo que utiliza la lógica para demostrar matemáticamente la corrección de programas. Se aplica a sistemas críticos donde errores pueden tener consecuencias graves, como la aviación o la industria médica.

La lógica de programación es esencial en el desarrollo de software y en la automatización de tareas, ya que permite a los programadores crear sistemas lógicamente coherentes y tomar decisiones basadas en condiciones específicas. La programación lógica es un componente fundamental en la resolución de problemas en la computación y la creación de software de alta calidad.

Toma de Decisiones: La lógica también desempeña un papel en la toma de decisiones informadas. Ayuda a evaluar opciones y determinar la opción más lógica o razonable.

Evaluación de Opciones: La toma de decisiones implica considerar varias opciones y evaluarlas. La lógica se utiliza para analizar cada opción de manera objetiva, teniendo en cuenta sus pros y contras. Esto implica aplicar principios lógicos para determinar la validez de las afirmaciones y la solidez de los argumentos que respaldan cada opción.

Identificación de Consecuencias: La lógica se utiliza para prever las consecuencias de cada opción. Ayuda a determinar cómo las decisiones pueden afectar diferentes variables o resultados. Esta evaluación lógica de las consecuencias es fundamental para tomar decisiones informadas.

Análisis Costo-Beneficio: La lógica se aplica en el análisis de costo-beneficio, donde se evalúan los costos y beneficios asociados con cada opción. Esto implica comparar lógicamente los costos con los beneficios para determinar cuál opción es la más razonable desde un punto de vista financiero.

Razonamiento Deductivo: La lógica deductiva se utiliza para razonar desde premisas conocidas hacia conclusiones específicas. Este tipo de razonamiento es valioso al tomar decisiones basadas en información disponible y conocida.

Razonamiento Inductivo: El razonamiento inductivo, que se basa en la probabilidad y la generalización a partir de ejemplos, se utiliza cuando la toma de decisiones implica incertidumbre. Ayuda a estimar las probabilidades y evaluar diferentes escenarios posibles.

Evitar Falacias: La lógica también se aplica para evitar falacias o errores de razonamiento en el proceso de toma de decisiones. El pensamiento crítico, que se basa en la lógica, ayuda a identificar trampas de pensamiento que podrían influir en decisiones incorrectas.

Formulación de Argumentos: En situaciones donde se deben justificar decisiones ante otras personas, la lógica se utiliza para construir argumentos sólidos que respalden la elección realizada. Esto es especialmente importante en entornos profesionales y de toma de decisiones colectivas.

Ética y Valores: La lógica también desempeña un papel en la toma de decisiones éticas. Ayuda a analizar y evaluar los argumentos éticos, identificar conflictos de valores y llegar a decisiones coherentes con un marco ético.

La lógica es una herramienta valiosa en la toma de decisiones, ya que permite un enfoque estructurado y basado en evidencia para evaluar opciones y determinar la mejor alternativa. Ayuda a minimizar la influencia de sesgos y emociones en las decisiones, lo que resulta en decisiones más racionales y fundamentadas. Es una disciplina esencial en muchas áreas del conocimiento y es una herramienta para la resolución de problemas, la argumentación efectiva y la toma de decisiones fundamentadas en el razonamiento sólido. Su aplicación es diversa y abarca desde las matemáticas hasta la filosofía, la informática y la vida cotidiana.